近世代数及其应用

罗守山　陈　萍　编著

北京邮电大学出版社
www.buptpress.com

内 容 简 介

本书介绍了群、环、域的基本原理和方法,介绍了近世代数方法在编码、密码中的一些应用。本书的内容包括:集合与映射、关系与等价关系、多项式的表示与运算、群、环、域、群与纠错编码、环理论在密码学中的应用、有限域上的离散对数。为了增强学生对近世代数方法的理解,在每一章的最后,还介绍了相关数学知识在编码、密码中的应用。同时,各章还配有一定数量的习题,便于教学与自学。

本书可以作为通信、电子、计算机、信息安全等相关专业的研究生教材,也可供从事相关专业的教学、科研人员和工程技术人员参考。

图书在版编目(CIP)数据

近世代数及其应用 / 罗守山,陈萍编著. --北京:北京邮电大学出版社,2016.7
ISBN 978-7-5635-4734-0

Ⅰ.①近⋯ Ⅱ.①罗⋯②陈⋯ Ⅲ.①抽象代数 Ⅳ.①O153

中国版本图书馆 CIP 数据核字(2016)第 071971 号

书　　　名:近世代数及其应用
著作责任者:罗守山　陈　萍　编著
责 任 编 辑:艾莉莎
出 版 发 行:北京邮电大学出版社
社　　　址:北京市海淀区西土城路 10 号(邮编:100876)
发 行 部:电话:010-62282185　传真:010-62283578
E-mail:publish@bupt.edu.cn
经　　　销:各地新华书店
印　　　刷:保定市中画美凯印刷有限公司
开　　　本:787 mm×1 092 mm　1/16
印　　　张:12.25
字　　　数:288 千字
版　　　次:2016 年 7 月第 1 版　2016 年 7 月第 1 次印刷

ISBN 978-7-5635-4734-0　　　　　　　　　　　　　　　　定　价:26.00 元

· 如有印装质量问题,请与北京邮电大学出版社发行部联系 ·

前　　言

近世代数是数学学科的一个重要分支,并且在通信中有重要的应用。近世代数课程也是很多高校研究生培养中的一门数理类公共基础课。

本书介绍了近世代数中的一些基本理论与方法,同时,也介绍了这些方法在可靠通信与保密通信中的应用。本书结构安排如下:

第 1 章预备知识,介绍了集合与映射、运算与同态映射、关系与等价关系、数论基础、多项式基础、密码学基础与同态密码算法等内容。

第 2 章群,介绍了群的定义与性质、子群与群的同态、循环群、变换群与置换群、正规子群与商群、群同态基本定理、群与纠错编码等内容。

第 3 章环,介绍了环的定义及其性质、子环、环同态基本定理、分式域、环的直积、矩阵环、多项式环、序列环、素理想与极大理想、唯一分解环、主理想环与欧氏环、环理论在密码学中的应用等内容。

第 4 章域,介绍了域的扩张、极小多项式、多项式的分裂域、有限域、有限域上的离散对数与密钥交换协议等内容。

通过对本书的学习,读者可以学习到近世代数中的一些基本知识与应用。通过对本书习题的思考,读者可以获得相关技能的训练。本书可以作为通信、电子、计算机、信息安全等相关专业的研究生教材。

本教材由北京邮电大学罗守山、陈萍共同编写。由于作者水平有限,在编写过程中难免出现错误与遗漏,请广大读者批评指正。

目　　录

第1章　预备知识

In algebra, which is a broad division of mathematics, abstract algebra is a common name for the subarea that studies algebraic structures in their own right. Such structures include groups, rings, fields etc. The specific term abstract algebra was coined at the turn of the 20th century to distinguish this area from the other parts of algebra. The term modern algebra has also been used to denote abstract algebra.

As in other parts of mathematics, concrete problems and examples have played important roles in the development of algebra. Through the end of the nineteenth century many, perhaps most of these problems were in some way related to the theory of algebraic equations. Major themes include:

1. Solving of systems of linear equations, which led to matrices, determinants and linear algebra.

2. Attempts to find formulae for solutions of general polynomial equations of higher degree that resulted in discovery of groups as abstract manifestations of symmetry.

3. Arithmetical investigations of quadratic and higher degree forms and diophantine equations, that directly produced the notions of a ring and ideal.

Numerous textbooks in abstract algebra start with axiomatic definitions of various algebraic structures and then proceed to establish their properties. This creates a false impression that in algebra axioms had come first and then served as a motivation. The true order of historical development was almost exactly the opposite.

代数学是博大的数学学科中的一个研究领域。作为代数学的一个分支,抽象代数主要研究群、环、域等代数结构。在 20 世纪初,为了区别于代数学中的其他分支,"抽象代数"这个词开始出现。抽象代数也称为近世代数。

与数学中的其他分支一样,在代数学的发展过程中,具体问题和实例起着重要的作用。到 19 世纪末,也许大部分的数学问题与代数方程有关。这包括:

1. 通过对求解线性方程组问题的研究,人们归纳出了矩阵、行列式、线性代数的知识。

2. 通过对一般高阶多项式方程求根公式的探索,人们归纳出用群表示对称的方法。

3. 通过对二次、高次及丢番图方程的探索,人们提出了环与理想的概念。

很多抽象代数教材都是从不同代数系统的定义出发,然后再给出它们的性质。这样会导致一个错误印象:代数公理在前,其次才是解决一些实际问题。实际上,代数发展的过程恰恰相反。

——W. Keith Nicholson, Introduction to Abstract Algebra, 4th edition, John Wiley & Sons, 2012, ISBN 978-1-118-13535-8。

近世代数也称为抽象代数。它主要研究各种代数系统的运算性质,并利用这些性质来解决数学、其他科学以及工程技术中的问题。在本章中,我们将学习近世代数的一些预备知识,包括:集合与映射、运算与同态映射、关系与等价关系、数论基础、多项式基础、密码学基础与同态密码算法等内容。

1.1 集合与映射

集合与映射,都是数学中的一些基本概念。在本节中,我们对这些概念做一个复习。

1.1.1 集合

1. 集合的概念

首先,我们给出集合的概念。

集合是一个不定义的数学概念。所谓集合就是具有一定属性的事物组成的整体(或集体)。通常用英文大写字母 $A, B, C, \cdots$ 表示。集合由元素构成,元素指的是组成一个集合的事物。元素一般用小写字母 $a, b, c, \cdots$ 表示。如果 a 是集合 A 的元素,称 a 属于 A,记为 $a \in A$;如果 a 不是集合 A 的元素,称 a 不属于 A,记为 $a \notin A$,或 $a \overline{\in} A$。对任何元素 a 和任何集合 A,或者 $a \in A$,或者 $a \notin A$,两者恰居其一。确定一个集合 A,就是要确定哪些元素属于 A,哪些元素不属于 A。几个常用的数集:$\mathbf{N}$(自然数集),$\mathbf{Z}$(整数集),$\mathbf{Q}$(有理数集),$\mathbf{R}$(实数集),$\mathbf{C}$(复数集)。空集 $\varnothing$ 表示没有元素的集合。

如果 A 和 B 是两个集合,$A = B$ 读为 A 等于 B,表示它们是由相同的元素构成的集合,即 A 的每一个元素都是 B 的元素,并且 B 的每一个元素也都是 A 的元素。

如果集合 A 的每一个元素都是集合 B 的元素,即若元素 x 属于 A,那么 x 属于 B,则可以记作 $A \subseteq B$(或 $B \supseteq A$),读作“A 包含于 B”(或“B 包含 A”)。我们把 A 称作是 B 的子集。A 不是 B 的子集用 $A \not\subseteq B$ 来表示。如果 $A \subseteq B$ 且 $A \neq B$,则称 A 是 B 的真子集。“A 是 B 的真子集”记为 $A \subset B$。

集合 S 的幂集是指由 S 的全体子集组成的集合。记作 2^S。

例 设集合 $A = \{1, 2, 3\}$,试写出集合 A 的幂集。

解:$2^A = \{\varnothing, \{1\}, \{2\}, \{3\}, \{1,2\}, \{1,3\}, \{2,3\}, \{1,2,3\}\}$。

2. 集合的运算

设 A, B 是两集合,所有属于 A 或属于 B 的元素构成的集,称为 A 和 B 的并集,记为

$A\bigcup B$，即 $A\bigcup B=\{x|x\in A$ 或 $x\in B\}$。

集合并的运算具有以下性质：

(1) $A\bigcup A=A$；

(2) $A\bigcup\varnothing=A$；

(3) $A\subseteq B\Leftrightarrow A\bigcup B=B$

对于多个集合的并，我们可以记为：$W=A_1\bigcup A_2\bigcup\cdots\bigcup A_n=\bigcup_{i=1}^n A_i$。

由 A 和 B 的所有共同元素构成的集，称为 A 和 B 的交集，记为 $A\bigcap B$，即 $A\bigcap B=\{x|x\in A$ 且 $x\in B\}$。

集合交集的运算具有以下性质：

(1) $A\bigcap A=A$；

(2) $A\bigcap\varnothing=\varnothing$；

(3) $A\subseteq B\Leftrightarrow A\bigcap B=A$。

当研究集合与集合间的关系时，在某些情况下，这些集合都是某一个给定集合的子集，这个给定的集合就称为全集 I。也就是说，全集含有我们所要研究的各个集合的全体元素。

已知全集 I，集合 $A\subseteq I$，由 I 中所有不属于 A 的元素组成的集合，成为集合 A 在 I 中的补集，记作 $\overline{A}$，即 $\overline{A}=\{x|x\in I$ 且 $x\notin A\}$。

由补集的定义可知，对于任何集合 A，有

$$A\bigcup\overline{A}=I,\quad A\bigcap\overline{A}=\varnothing,\quad \overline{\overline{A}}=A。$$

就象我们熟悉的加减乘除运算一样，集合的运算也有它的一些规律，现在我们就来简要的概括一下这些运算规律。

定理　设 A,B,C 为任意集合，$*$ 代表运算 $\bigcup$ 或 $\bigcap$，那么

(1) $A*A=A$　　　　　　　　　　　　　　　　　　　（等幂律）

(2) $A*B=B*A$　　　　　　　　　　　　　　　　　　（交换律）

(3) $A*(B*C)=(A*B)*C$　　　　　　　　　　　　　（结合律）

(4) $A\bigcup\varnothing=A,A\bigcup I=I,A\bigcap\varnothing=\varnothing,A\bigcap I=A$

(5) $A\bigcup(B\bigcap C)=(A\bigcup B)\bigcap(A\bigcup C),A\bigcap(B\bigcup C)=(A\bigcap B)\bigcup(A\bigcap C)$　（分配律）

(6) $A\bigcap(A\bigcup B)=A,A\bigcup(A\bigcap B)=A$　　　　　　　　　（吸收律）

$A-B$ 称为 A 与 B 的差集，定义为：$A-B=\{x|x\in A$ 且 $x\notin B\}$

集合的笛卡儿积是多个集合之间的一种运算。

定义　设 $A_1,A_2,\cdots,A_n$ 是 n 个集合，则集合 $A_1,A_2,\cdots,A_n$ 的笛卡儿积定义为集合：$A_1\times A_2\times\cdots\times A_n=\{(a_1,a_2,\cdots,a_n)|a_i\in A_i\}$。即由一切从 $A_1,A_2,\cdots,A_n$ 里顺序取出元素组成的元素组 $(a_1,a_2,\cdots,a_n)a_i\in A_i$ 组成的集合。

例　$A=\{1,2,3\}$，$B=\{4,5\}$，求如下形式的笛卡儿积：$A\times B,B\times A$。

解：$A\times B=\{(1,4),(1,5),(2,4),(2,5),(3,4),(3,5)\}$，

　　　　$B\times A=\{(4,1),(4,2),(4,3),(5,1),(5,2),(5,3)\}$

由该例能够看出，一般地，$A\times B\neq B\times A$。

3. 集合中元素的计数

计算集合中元素的数量,成为集合的计数。

摩根律:

设全集为 I,集合 A 的补集记为 $\overline{A}$,即:$\overline{A}=\{x\,|\,x\in I\ \text{且}\ x\notin A\}$。则:

1. $\overline{A\cup B}=\overline{A}\cap\overline{B}$

2. $\overline{A\cap B}=\overline{A}\cup\overline{B}$

推广:

设 $A_1,A_2,\cdots,A_n$ 是全集 I 的子集,则:

1. $\overline{A_1\cup A_2\cup\cdots\cup A_n}=\overline{A_1}\cap\overline{A_2}\cap\cdots\cap\overline{A_n}$

2. $\overline{A_1\cap A_2\cap\cdots\cap A_n}=\overline{A_1}\cup\overline{A_2}\cup\cdots\cup\overline{A_n}$

容斥原理(两个集合):

$$|A\cup B|=|A|+|B|-|A\cap B|$$

这里,$|A|$ 表示集合 A 中元素的个数。

3 个集合时的容斥原理的形式为:

$$|A\cup B\cup C|=|A|+|B|+|C|-|A\cap B|-|A\cap C|-|B\cap C|+|A\cap B\cap C|$$

可以采用图 1-1 表示。

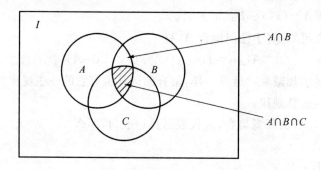

图 1-1　3 个集合时的容斥原理图示

一般地,n 个集合时的容斥原理形式如下。

容斥原理:

设:$A_1,A_2,\cdots,A_n$ 是有限集合,则

$$|A_1\cup A_2\cup\cdots\cup A_n|=\sum_{i=1}^{n}|A_i|-\sum_{i=1}^{n}\sum_{j>i}|A_i\cap A_j|+$$

$$\sum_{i=1}^{n}\sum_{j>i}\sum_{k>j}|A_i\cap A_j\cap A_k|-\cdots+$$

$$(-1)^{n-1}|A_i\cap A_j\cap\cdots\cap A_n|$$

又:

$$|\overline{A}|=N-|A|$$

其中 N 是全集 I 中的元素个数,即:不属于 A 的元素的个数等于 N 减去 A 中元素的个数。

由上面的知识,可以推出容斥原理的另一种形式。

容斥原理：

$$|\overline{A_1} \cap \overline{A_2} \cap \cdots \cap \overline{A_n}| = |\overline{A_1 \bigcup A_2 \bigcup \cdots \bigcup A_n}|$$

$$= N - |A_1 \bigcup A_2 \bigcup \cdots \bigcup A_n| =$$

$$N - \sum_{i=1}^{n} |A_i| + \sum_{i=1}^{n} \sum_{j>i} |A_i \cap A_j| -$$

$$\sum_{i=1}^{n} \sum_{j>i} \sum_{k>j} |A_i \cap A_j \cap A_k| + \cdots +$$

$$(-1)^n |A_i \cap A_j \cap \cdots \cap A_n|$$

例　求 $1 \sim 500$ 的正整数中能被 3 或 5 整除的数有多少？

解：

设：A 为 $1 \sim 500$ 中能被 3 整除的数的集合，B 为 $1 \sim 500$ 中能被 5 整除的数的集合，用符号 $\lfloor X \rfloor$ 表示不超过 X 的最大整数。则有：

$$|A| = \left\lfloor \frac{500}{3} \right\rfloor = 166, \quad |B| = \left\lfloor \frac{500}{5} \right\rfloor = 100, \quad |A \cap B| = \left\lfloor \frac{500}{15} \right\rfloor = 33$$

$$|A \bigcup B| = |A| + |B| - |A \cap B| = 166 + 100 - 33 = 233$$

即：$1 \sim 500$ 的正整数中能被 3 或 5 整除的数有 233 个。

例　求由 a, b, c, d 4 个字母构成的 n 位符号串，a, b, c 均至少出现一次的符号串的数目？

解："均"的含义为"且"，可以考虑采用"$\cap$"形式的容斥原理。

设：A 为 n 位符号串中不出现 a 的字串的集合；

$\quad B$ 为 n 位符号串中不出现 b 的字串的集合；

$\quad C$ 为 n 位符号串中不出现 c 的字串的集合。

下面，只需求出 $|\overline{A} \cap \overline{B} \cap \overline{C}|$。

$$N = 4^n, \quad |A| = |B| = |C| = 3^n$$

$$|A \cap B| = 2^n = |A \cap C| = |B \cap C|$$

$$|A \cap B \cap C| = 1$$

$$|\overline{A} \cap \overline{B} \cap \overline{C}| = N - \{|A| + |B| + |C|\} + \{|A \cap B| + |B \cap C| + |A \cap C|\} - |A \cap B \cap C| =$$

$$4^n - 3 \cdot 3^n + 3 \cdot 2^n - 1$$

故，a, b, c 均至少出现一次的符号串的数目为 $4^n - 3 \cdot 3^n + 3 \cdot 2^n - 1$。

例　欧拉函数 $\varphi(n)$ 是指小于 n 且与 n 互素的数的个数。已知 n 分解式：$n = p_1^{a_1} \cdot p_2^{a_2} \cdot \cdots \cdot p_k^{a_k}$，其中 $p_1, p_2, \cdots, p_k$ 均为质数，求 $\varphi(n) = ?$。

解：两个正整数 a, b 互素，指 a 与 b 除 1 之外没有公因子。如 $n = 7$，小于且与 7 互素的数为：$1, 2, 3, 4, 5, 6$，所以，$\varphi(7) = 6$。按照题意，所求的数均不为 $p_1, p_2, \cdots, p_k$ 的倍数。

设：A_1 表示 $1 \sim n$ 中是 p_1 的倍数的数的集合；

$\quad A_2$ 表示 $1 \sim n$ 中是 p_2 的倍数的数的集合；

$\quad \cdots$

$\quad A_n$ 表示 $1 \sim n$ 中是 p_n 的倍数的数的集合。

按照题意，只需求出：$|\overline{A_1} \cap \overline{A_2} \cap \cdots \cap \overline{A_k}|$

$$n = p_1^{a_1} \cdot p_2^{a_2} \cdots p_k^{a_k}, |A_i| = \frac{n}{p_i}, \quad i = 1, 2, \cdots, k$$

$$|A_i \bigcap A_j| = \frac{n}{p_i \cdot p_j}, \quad i = 1, 2, \cdots, k, j \neq i$$

$$\varphi(n) = |\overline{A_1} \bigcap \overline{A_2} \bigcap \cdots \bigcap \overline{A_k}| = n - \left\{ \frac{n}{p_1} + \frac{n}{p_2} + \cdots + \frac{n}{p_n} \right\} +$$

$$\left\{ \frac{n}{p_1 \cdot p_2} + \frac{n}{p_1 \cdot p_3} + \cdots + \frac{n}{p_{k-1} \cdot p_k} \right\} - \cdots + (-1)^k \frac{n}{p_1 p_2 \cdots p_n} =$$

$$n \left(1 - \frac{1}{p_1} \right) \left(1 - \frac{1}{p_2} \right) \cdots \left(1 - \frac{1}{p_k} \right)$$

如：$n = 60 = 2 \times 3 \times 5$，则 $\varphi(60) = 60 \left(1 - \frac{1}{2} \right) \left(1 - \frac{1}{3} \right) \left(1 - \frac{1}{5} \right) = 16$。

即小于 60 且与 60 互素的数有 16 个：1,7,11,13,17,19,23,29,31,37,41,43,47,49,53,59。

1.1.2 映射

1. 映射的概念

定义 设 A, B 是两个集合。若有一个对应法则 ϕ，使 $\forall a \in A$，通过 ϕ，存在唯一的元素 $b \in B$ 与之对应。则称 ϕ 是 A 到 B 的一个映射，b 称为 a 在映射 ϕ 下的像，记为 $b = \phi(a)$，a 称为 b 在映射 ϕ 下的一个逆像（原像），A 称为 ϕ 的定义域，B 称 ϕ 为的值域。记作

$$\phi: A \rightarrow B; a \longmapsto b = \phi(a), \forall a \in A;$$

一般情形下，将 A 换成集合的积 $A_1 \times A_2 \times \cdots \times A_n$，则有：

$$\phi: A_1 \times A_2 \times \cdots \times A_n \rightarrow B;$$

$(a_1, a_2, \cdots, a_n) \longmapsto b = \phi(a_1, a_2, \cdots, a_n), \quad \forall (a_1, a_2, \cdots, a_n) \in A_1 \times A_2 \times \cdots \times A_n$。

例 设集合 $A_1 = A_2 = \cdots = A_n = B = R$，对 $\forall (a_1, a_2, \cdots, a_n) \in A_1 \times A_2 \times \cdots \times A_n$，规定：$\phi: A_1 \times A_2 \times \cdots \times A_n \rightarrow B; (a_1, a_2, \cdots, a_n) \longmapsto b = a_1^2 + \cdots + a_n^2$，则 ϕ 是一个 $A_1 \times A_2 \times \cdots \times A_n$ 到 B 的映射。

需要注意的是，一般情形中，$A_1, A_2, \cdots, A_n, B$ 中可以有相同的集合。当 $A_1, A_2, \cdots, A_n$ 不相同时，$A_1, A_2, \cdots, A_n$ 的次序不能调换。

例 设 $A = B = \mathbf{Z}^+$（正整数集），则 $\phi: \mathbf{Z}^+ \rightarrow \mathbf{Z}^+; a \longmapsto a - 1$ 不是一个映射。因为 $a = 1$ 时，$\phi(1) = 0 \notin \mathbf{Z}^+$。

定义 设 ϕ_1, ϕ_2 是 A 到 B 的两个映射，若对 $\forall a \in A, \phi_1(a) = \phi_2(a)$，则称 ϕ_1, ϕ_2 是相等的。记作 $\phi_1 = \phi_2$。

下面给出单射、满射、双射的概念，它们都是一些特殊的映射。

定义 设 ϕ 是集合 A 到 $\overline{A}$ 的一个映射。

若对 $\forall a, b \in A$，当 $a \neq b$ 时，有 $\phi(a) \neq \phi(b)$，则称 ϕ 是 A 到 $\overline{A}$ 的一个单射；

若对 $\forall \overline{a} \in \overline{A}, \exists a \in A$，使得 $\phi(a) = \overline{a}$，则称 ϕ 是 A 到 $\overline{A}$ 的一个满射；

若 ϕ 是满射又是单射，则称 ϕ 是 A 到 $\overline{A}$ 的一个双射（一一映射）。

特别地，一个 A 到 A 间的映射 ϕ 称作 A 的一个变换。

设 $\phi:A\to B$；$a\mapsto b=\phi(a)$，$\forall a\in A$，集合 C 是 A 的子集。则 ϕ 诱导一个从 C 到 B 的映射 ϕ_1。定义如下：$\forall a\in C$，令 $\phi_1(a)=\phi(a)$。此时，称映射 ϕ_1 为映射 ϕ 在集合 C 上的限制。

若 ϕ_1 是从集合 C 到 B 的映射，此时 $C\subseteq A$。设 $\phi:A\to B$；$a\mapsto b=\phi(a)$。如果 $\forall a\in C$，都有 $\phi_1(a)=\phi(a)$。则称映射 ϕ 是映射 ϕ_1 在集合 A 上的扩张。易知，限制是唯一的，扩张可能不是唯一的。

设 $f:A\to B$；$a\mapsto b=f(a)$；$g:B\to C$；$b\mapsto c=g(b)$，则由映射 f 与 g 可以诱导出一个 $A\to C$ 的映射 h。h 的定义如下：$\forall a\in A,h(a)=g(f(a))$。并称映射 h 为映射 f 与 g 的合成。记为 $h=g\circ f$。可以采用图 1-2 表示。

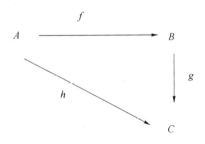

图 1-2　映射的合成

关于映射的合成，有如下结论。

定理　设 $f:A\to B$；$a\mapsto b=f(a)$；$g:B\to C$；$b\mapsto c=g(b)$；$h:C\to D$；$c\mapsto d=h(c)$，则有：$h\circ(g\circ f)=(h\circ g)\circ f$。

证明　易知，映射 $h\circ(g\circ f)$ 与 $(h\circ g)\circ f$ 都是 $A\to D$ 的映射。

又：
$$\forall a\in A,(h\circ(g\circ f))(x)=h((g\circ f)(x))=h(g(f(x)))$$
$$((h\circ g)\circ f)(x)=(h\circ g)(f(x))=h(g(f(x)))。$$

由映射相等的定义，知 $h\circ(g\circ f)=(h\circ g)\circ f$。

2. 映射的计数

下面，我们介绍两个有限集合之间的一些特殊映射的数量。

定理　设有限集合 A,B，且 $|A|=n$，$|B|=m$，则：

(1) 映射 $f:A\to B$ 的个数为 m^n；

(2) 当 $m\geqslant n$ 时，单射 $g:A\to B$ 的个数为 $m(m-1)(m-2)\cdots(m-n+1)$；

(3) 当 $m=n$ 时，双射 $g:A\to B$ 的个数为 $m!$。

证明　(1) 由映射的定义，有限集合 A 中的每一个元素在集合 B 中有唯一的像。将集合 A 中的元素记作 $a_1,a_2,\cdots,a_n$。元素 a_1 在集合 B 中的像有 m 种选择方法，元素 a_2 在集合 B 中的像有 m 种选择方法，……，元素 a_n 在集合 B 中的像也有 m 种选择方法。因此，映射 $f:A\to B$ 的个数为 m^n。

(2) 由单射的定义，有限集合 A 中的不同元素在集合 B 中有不同的像。因此，元素 a_1 在集合 B 中的像有 m 种选择方法，元素 a_2 在集合 B 中的像有 $m-1$ 种选择方法，……，元素 a_n 在集合 B 中的像也有 $m-n+1$ 种选择方法。因此，单射 $g:A\to B$ 的个数为 $m(m-1)(m-2)\cdots(m-n+1)$。

（3）由双射的定义及（2），可知，双射 $g:A \to B$ 的个数为 $m!$。

定理 设有限集合 A,B，且 $|A|=n$，$|B|=m$，当 $n \geqslant m$ 时，则满射 $f:A \to B$ 的个数为：

$$m^n - \binom{m}{1}(m-1)^n + \binom{m}{2}(m-2)^n - \cdots + (-1)^{m-1}\binom{m}{m-1}$$

证 设 $A=\{x_1,x_2,\cdots,x_n\}$，$B=\{y_1,y_2,\cdots,y_m\}$。设 A_i 表示 A 到 B 的一些映射的集合，满足 y_i 不是 A 中任何一个元素的像。即：$A_i=\{f:A \to B \mid y_i \notin \text{Im } f\}$，$(i=1,2,\cdots,m)$。

依题意，只需求出：$|\overline{A_1} \cap \overline{A_2} \cap \cdots \cap \overline{A_m}|$。

由容斥原理，

$$|\overline{A_1} \cap \overline{A_2} \cap \cdots \cap \overline{A_n}| = N - \sum_{i=1}^{n}|A_i| + \sum_{i=1}^{n}\sum_{j>i}|A_i \cap A_j| - $$

$$\sum_{i=1}^{n}\sum_{j>i}\sum_{k>j}|A_i \cap A_j \cap A_k| + \cdots + $$

$$(-1)^n|A_i \cap A_j \cap \cdots \cap A_n|$$

此时，$N=m^n$，$|A_i|=(m-1)^n$，$|A_i \cap A_j|=(m-2)^n$。

一般地，$|A_{i_1} \cap A_{i_2} \cap \cdots \cap A_{i_l}|=(m-l)^n$，则：

$$|\overline{A_1} \cap \overline{A_2} \cap \cdots \cap \overline{A_m}| = m^n - \binom{m}{1}(m-1)^n + \binom{m}{2}(m-2)^n - \cdots + (-1)^{m-1}\binom{m}{m-1}$$

在本节中，我们复习了集合与映射的一些概念。这些概念包括：集合的交、并、笛卡儿乘积等运算，满射、单射、双射的定义，映射的扩张与限制。同时，我们还学习了集合中元素的计数方法，即容斥原理。应用容斥原理，我们还可以对两个有限集合之间的映射个数进行计数。

1.2 运算与同态映射

在数学概念上，映射是运算的基础。运算能够满足一些运算律。在本节中，我们将学习二元运算的概念，及运算满足的结合律、交换律、分配律。进一步，我们还将学习同态映射的知识。

1.2.1 运算

我们首先给出代数运算的概念。

定义 设 A,B,D 是 3 个非空集合。从 $A \times B$ 到 D 的映射称作一个 $A \times B$ 到 D 的二元代数运算；当 $A=B=D$ 时，$A \times A$ 到 A 的映射简称 A 上的代数运算或二元运算。

一个代数运算可以用。表示，并将 (a,b) 在。下的像记作 $a \circ b$。若。是 A 上的代数运算 $\Leftrightarrow \forall a,b \in A$，$a \circ b \in A$。

设：$A=\{a_1,a_2,\cdots,a_n\}$，$B=\{b_1,b_2,\cdots,b_m\}$，则 $A \times B$ 到 D 的一个代数运算 $a_i \circ b_j = d_{ij}$ 可以表示为

∘	b_1	b_2	$\cdots$	b_m
a_1	d_{11}	d_{12}	$\cdots$	d_{1m}
a_2	d_{21}	d_{22}	$\cdots$	d_{2m}
$\vdots$	$\vdots$	$\vdots$		$\vdots$
a_n	d_{n1}	d_{n2}	$\cdots$	d_{nn}

定义 设 A 是一个非空集合，n 是自然数，$A\times A\times\cdots\times A$（$n$ 个 A 的笛卡儿积）到 A 的映射 f，称为 A 的一个 n 元运算。

例 设 $\mathbf{Q}^*$ 为非 0 有理数的集合，每个非 0 有理数的倒数还是有理数，故倒数运算是 $\mathbf{Q}^*$ 的一元运算。此时，

$$f:\mathbf{Q}^*\rightarrow\mathbf{Q}^*, \quad f(a)=\frac{1}{a}, \quad \forall a\in\mathbf{Q}^*$$

一般地，一个二元运算可能会满足一些运算律，如：结合律、交换律、分配律。下面，依次介绍这些概念。

定义 设 ∘ 是集合 A 的一个代数运算。如果对任意 $a,b,c\in A$，有 $(a\circ b)\circ c=a\circ(b\circ c)$，则称代数运算 ∘ 适合结合律，并且统一记成 $a\circ b\circ c$。

需要注意的是，对于 A 中 n 个元素 $a_1,a_2,\cdots,a_n$，当元素的排列顺序不变时（如按下标的自然顺序），可以有 $\dfrac{(2n-2)!}{n!\ (n-1)!}=N$ 种不同的加括号方法。对于不同的加括号的方法，其计算结果未必相同。如 $n=3$，$N=2$，即有 2 种加括号的方法：$(a\circ b)\circ c,a\circ(b\circ c)$。而 $n=4$，$N=5$，即有 5 种加括号方法：$(a_1\circ a_2)\circ(a_3\circ a_4),((a_1\circ a_2)\circ a_3)\circ a_4,(a_1\circ(a_2\circ a_3))\circ a_4,a_1\circ((a_2\circ a_3)\circ a_4),a_1\circ(a_2\circ(a_3\circ a_4))$。不妨用 $\pi_1(a_1\circ a_2\circ\cdots\circ a_n),\pi_2(a_1\circ a_2\circ\cdots\circ a_n),\cdots,\pi_N(a_1\circ a_2\circ\cdots\circ a_n)$ 来表示这些加括号方法。

定理 对于 A 中 n 个元素 $a_1,a_2,\cdots,a_n$，共有 $\dfrac{(2n-2)!}{n!\ (n-1)!}$ 种不同的加括号方法。

证明 用 $d(n)$ 表示 n 个元素 $a_1,a_2,\cdots,a_n$ 的各种不同加括号方法的数量。知：$d(1)=1,d(2)=1,d(3)=2$。经过分析，可知 $d(1),d(2),\cdots,d(n)$ 满足：

$$d(n)=d(n-1)d(1)+d(n-2)d(2)+\cdots+d(1)d(n-1)$$

采用组合数学中母函数的方法求 $d(n)$。设序列 $d(1),d(2),\cdots,d(n),\cdots$ 对应的母函数为：

$$f(x)=d(1)x+d(2)x^2+\cdots d(n)x^n+\cdots$$

计算可得：

$$f(x)^2=d(1)d(1)x^2+[d(2)d(1)+d(1)d(2)]x^3+\cdots[d(n-1)d(1)+$$
$$d(n-2)d(2)+\cdots+d(1)d(n-1)]x^n+\cdots$$

将上式代入，得： $\quad f(x)^2=d(2)x^2+d(3)x^3+\cdots+d(n)x^n+\cdots$

故有： $\qquad\qquad\qquad f(x)^2-f(x)+x=0。$

解得：
$$f(x)=\frac{1\pm\sqrt{1-4x}}{2}。$$

考虑 $f(x)=\frac{1+\sqrt{1-4x}}{2}$。代入 $x=0$，得 $f(0)=1$。而由 $f(x)=d(1)x+d(2)x^2+\cdots d(n)x^n+\cdots$，得：$f(0)=0$。故 $f(x)=\frac{1+\sqrt{1-4x}}{2}$ 为增根。所以 $f(x)=\frac{1-\sqrt{1-4x}}{2}$。

利用展开式：$(1+x)^m=1+mx+\frac{m(m-1)}{2!}x^2+\cdots+\frac{m(m-1)(m-2)\cdots(m-n+1)}{n!}+\cdots$

可得：$f(x)=\frac{1-\sqrt{1-4x}}{2}=\sum_{n=1}^{\infty}\frac{1\cdot3\cdot5\cdot\cdots\cdot(2n-3)}{n!}\cdot2^{n-1}x^n。$

因此，由 $f(x)$ 的表达式：$f(x)=d(1)x+d(2)x^2+\cdots d(n)x^n+\cdots$，知：$d(n)=\frac{1\cdot3\cdot5\cdot\cdots\cdot(2n-3)}{n!}2^{n-1}。$

又：
$$(2n-2)!=(2n-2)(2n-3)(2n-4)\cdot\cdots\cdot6\cdot5\cdot4\cdot3\cdot2\cdot1$$
$$=[1\cdot3\cdot5\cdot\cdots\cdot(2n-3)]\cdot[(2n-2)(2n-4)\cdot\cdots\cdot6\cdot4\cdot2]$$
$$=[1\cdot3\cdot5\cdot\cdots\cdot(2n-3)]\cdot2^{n-1}(n-1)!$$

故：$d(n)=\frac{(2n-2)!}{n!\ (n-1)!}。$

定理 设集合 A 的一个代数运算。为，当。适合结合律时，则对任意 $a_1,a_2,\cdots,a_n\in A$，$n\geqslant2$，所有的 $\pi(a_1 a_2\cdots a_n)$ 都相等，并将其结果统一记为：$a_1\circ a_2\circ\cdots\circ a_n$。

证 用数学归纳法证明任何一种加括号方法计算所得结果都等于按自然顺序依次加括号计算所得的结果〔即：$(\cdots(a_1\circ a_2)\circ\cdots)\circ a_n$〕。

（1）$n=3,N=2$，由已知条件，知定理成立。

（2）假定对 $k<n$ 时，定理成立，下面证明 n 的情形。

n 个元素的任意一种计算方法，最后一步总是 $u\circ v$ 的形式，其中 u 表示 m 个元素 $a_1,a_2,\cdots,a_m$ 的计算结果，而 v 表示 $n-m$ 个元素 $a_{m+1},a_{m+2},\cdots,a_n$ 的计算结果，$1\leqslant m<n$。

由归纳假设，于是有 $u=(\cdots(a_1\circ a_2)\circ\cdots)\circ a_m,v=(\cdots(a_{m+1}\circ a_{m+2})\circ\cdots)\circ a_n$。因此
$$u\circ v=[(\cdots(a_1\circ a_2)\circ\cdots)\circ a_m][(\cdots(a_{m+1}\circ a_{m+2})\circ\cdots)\circ a_n]。$$

若将 $((\cdots(a_{m+1}\circ a_{m+2})\circ\cdots\circ)a_{n-1})$ 看成 v_1，由结合律，可以得到：
$$u\circ v=[(\cdots(a_1\circ a_2)\circ\cdots\circ)a_m\circ((\cdots(a_{m+1}\circ a_{m+2})\circ\cdots\circ)a_{n-1})]\circ a_n$$
$$\xrightarrow{归纳假设}((\cdots(a_1\circ a_2)\circ\cdots)\circ a_{n-1})\circ a_n$$

故得证。

定义 设。是 $A\times A$ 到 D 的代数运算。如果 $\forall a,b\in A$，有 $a\circ b=b\circ a$ 成立，则称运算。满足交换律。

定理 假设一个集合 A 的代数运算。同时适合结合律与交换律，那么在 $a_1\circ a_2\circ\cdots a_n$ 中，元素的次序可以互换。证明略。

设 $\odot:B\times A\to A$ 是代数运算，$\oplus:A\times A\to A$ 是 A 上的一个代数运算。显然，对任意 $b\in B$，$a_1,a_2\in A,b\odot(a_1\oplus a_2)$ 和 $(b\odot a_1)\oplus(b\odot a_2)$ 均有意义，但是二者未必相等。

定义　设 $\odot$ 是 $B \times A$ 到 A 的代数运算，$\oplus$ 是 A 上的一个代数运算。若 $\forall a_1, a_2 \in A$，$b \in B$，都有

$b \odot (a_1 \oplus a_2) = (b \odot a_1) \oplus (b \odot a_2)$ 成立，则称 $\odot$，$\oplus$ 适合第一分配律（左分配律）。同理可以定义第二分配律（右分配律）。

定理　假设 $\oplus$ 适合结合律，且 $\odot$，$\oplus$ 适合第一分配律，则 $\forall a_1, a_2, \cdots, a_n \in A, b \in B$，有

$b \odot (a_1 \oplus a_2 \oplus \cdots \oplus a_n) = (b \odot a_1) \oplus (b \odot a_2) \oplus \cdots \oplus (b \odot a_n)$。证明略。

集合 A 上的运算（如称之为乘法）的概念是从普通的数的运算（如加法、乘法）的定义中抽象而来。此时的运算（乘法）只是一个抽象的代名词，它代表集合 $A \times A \to A$ 的一个映射。根据该运算的定义，可以有很多这样的运算（乘法）。

例　设集合 $A = \{0, 1\}$，在集合 A 上可以定义如表 1-1 所示的 16 个不同的运算。

表 1-1　16 个不同的运算

	(0,0)	(0,1)	(1,0)	(1,1)
f_1	0	0	0	0
f_2	0	0	0	1
f_3	0	0	1	0
f_4	0	0	1	1
f_5	0	1	0	0
f_6	0	1	0	1
f_7	0	1	1	0
f_8	0	1	1	1
f_9	1	0	0	0
f_{10}	1	0	0	1
f_{11}	1	0	1	0
f_{12}	1	0	1	1
f_{13}	1	1	0	0
f_{14}	1	1	0	1
f_{15}	1	1	1	0
f_{16}	1	1	1	1

具有一些 n 元运算的集合，称为代数系统。代数系统是近世代数研究的主要内容，特殊代数系数包括群、环、域。设集合 A 的二元运算为 $\circ$，则这个代数系统记为 $(A, \circ)$。

1.2.2　同态与同构映射

定义　设 $(S, \circ)$ 和 $(T, *)$ 是两个代数系统，这里 $\circ$，$*$ 分别为集合 S, T 上的代数运

算。如果存在 S 到 T 的映射 f，且保持运算，即：$f(a \circ b) = f(a) * f(b)$，$\forall a, b \in S$，则称 f 是 $(S, \circ)$ 至 $(T, *)$ 的同态映射，简称 f 是 S 到 T 的同态。

同态映射如图 1-3 所示。

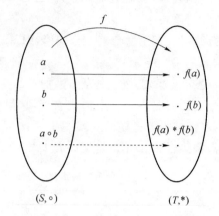

图 1-3　同态映射

例　$A = \mathbf{Z}$（整数集），$\circ$ 是普通加法；$\overline{A} = \{1, -1\}$，$\overline{\circ}$ 是普通乘法。

（1）$\phi_1 : a \longmapsto 1$ 是一个 A 到 $\overline{A}$ 的一个同态映射。事实上，$\phi_1(a+b) = 1$，$\phi_1(a) \times \phi_1(b) = 1 \times 1 = 1$，故 $\phi_1(a+b) = \phi_1(a) \times \phi_1(b)$。

（2）$\phi_2 : a \longmapsto 1$，若 a 是偶数；$a \longmapsto -1$，若 a 是奇数，则 ϕ_2 是满的同态映射。

因为，将 a, b 的奇偶性分 4 种情况讨论。$\forall a, b \in A$：

若 a 偶 b 奇，则 $\phi_2(a+b) = -1 = 1 \times (-1) = \phi_2(a) \times \phi_2(b)$；

若 a 偶 b 偶，则 $\phi_2(a+b) = 1 = 1 \times 1 = \phi_2(a) \times \phi_2(b)$；

若 a 奇 b 偶，则 $\phi_2(a+b) = -1 = (-1) \times 1 = \phi_2(a) \times \phi_2(b)$；

若 a 奇 b 奇，则 $\phi_2(a+b) = 1 = (-1) \times (-1) = \phi_2(a) \times \phi_2(b)$。

（3）$\phi_3 : a \longmapsto -1$，则 ϕ_3 是映射不是同态映射。因为 $\phi_3(a+b) = -1 \neq 1 = (-1) \times (-1) = \phi_2(a) \times \phi_2(b)$。

例　设代数系统 $(\mathbf{Z}, +)$，$(\mathbf{R}^+, \cdot)$，这里 $\mathbf{Z}$ 与 $\mathbf{R}^+$ 分别为整数集和正实数集，$+$、$\cdot$ 分别为数的加法与乘法，规定：

$$f : \mathbf{Z} \rightarrow \mathbf{R}^+ \text{ 为 } f(x) = \mathrm{e}^x, \quad \forall x \in \mathbf{Z}$$

知：f 为 $\mathbf{Z} \rightarrow \mathbf{R}^+$ 的映射，且 $\forall x, y \in \mathbf{Z}$

$$f(x+y) = \mathrm{e}^{x+y} = \mathrm{e}^x \cdot \mathrm{e}^y = f(x) \cdot f(y)$$

即 f 保持运算，故 f 是 $\mathbf{Z} \rightarrow \mathbf{R}^+$ 的同态映射。

定义　如果集合 S 到 T 的同态映射 f 是 $S \rightarrow T$ 的单射，则称 f 为 $S \rightarrow T$ 的单一同态。如果集合 S 到 T 的同态映射 f 是 $S \rightarrow T$ 的满射，则称 f 为 $S \rightarrow T$ 的满同态。如果集合 S 至 T 存在满同态，则称 S 与 T 是同态的，记作 $S \sim T$。如果 $S \rightarrow T$ 的同态映射 f 是 $S \rightarrow T$ 的双射（即满又单的映射，一一映射），则称 f 为 $S \rightarrow T$ 的同构映射。（简称同构）记作 $S \cong T$。

定理　代数系统 $(S, \circ)$ 和 $(T, *)$，这里 $\circ$、$*$ 分别为集合 S、T 的二元运算，设 f 是 S

→T 的满同态,则:

1. 若。满足结合律,则 $*$ 也满足结合律;
2. 若。满足交换律,则 $*$ 也满足交换律。

证

1. 设 $\bar{a},\bar{b},\bar{c}$ 为 T 中任意三元素,因为 f 为 S→T 的满同态,故存在 $a,b,c\in S$,使 $f(a)=\bar{a},f(b)=\bar{b},f(c)=\bar{c}$。

只要证:
$$\bar{a}*(\bar{b}*\bar{c})=(\bar{a}*\bar{b})*\bar{c}$$
$$f[a\circ(b\circ c)]=f(a)*f(b\circ c)=f(a)*(f(b)*f(c))=\bar{a}*(\bar{b}*\bar{c})$$
而
$$f[(a\circ b)\circ c]=f(a\circ b)*f(c)=(f(a)*f(b))*f(c)=(\bar{a}*\bar{b})*\bar{c}$$
又由已知:
$$a\circ(b\circ c)=(a\circ b)\circ c$$
故:
$$\bar{a}*(\bar{b}*\bar{c})=(\bar{a}*\bar{b})*\bar{c}$$

2. 设 $\bar{a},\bar{b}$ 为 T 中任两元素,存在 $a,b\in S$,使 $f(a)=\bar{a},f(b)=\bar{b}$,
又
$$f(a\circ b)=f(a)*f(b)=\bar{a}*\bar{b}$$
$$f(b\circ a)=f(b)*f(a)=\bar{b}*\bar{a}$$
又
$$a\circ b=b\circ a$$
所以
$$\bar{a}*\bar{b}=\bar{b}*\bar{a}$$

定理　代数系统 $(S,\circ,*)$ 和 $(T,\bar{\circ},\bar{*})$ 这里。, $*$ 为 S 中的二元运算,$\bar{\circ},\bar{*}$ 为 T 中二元运算,设存在一个 S→T 的满射 f,使得 S 与 T 对于。, $\bar{\circ}$ 同态,对于 $*$, $\bar{*}$ 同态。如果。对 $*$ 适合左(右)分配律,则 $\bar{\circ}$ 对 $\bar{*}$ 也适合左(右)分配律。

证

设:$\bar{a},\bar{b},\bar{c}$ 为 T 中任 3 个元素,因为 f 为 S→T 的满射,所以存在 $a,b,c\in S$,使 $f(a)=\bar{a},f(b)=\bar{b},f(c)=\bar{c}$。又:
$$f[a\circ(b*c)]=f(a)\bar{\circ}f(b*c)=f(a)\bar{\circ}[f(b)\bar{*}f(c)]=\bar{a}\bar{\circ}(\bar{b}\bar{*}\bar{c})$$
$$f[(a\circ b)*(a\circ c)]=f(a\circ b)\bar{*}f(a\circ c)=(f(a)\bar{\circ}f(b))\bar{*}(f(a)\bar{\circ}f(c))=(\bar{a}\bar{\circ}\bar{b})\bar{*}(\bar{a}\bar{\circ}\bar{c})$$
而 $a\circ(b*c)=(a\circ b)*(a\circ c)$,所以 $\bar{a}\bar{\circ}(\bar{b}\bar{*}\bar{c})=(\bar{a}\bar{\circ}\bar{b})\bar{*}(\bar{a}\bar{\circ}\bar{c})$

定义　如果 f 是 $(S,\circ)$→$(S,\circ)$ 的同构映射,则称 f 为 S 的自同构映射(或自同构)。

在本节中,我们学习了运算的一些知识。$A\times B$ 到 D 的映射称作一个 $A\times B$ 到 D 的二元运算。结合律、交换律、分配律是一些运算可能会满足的运算律。具有一些 n 元运算的集合,称为代数系统,记为 $(A,\circ)$。同态与同构描述了两个代数系统 $(S,\circ)$ 和 $(T,*)$ 之间的关系。如果两个代数系统 $(S,\circ)$ 和 $(T,*)$ 同态,则 $(S,\circ)$ 和 $(T,*)$ 在运算上满足相似的运算律。

1.3　关系与等价关系

"关系"是一个数学概念。在本节中,我们将学习关系、集合的分类、等价关系的知识。

1.3.1　关系

定义　$A\times B$ 的子集 R,称为 A、B 之间的一个二元关系。当 $(a,b)\in R$ 时,称 a 与 b

具有关系 R，记作 aRb，当 $(a,b)\notin R$ 时，称 a 与 b 不具有关系，记作 $aR'b$。

知：$\forall a\in B,b\in B,aRb$ 与 $aR'b$ 二者有一，且仅有一种情况成立。

二元关系形式地给出 A 中某些元素与 B 中某些元素相关联的概念。

例 实数集 $A=\{x\mid-\infty<x<+\infty\}$ 中，大于关系"$>$"可记作："$>$"$=\{(x,y)\mid x,y\in A,$ 且 x 大于 $y\}$。此时，定义中的关系"R"被具体化为"$>$"，R 是 $A\times B$ 的子集。在坐标系中，将大于关系"$>$"表示为 $A\times A$ 的子集，如图1-4所示。

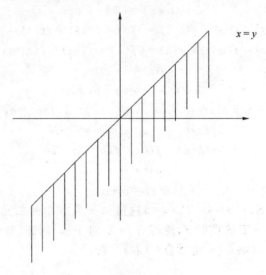

图1-4 大于关系"$>$"的图示

当集合 $A=B$ 时，关系 R 是 $A\times A$ 的子集，此时称 R 为 A 上的二元关系。

定义 设 R 是集合 A 上的二元关系，

1. 若 $\forall a\in A$，均有 aRa，则称 R 具有反身性（自反性）。

2. 若 $\forall a,b\in A$，当 aRb 时，均有 bRa，则称 R 具有对称性。

3. 若 $\forall a,b,c\in A$，当 aRb，且 bRc 时；恒有 aRc，则称 R 具有传递性。

4. 若 $\forall a,b\in A$，当 aRb，且 bRa 时；恒有 $a=b$，则称 R 具有反对称性。

例 考虑大于关系，"$>$"$=\{(x,y)\mid x,y\in A,$ 且 x 大于 $y\}$，是否满足自反性、对称性、传递性。

解：因为 $3\ngtr 3$，所以大于关系不具有自反性。

易知，大于关系不具有对称性。

因为 $a>b$，且 $b>c\Rightarrow a>c$，故大于关系具有传递性。

例 设整数集 $\mathbf{Z}=\{0,\pm1,\pm2,\cdots\}$ 上的二元关系为 $R=\{(a,b)\mid a,b\in\mathbf{Z},$ 且 $a\mid b\}$，此时 $a\mid b$ 表示 a 整除 b，即 b 是 a 的倍数。则 R 具有自反性，传递性，但不具有对称性及反对称性。

解：关系 R 显然满足自反性与传递性。

因为 $2\mid6\nRightarrow6\mid2$ 故关系 R 不满足对称性。

又：因为 $3\mid(-3)$，且 $(-3)\mid3$，但 $-3\neq3$，所以不具备反对称性。

1.3.2　等价关系

定义　设 R 是集合上的二元关系,如果 R 满足自反性、对称性和传递性,则称 R 为 A 上的等价关系,记作: ~ 。若 ~ 是 A 上的等价关系,对于 $a,b \in A$,若 $a \sim b$,则称 a 与 b 是等价的,称: $[a] = \{x \mid x \in A,$ 且 $x \sim a\}$ 为包含元素 a 的等价类。元素 a 被称为等价类 $[a] = \{x \mid x \in A,$ 且 $x \sim a\}$ 的代表元。所有等价类构成的集合称为集合 A 关于等价关系 R 的商集合,记作 A/R。即: $A/R = \{[a] \mid a \in A\}$。

例　设 R 是 $\mathbf{Z} = \{0, \pm 1, \pm 2, \cdots\}$ 上的二元关系,规定关系 R 为:如果 $\mathbf{Z}$ 中的数 a,b 用固定的正整数 n 除,其余数相等,则 $(a,b) \in R$,即 aRb,即 $aRb \Longleftrightarrow a-b$ 是 n 的倍数,记作: $a \equiv b \pmod{n}$。

求证: R 是等价关系,称此关系为模 n 的剩余关系(或同余关系)。

证

$$\forall a,b,c \in \mathbf{Z}$$

1. 因为 $a-a = 0 = n \times 0$,所以 $(a,a) \in R$。反身性(自反性)成立。

2. 若 $a \equiv b \pmod{n}$,即 $a-b = n \times k (k \in \mathbf{Z})$, $b-a = n \cdot (-k)$。因为 $(b,a) \in R$,即 bRa,即 $b \equiv a \pmod{n}$。

3. 若 $a \equiv b \pmod{n}$ 且 $b \equiv c \pmod{n}$,即 $a-b = k_1 \cdot n$, $b-c = k_2 \cdot n$, $(k_1, k_2 \in \mathbf{Z})$,所以 $a-c = (k_1 + k_2) \cdot n$, $a \equiv c \pmod{n}$, R 为 $\mathbf{Z}$ 上的等价关系。

定义　设一个集合 A 分成若干个非空子集,使得 A 中每一个元素属于且只属于一个子集,则这些子集的全体称为 A 的一个分类(划分)。每一个子集称为一个类。类里任何一个元素称为这个类的一个代表。刚好由每一类一个代表作成的集合称作一个全体代表团。

由定义可知, A 的非空子集 $S = \{A_i \mid i \in I\}$ 是 A 的一个分类,当且仅当其满足下列性质:

1. $\bigcup_{i \in I} A_i = A$

2. 当 $i \neq j$ 时, $A_i \cap A_j = \varnothing$,即不同的类互不相交。

例　设 $A = \{1,2,3,4,5,6\}$,则: $S_1 = \{\{1,2\},\{3\}.\{4,5,6\}\}$ 是 A 的一个分类。但是, $S_2 = \{\{1,2\},\{2,3,4\},\{5,6\}\}$ 就不是 A 的一个分类。因为 $\{1,2\} \cap \{2,3,4\} = \{2\}$。 $S_3 = \{\{1\},\{3,4\},\{5,6\}\}$ 也不是 A 的一个分类,因为元素"2"不属于任何一个子集。

定理　设 ~ 是集合 A 上的等价关系,则:

1. 若对于 $a,b \in A$ 　 $a \sim b$,则 $[a] = [b]$;

2. 若对于 $a,b \in A$ 　 $a \nsim b$(不等价),则 $[a] \cap [b] = \phi$;

3. A 能写成所有不同等价类的并,即: $A = [a_1] \cup [a_2] \cup \cdots \cup [a_n] \cdots$。

证　1. 此时,需要证明两个集合相等。即:只要证 $[a] \subseteq [b]$ 且 $[b] \subseteq [a]$。

若 $a \sim b$, $\forall x \in [a]$

所以 $x \sim a$,又 $a \sim b$,由传递性,所以 $x \sim b$

所以 $x \in [b]$,所以 $[a] \subseteq [b]$

同理$[b]\subseteq[a]$

所以$[a]=[b]$

2. 采用反证法的思路证明。

若$a\nsim b$

假设：$\exists x\in a$，且$x\in[a]\cap[b]$

则：$x\in[a]$，$x\in[b]$

即：$x\sim a$，$x\sim b$

由于："$\sim$"是等价关系，

所以$a\sim x$，$x\sim b$

所以$a\sim b$与$a\nsim b$矛盾

所以$[a]\cap[b]=\phi$

3. 由1,2知两个等价类或是相同的，或是不相交的。

又 $\qquad\qquad\qquad\qquad \forall a\in A,a\in[a]$

所以故A是所有不同等价类的并以$n=3$时的模3同余关系为例。此时，

$$\mathbf{Z}=\{0,\pm 1,\pm 2,\cdots\}=[0]\cup[1]\cup[2]$$

$$\begin{cases}[0]=\{\cdots,-6,-3,0,3,6,\cdots\}\\ [1]=\{\cdots,-5,-2,1,4,7,\cdots\}\\ [2]=\{\cdots,-4,-1,2,5,8,\cdots\}=[5]\end{cases}$$

知等价类由这等价类中的任一元素作代表，即等价类的表示与其代表的选择无关，即：$[2]=[5]=[8]=[-1]$。

例 判断下面关系是否为等价关系。

设$\mathbf{Z}^+$表示正整数的集合。$\mathbf{Z}^+\times\mathbf{Z}^+$上的关系$R$按照如下方式约定：$(a,b)R(c,d)$当且仅当$a+d=b+c$。

解:只要验证以上关系是否满足反身性、对称性、传递性。

$$\forall(a,b),(c,d),(e,f)\in\mathbf{Z}^+\times\mathbf{Z}^+$$

因为：$a+b=b+a$，则：$(a,b)R(a,b)$。反身性成立。

若$(a,b)R(c,d)$，即：$a+d=b+c$。则：$c+b=d+a$。则：$(c,d)R(a,b)$。对称性成立。

若$(a,b)R(c,d)$、$(c,d)R(e,f)$，即：$a+d=b+c,c+f=d+e$，相加得：$a+d+c+f=b+c+d+e$。整理得：$a+f=b+e$，即：$(a,b)R(e,f)$。传递性成立。

综上，关系R是等价关系。

由上述概念及定理可得：

定理 若关系R是集合A上的等价关系，则商集A/R是集合A的一个分类。

定理 若$\{U_i\,|\,i\in I\}$是集合A的一个分类，则存在A上的一个等价关系R，使得$A/R=\{U_i\,|\,i\in I\}$。

证明 如下规定A上的一个关系$R:R=\{(a,b)$存在U_i，使得$a,b\in U_i\}\,|$。

易知，关系R为A上的一个等价关系。令$B=\{U_i\,|\,i\in I\}$。只要证明$B=A/R$。

对于任意的$[a]\in A/R$，由于$B=\{U_i\,|\,i\in I\}$是集合A的一个分类，因此，存在某个$U_i\in B$，使得$a\in U_i$。由R的定义知$[a]=U_i$。这说明$[a]\in B$，即：$A/R\subseteq B$。

另一方面,对于任意的 $U_i\in B$,取 $a\in U_i$,由于 $[a]=U_i$,因此 $U_i\subseteq A/R$。即:$B\subseteq A/R$。故:得证。

上述两个定理表明,在某种意义之下,集合的分类与等价关系是一回事。

例 设 $A=\{a,b,c,d,e\}$,令:

$R=\{(a,a),(b,b),(c,c),(d,d),(e,e),(a,b),(b,a),(c,d),(d,c),(c,e),(e,c),(d,e),(e,d)\}$。可以验证,关系 R 是集合 A 上的等价关系。每个元素所属的等价类如下:

$$[a]=\{a,b\},$$
$$[b]=\{a,b\},$$
$$[c]=\{c,d,e\},$$
$$[d]=\{c,d,e\},$$
$$[e]=\{c,d,e\}。$$

此时,集合 A 关于等价关系 R 有两个等价类。商集 $A/R=\{[a],[c]\}$。

在本节中,我们学习了关系与等价关系的知识。一个二元关系是两个集合的笛卡儿积的子集。等价关系是指满足自反性、对称性、传递性的关系。同时,我们还学习了集合的分类的知识,并知道,集合 A 上的一个等价关系可以确定该集合的一个分类,反之,集合的一个分类也可以确定该集合 A 上的一个等价关系。

1.4 数论基础

在近世代数的学习过程中,会用到一些数论方面的知识。整数上的一些性质在一些特殊的代数系统中也有对应。在本节中,我们将学习带余除法、辗转相除法、模运算、同余、欧拉定理、中国剩余定理等相关知识。

1.4.1 辗转相除法

1. 素数与带余除法

定义 设 a 和 b 是整数,$b\neq 0$,如果存在整数 c 使得 $a=bc$,则称 b 整除 a,表示成 $b\,|\,a$,并称 b 是 a 的因子,而 a 为 b 的倍数。如果不存在上述的整数 c,则称 b 不整除 a,表示成 $b\nmid a$。

由整除的定义,立即导出整除的如下基本性质:

1. $b\,|\,b$;
2. 如果 $b\,|\,a,a\,|\,c$,则 $b\,|\,c$;
3. 如果 $b\,|\,a,b\,|\,c$,则对任意整数 x,y,有 $b\,|\,(ax+cy)$;
4. 如果 $b\,|\,a,a\,|\,b$,则 $b=\pm a$;
5. 设 $m\neq 0$,那么,$b\,|\,a\Leftrightarrow mb\,|\,ma$;
6. 设 $b\neq 0$,那么,$a\,|\,b\Rightarrow |a|\leqslant |b|$。

性质 2 的证明:由于 $b\,|\,a$,根据整除的定义知:存在 x,使 $a=xb$,同样,存在 y 使得 c

$=ya$，从而 $c=ya=yxb=(yx)b$，即 $b|c$。

其他性质可以采用类似的方法证明。

显然，±1、$\pm b$ 是 b 的因子，我们称其为 b 的显然因子；b 的其他因子称为 b 的真因子。

定义 设 p 为大于 1 的整数，如果 p 没有真因子，即 p 的正因子只有 1 和 p 自身，则称 p 为素数，否则称为合数。

定理 素数有无穷多个。

证明 用反证法。假设只有有限个素数，设为 $q_1,q_2,\cdots,q_k$，考虑数 $a=q_1q_2\cdots q_k+1$，由于每一个 q_i 均不为 a 的因子。由素数的定义知，a 为素数。这与假设矛盾。故得证。

关于素数，有以下一些性质：

1. 设 p 是素数，$a,b,\cdots,c$ 是整数。如果 p 整除乘积 $ab\cdots c$，则 $a,b,\cdots,c$ 中至少有一个被 p 整除。

2.（算术基本定理）每个整数 $n\geqslant2$，均可分解成素数幂之积：$n=p_1^{e_1}p_2^{e_2}\cdots p_k^{e_k}$。若不计因子的顺序，这个分解式是唯一的。其中 $p_i(1\leqslant i\leqslant k)$ 是不同的素数，$e_i(1\leqslant i\leqslant k)$ 是正整数。

数论还有一个基本的结论：带余除法定理。

定理 设 a 和 b 是整数，$b>0$，则存在整数 q,r，使得

$a=bq+r$，其中 $0\leqslant r<b$；

并且整数 q,r 由上述条件唯一决定。以上方法称为带余除法，或欧几里德除法。式中整数 q 称为 a 被 b 除的商，数 r 叫做 a 被 b 除得的余数。

证明 唯一性。假设存在另外的一对整数 q_1,r_1，满足 $a=bq_1+r_1$，其中 $0\leqslant r_1<b$。将以上两式相减，得：

$$b(q-q_1)=r_1-r。$$

两边取绝对值，$\qquad\qquad b|q-q_1|=|r_1-r|。$

因为，$0\leqslant r_1,r<b$，则：$0\leqslant|r_1-r|<b$，即：$b|q-q_1|<b$。则有：$q=q_1$，从而：$r=r_1$。

再证存在性：考虑整数序列：$\cdots,-3b,-2b,-b,0,b,2b,3b,\cdots$。此时，整数 a 一定位于其中的某两个相邻的整数之间。此即：存在一个整数 q，使得：$qb\leqslant a<(q+1)b$，令 $r=a-qb$。则有：$a=bq+r$，其中 $0\leqslant r<b$；

例 证明 x^3 被 9 除之后所得的余数只能是 $0,1,8$。这里 x 为任意的整数。

证明 由带余除法的知识，只需讨论 x 为 0 至 8 之间的数即可，

$$0^3=0\times9+0;1^3=0\times9+1;2^3=0\times9+8;$$

$$3^3=3\times9+0;4^3=7\times9+1;5^3=13\times9+8;$$

$$6^3=24\times9+0;7^3=38\times9+1;8^3=56\times9+8。$$

故得证。

定理 设 $a\geqslant2$ 是给定的正整数。那么任一正整数 n 必可唯一表示为：

$$n=r_ka^k+r_{k-1}a^{k-1}+\cdots+r_1a+r_0。$$

其中整数 $k\geqslant0,0\leqslant r_j\leqslant a-1,(0\leqslant j\leqslant k)$，$r_k\neq0$。这就是正整数的 a 进位表示。

证明 对正整数 n 必有唯一的 $k\geqslant0$，使 $a^k\leqslant n<a^{k+1}$。由带余除法知，必有唯一的

q_0, r_0, 满足: $n = q_0 a + r_0$, 这里, $0 \leqslant r_0 < a$。

以下对 k 采用数学归纳法。

若 $k = 0$, 则必有 $q_0 = 0, 1 \leqslant r_0 < a$, 所以结论成立。

假设, 当 $k = m \geqslant 0$ 时结论成立。

那么, 当 $k = m + 1$ 时, 上式中的 q_0 满足 $a^m \leqslant q_0 < a^{m+1}$。

由假设知:
$$q_0 = s_m a^m + s_{m-1} a^{m-1} + \cdots + s_1 a + s_0,$$
其中:
$$0 \leqslant s_j \leqslant a-1, (0 \leqslant j \leqslant m-1), 1 \leqslant s_m \leqslant a-1。$$
因而有:
$$n = s_m a^{m+1} + s_{m-1} a^m + \cdots + s_0 a + r_0,$$
即结论对 $m+1$ 也成立。得证。

2. 辗转相除法

定义　设 $a, b, \cdots, c$ 是有限个不全为零的整数, 满足下面两个条件(唯一的)整数 d 称为它们的最大公因子(或最大公约数), 记作 $(a, b, \cdots, c)$ 或 $\mathrm{GCD}(a, b, \cdots, c)$:

1. d 是 $a, b, \cdots, c$ 公共约数, 即 $d \mid a, d \mid b, \cdots, d \mid c$;

2. d 是 $a, b, \cdots, c$ 的所有公约数中最大的。即: 如果整数 d_1 也是 $a, b, \cdots, c$ 的公约数, 则 $d_1 \leqslant d$。

任意整数 $a, b, \cdots, c$ 必然有公约数(例如 ± 1)。如果它们不全为零, 则易知它们的公约数只有有限多个, 所以它们的最大公约数必然存在并且是唯一的。此外, 最大公约数一定是正整数。

由于 0 可以被任意整数整除, 所以, 任一正整数 a 与 0 的最大共因子就是其本身 a。

如果 $(a, b, \cdots, c) = 1$, 则称 $a, b, \cdots, c$ 是互素的。如果 $a, b, \cdots, c$ 中任意两个是互素的, 则称两两互素。

定理　设 a, b, c 为 3 个正整数, 且 $a = bq + c$, 其中 q 为整数, 则 $(a, b) = (b, c)$。

证明　由公约数的定义, 知: $(a, b) \mid a, (a, b) b$, 又: $c = a - bq$, 因此: $(a, b) \mid c$, 可以得到: $(a, b) \mid (b, c)$。同理可得: $(b, c) \mid (a, b)$。因此: $(a, b) \mid (b, c)$。

关于最大公约数, 有如下的一些性质:

1. 对于任意整数 x, 有: $(a_1, a_2) = (a_1, a_2 + a_1 x)$。

2. 设 $m > 0$, 则: $m(b_1, b_2, \cdots, b_k) = (mb_1, mb_2, \cdots, mb_k)$。

3. $\left(\dfrac{a_1}{(a_1, a_2)}, \dfrac{a_2}{(a_1, a_2)} \right) = 1$, 一般情况下, 有: $\left(\dfrac{a_1}{(a_1, \cdots, a_k)}, \dfrac{a_2}{(a_1, \cdots, a_k)}, \cdots, \dfrac{a_k}{(a_1, \cdots, a_k)} \right) = 1$。

4. 设 $a, b, \cdots, c$ 是不全为零的整数, 则存在整数 $x, y, \cdots, z$, 使得: $ax + by + \cdots + cz = (a, b, \cdots, c)$。特别地, 如果 $a, b, \cdots, c$ 互素, 则存在整数 $x, y, \cdots, z$, 使得 $ax + by + \cdots + cz = 1$。

5. 设 $(a, m) = (b, m) = 1$, 则 $(ab, m) = 1$;

6. 如果 $c \mid ab$, 且 $(c, b) = 1$, 则 $c \mid a$;

对于正整数 a, b, 利用上定理及带余除法, 可以求出 a, b 的最大公约数 (a, b), 该方法称为辗转相除法。具体方法如下:

令
$$r_0 = b, r_1 = a, b \leqslant a,$$
用 r_1 除 r_0: $r_0 = r_1 q_1 + r_2 \quad 0 \leqslant r_2 < r_1,$

用 r_2 除 $r_1:r_1=r_2q_2+r_3$ $0\leqslant r_3<r_2$,

⋯⋯⋯⋯⋯

用 r_{m-1} 除 $r_{m-2}:r_{m-2}=r_{m-1}q_{m-1}+r_m$ $0\leqslant r_m<r_{m-1}$,

用 r_m 除 $r_{m-1}:r_{m-1}=r_mq_m$。

注意到：$r_0>r_1>\cdots>r_{m-1}>\cdots\geqslant0$,

从而上述的带余除法有限步后余数必为零。另一方面,由上述定理,知：

$$(a,b)=(r_0,r_1)=(r_1,r_2)=\cdots=(r_{m-1},r_m)=(r_m,0)=r_m。$$

欧几里德辗转相除法不仅可以求出 (a,b),还可以求出不定方程方程 $sa+tb=(a,b)$ 的一组整数解,在该表达式中,s,t 是变量。具体做法如下：

由算法的倒数第二行,得到 $(a,b)=r_m=r_{m-2}-r_{m-1}q_{m-1}$,这就将 (a,b) 表示成 r_{m-2},r_{m-1} 的整系数线性组合。再用算法中其前面的一行 $r_{m-1}=r_{m-3}-r_{m-2}q_{m-2}+r_m$ 代入上式,消去 r_{m-1},得出 $(a,b)=(1+q_{m-1}q_{m-2})r_{m-2}-q_{m-1}r_{m-3}$,即 (a,b) 为 r_{m-2},r_{m-3} 的线性组合,如此进行,最终可得 $(a,b)=sa+tb$。

例 求 42 823 及 6 409 的最大公因子,并将它表示成 42 823 和 6 409 的整系数线性组合形式。

解：采用辗转相除法。42 823＝6×6 409＋4 369,6 409＝1×4 369＋2 040,4 369＝2×2 040＋289,2 040＝7×289＋17

$$289=17\times17。$$

于是有：

$(42\,823,6\,409)=(6\,409,4\,369)=(4\,369,2\,040)=(2\,040,289)=(289,17)=17。$

将上述各式由后向前逐次代入：

$17=2\,040-7\times289$,

$17=2\,040-7\times(4\,369-2\times2\,040)=-7\times4\,369+3\times2\,040$,

$17=-7\times4\,369+3\times(6\,409-4\,369)=3\times6\,409-10\times4\,369$,

$17=3\times6\,409-10\times(42\,823-6\times6\,409)=-10\times42\,823+63\times6\,409。$

这就求出了线性组合形式：

$$(42\,823,6\,409)=-10\times42\,823+63\times6\,409$$

例 若 $(a,b)=1$,则任一整数 n 必可表为 $n=ax+by$,此时,x,y 是整数。

证明由 $(a,b)=1$,由上述定理知：存在 x_0,y_0,使得 $ax_0+by_0=1$。故可取：$x=nx_0,y=ny_0$。

1.4.2 模运算

1. 模运算

模运算的含义是：取得两个整数相除后结果的余数。记作 mod。例如：7 mod 3＝1。因为 7 除以 3 商 2 余 1。余数 1 即执行模运算后的结果。

一般地,给定一个正整数 p,任意一个整数 n,由带余除法知,一定存在等式：$n=kp+r$,其中 k,r 是整数,且 $0\leqslant r<p$。我们称 k 为 n 除以 p 的商,r 为 n 除以 p 的余数。

对于正整数 p 和整数 a,b,定义如下运算为模运算：a mod p 表示 a 除以 p 的余数。

同样可以定义与模运算相关的一些运算。

模 p 加法：$(a+b) \bmod p$，其结果是 $a+b$ 的和除以 p 的余数，也就是说，若：$(a+b)=kp+r$，则$(a+b) \bmod p=r$。

模 p 减法：$(a-b) \bmod p$，其结果是 $a-b$ 除以 p 的余数。

模 p 乘法：$(a \times b) \bmod p$，其结果是 $a \times b$ 除以 p 的余数。

下面仅以 $p=8$ 为例，给出模 8 加法、模 8 乘法运算表，如表 1-2、表 1-3 所示。

表 1-2　模 8 加法

+	0	1	2	3	4	5	6	7
0	0	1	2	3	4	5	6	7
1	1	2	3	4	5	6	7	0
2	2	3	4	5	6	7	0	1
3	3	4	5	6	7	0	1	2
4	4	5	6	7	0	1	2	3
5	5	6	7	0	1	2	3	4
6	6	7	0	1	2	3	4	5
7	7	0	1	2	3	4	5	6

表 1-3　模 8 乘法

×	0	1	2	3	4	5	6	7
0	0	0	0	0	0	0	0	0
1	0	1	2	3	4	5	6	7
2	0	2	4	6	0	2	4	6
3	0	3	6	1	4	7	2	5
4	0	4	0	4	0	4	0	4
5	0	5	2	7	4	1	6	3
6	0	6	4	2	0	6	4	2
7	0	7	6	5	4	3	2	1

由模运算的定义知，模运算满足以下的性质：

$$(a+b) \bmod p=[(a \bmod p)+(b \bmod p)] \bmod p$$
$$(a-b) \bmod p=[(a \bmod p)-(b \bmod p)] \bmod p$$
$$(a \times b) \bmod p=[(a \bmod p) \times (b \bmod p)] \bmod p$$

可知，模 p 运算和普通的四则运算有很多类似的运算律，如：

1. 结合律：$((a+b) \bmod p+c) \bmod p=(a+(b+c) \bmod p) \bmod p$；

$\quad\quad\quad\quad ((a \times b) \bmod p \times c) \bmod p=(a \times (b \times c) \bmod p) \bmod p$

2. 交换律：$(a+b) \bmod p=(b+a) \bmod p$；$(a \times b) \bmod p=(b \times a) \bmod p$

3. 分配律：$((a+b) \bmod p \times c) \bmod p=((a \times c) \bmod p+(b \times c) \bmod p) \bmod p$

仅以结合律为例做证明：$((a+b) \bmod p+c) \bmod p=(a+(b+c) \bmod p) \bmod p$

先考虑等式的左边。

假设： $a=k_1 * p + r_1; b=k_2 * p + r_2; c=k_3 * p + r_3$

则： $a+b=(k_1 + k_2) p + (r_1 + r_2)$;

如果 $(r_1+r_2) \geqslant p$，则： $(a+b) \bmod p=(r_1+r_2)-p$。否则，$(a+b) \bmod p=(r_1+r_2)$。

再和 c 进行模 p 和运算，得到结果为 $r_1 + r_2 + r_3$ 的算术和除以 p 的余数。

对等式右边进行类似分析，可以得到同样的结果。得证。

2. 同余

同余指的是两个整数之间可能满足的一种关系。如果两个数 a、b 满足 $a \bmod p = b \bmod p$，则称它们同余（或模 p 相等），记作：$a \equiv b \bmod p$。

同余也可以这样叙述，令 3 整数 a, b 及 p，当且仅当 a 与 b 的差为 p 的整数倍时，称 a 在模 p 时与 b 同余，。即 $a-b=kp$，其中 k 为任一整数。若 a 与 b 在模 p 中同余，记作：$a \equiv b \bmod p$。

可知：若 a 与 b 在模 p 中同余，则 p 必整除 a 与 b 的差，即 p 整除 $(a-b)$，在符号上我们可写成 $p|(a-b)$。

需要注意的是，对于同余和模 p 乘法来说，有一个和普通整数中的四则运算不同的规则。在普通整数的四则运算中，有这样一个结论：如果 c 是一个非 0 整数，则：由 $ac=bc$ 可以得出 $a=b$。即：乘法满足消去律。

但是，在模 p 运算中，这种关系不存在，例如：

$$(3 \times 3) \bmod 9=0; (6 \times 3) \bmod 9=0。$$

但是，3 mod 9=3；6 mod 9 =6。

即：对于同余和模 p 乘法而言，消去律不一定成立。但是，如果增加一些约束条件，消去律也可以满足。

定理（消去律）：如果 $\mathrm{GCD}(c, p) = 1$，则 $ac \equiv bc \bmod p$ 可以推出 $a \equiv b \bmod p$

证明 因为 $ac \equiv bc \bmod p$，所以 $ac=bc + kp$，也就是 $c(a-b)=kp$。

因为 c 和 p 没有除 1 以外的公因子，因此上式要成立必须满足下面两个条件中的一个：

1）c 能整除 k；2）$a=b$。

以下针对条件 2），分两种情况讨论。

如果 2）不成立，则 $c|kp$。

因为 c 和 p 没有公因子，因此显然 $c|k$，所以 $k=ck'$。

因此，$c(a-b)=kp$ 可以表示为 $c(a-b) =ck'p$。

由：$a-b=k'p$，得出 $a \equiv b \bmod p$。

如果 2）成立。即：$a=b$，则 $a \equiv b \bmod p$ 显然成立。故得证。

3. 欧拉定理

利用同余概念，所有整数在模 n 中被分成 n 个不同的剩余类。任一个整数，用 n 除所得的余数可能为：$0,1,2,\cdots,n-1$ 中的一个。具体的说，以 n 整除余数为 1 的数为一类；记作 $[1]$，余 2 的数为一剩余类，记作 $[2]$，以此类推。于是有：$\mathbf{Z}=[0]\cup[1]\cup[2]\cup\cdots\cup[n-1]$。这里，$\mathbf{Z}$ 表示全体整数构成的集合。即：整数集合可以表示成若干个不相交集合的并集。[i]中的任何两个整数都是模 i 同余，而[i]中的数与[j]中的数(0≤i,j≤n−1；i≠j)是模 n 不同余的。子集合[i]成为模 n 的一个剩余类。若将每一剩余类中取一数为代表，形成一集合，则此集合称为模 n 的完全剩余系，以 $\mathbf{Z}_n$ 表示。很明显地，集合 $\{0,1,2,\cdots,n-1\}$ 为模 n 的一完全剩余系。

例：取 n=6，则 $\mathbf{Z}_6=\{[0],[1],[2],[3],[4],[5]\}$，而$\{0,1,2,3,4,5\}$为模 6 的一组完全剩余系。$\{6,13,20,45,-2,17\}$也是模 6 的一组完全剩余系。因为$[6]=[0]$，$[13]=[1]$，$[20]=[2]$，$[39]=[3]$，$[-2]=[4]$，$[17]=[5]$。

在模 n 的完全剩余系中，若将所有与 n 互素的剩余类形成一集合，则此集合称为模 n 的既约剩余系，以 $\mathbf{Z}_n^*$ 表示。例如 n=10 时，$\{0,1,2,3,4,5,6,7,8,9\}$为模 10 的完全剩余系；而$\{1,3,7,9\}$为模 10 的既约剩余系。在模 n 中取既约剩余系的原因，为在模 n 的既约剩余系中取一整数 a，则必存在另一整数 b(也属于此既约剩余系)使得 $ab=1\ \mathrm{mod}\ n$ 且此解唯一。若 $ab=1\ \mathrm{mod}\ n$，则称 b 为 a 在模 n 的乘法逆元，b 可表示为 a^{-1}。

例如，以 n=10 时为例，用表 1-4 显示为：

表 1-4　既约剩余系中 $ab=1\ \mathrm{mod}\ n$ 的解

a	0	1	2	3	4	5	6	7	8	9
b	×	1	×	7	×	×	×	3	×	9

其中"×"表示"无意义"。

定理　若$(a,n)=1$，则存在唯一整数 $b,0<b<n$，且$(b,n)=1$，使得 $ab=1\ \mathrm{mod}\ n$。

证：由上述定理知，若$(a,n)=1$，且 $i\neq j\ \mathrm{mod}\ n$，则 $ai\neq aj\ \mathrm{mod}\ n$。因此，集合 $\{ai\ \mathrm{mod}\ n\}_{i=0,1,\cdots,n-1}$ 为集合 $\{0,1,2,\cdots,n-1\}$ 的一排列(Permutation)。因此 b 为 $ab=1\ \mathrm{mod}\ n$唯一解。此外，因 $ab-1=kn$，k 为整数，若$(b,n)=g$ 则 $g\mid(ab-1)$。因为 $g\mid ab$，所以 $g\mid 1$。因此 $g=1$。故 b 也与 n 互素。

欧拉函数是数论中很重要的一个函数。在前面的学习中，我们利用容斥原理，给出了当 n 的分解式已知时的欧拉函数 $\varphi(n)$ 的表达式。下面，我们对欧拉函数进行一个较为深入的研究。

欧拉函数是指：对于一个正整数 n，小于 n 且和 n 互质的正整数的个数，记作：$\varphi(n)$，其中 $\varphi(1)$被定义为 1，但是并没有任何实质的意义。

定义　令 $\varphi(n)$为小于 n，且与 n 互素的所有整数的个数。即 $\varphi(n)$为模 n 既约剩余系中所有元素的个数，此 $\varphi(n)$称为欧拉函数(Euler Totient Function)。

显然，对于素数 p，$\varphi(p)=p-1$.

利用前面学习的结论，可知。

定理　对于两个素数 p、q，他们的乘积 n=pq。满足 $\varphi(n)=(p-1)(q-1)$。

定理　令 $\{r_1,r_2,\cdots,r_{\phi(n)}\}$为模 n 的一既约剩余系，且$(a,n)=1$，则$\{ar_1,ar_2,\cdots,ar_{\phi(n)}\}$也为模 n 的一既约剩余系。

证　设$(ar_j,n)=g$，且 $g>1$，则 $g\mid a$ 或 $g\mid r_j$。因此我们得以下两种情况。

(1) $g\mid a$ 且 $g\mid n$，或(2)$g\mid r_j$ 且 $g\mid n$。

(1) 不可能，因为$(a,n)=1$；(2)也不可能，因为 r_j 为模 n 既约剩余系的一元素。

因此$(ar_j,n)=1$。此外$ar_i\neq ar_j$，若$r_i\neq r_j$。因此$\{ar_1,ar_2,\cdots,ar_{\varphi(n)}\}$为模$n$的一既约剩余系。

定理 欧拉定理(Euler's Theorem)：若$(a,n)=1$，则$a^{\varphi(n)}=1\bmod n$。

证 令$\{r_1,r_2,\cdots,r_{\varphi(n)}\}$为模$n$的既约剩余系，由上述定理知，若$(a,n)=1$，则$\{ar_1,ar_2,\cdots,ar_{\varphi(n)}\}$也为一既约剩余系。因此，$\prod\limits_{i=1}^{\varphi(n)}(ar_i)\bmod n=\prod\limits_{i=1}^{\varphi(n)}r_i\bmod n$。故得

$$(a^{\varphi(n)}\bmod n)\left(\prod_{i=1}^{\varphi(n)}r_i\bmod n\right)=\prod_{i=1}^{\varphi(n)}r_i\bmod n$$

由消去法可得$a^{\varphi(n)}=1\bmod n$。

例 $\{1,3,5,7\}$为模8的一既约剩余系，3与8互素，因此由上述定理，$3^4=3^{\varphi(8)}=1\bmod 8$。

例 令$p=7$，此时，$\varphi(7)=6$，计算可知：$2^6=64=1\bmod 7$；$3^6=9^3=2^3=1\bmod 7$；$4^6=(-3)^6=1\bmod 7$；$5^6=(-2)^6=1\bmod 7$；$6^6=(-1)^6=1\bmod 7$。

定理 费马定理(Fermat's Theorem)：令p为素数，且$(a,p)=1$，$a^{p-1}=1\bmod p$。

证 若p为素数，则$\varphi(p)=p-1$，由欧拉定理可得证。

利用欧拉定理，可以得到一个求元素a的逆元素的方法。即：已给a及n且$(a,n)=1$，求a^{-1}，使得：$aa^{-1}=1\bmod n$。

若$\varphi(n)$已可以计算，则由欧拉定理可知$aa^{\varphi(n)-1}=1\bmod n$，因此，$a^{\varphi(n)-1}=a^{-1}\bmod n$。

需要注意的是，若n为合数，一般地，由于n的分解式并不容易写出，故$\varphi(n)$不一定容易计算。

4. 中国剩余定理

在前面，我们学习了模运算、同余关系等知识。在本节中，我们将学习同余方程的相关知识。

首先，我们给出同余方程的概念。

已给整数a,b及$n>0$，下式称为单变量同余方程(线性同余式)

$$ax=b\bmod n$$

其中x为变量。

若整数x_1满足同余方程：$ax=b\bmod n$，即$ax_1=b\bmod n$，可证明，模n与x_1同余的所有整数都满足这个线性同余式，即若$x_2=x_1\bmod n$，则$ax_2=b\bmod n$。与x_1模n同余的整数构成同余方程：$ax=b\bmod n$的解。

下面的定理告诉我们同余方程：$ax=b\bmod n$是否有解，以及若有解时解的个数。

定理 令a,b及n为整数，且$n>0$及$(a,n)=d$。

若$d\nmid b$，则$ax=b\bmod n$无解。

若$d\mid b$，则$ax=b\bmod n$恰好有d个模n不同余的解。

证 由定义知，求解同余方程等价于求两变量x及y满足$ax-ny=b$。

整数x为$ax=b\bmod n$的一个解，当且仅当存在整数y，使得$ax-ny=b$。

以下分两种情况讨论：

当$d\nmid b$时，因$d\mid ax$及$d\mid yn$，使得$d\mid(ax-yn)$，故当$d\nmid b$时，$ax-ny=b$无解。

当 $d \mid b$ 时，$ax = b \bmod n$ 有多个解。因为若 x_0 及 y_0 为解时，所有 $x = x_0 + \left(\dfrac{n}{d}\right)t, y = y_0 + \left(\dfrac{n}{d}\right)t$ 均为其解，其中 t 为任意整数。但上述解中只有 d 个模 n 的不同余类，因为 $\left(\dfrac{n}{d}\right)t \bmod n$ 中只有 d 个不同的同余类，即 $t = 0, 1, 2, \cdots, d-1$。

由本定理知，若 $(a, n) = 1$，则 $ax = b \bmod n$ 有唯一解。

以上定理只告诉我们同余方程：$ax = b \bmod n$ 是否有解，及若有解时，有多少个解。以下介绍当有解时，如何求出其解。

求解同余方程：$ax = b \bmod n$ 的步骤如下：

1. 利用欧几里德辗转相除法，求出 $(a, n) = d$，若 $d \nmid b$，则上式无解；

2. 若 $d \mid b$，则令 $a' = \dfrac{a}{d}, b' = \dfrac{b}{d}, n' = \dfrac{n}{d}$。则 $a'x' = b' \bmod n'$ 有唯一解，因为 $(a', n') = 1$。此解可以由欧几里德算法求出。例如，先求 a' 为模 n' 的乘法逆元 $(a')^{-1}$（即：求出 x，使之满足同余方程：$a'x = 1 \pmod{n'}$，此时，$x = (a')^{-1}$），令：$x' = (a')^{-1}b' \bmod n'$ 即为其解。接着令 $x_0 = x' \bmod n$，则 x_0 即为 $ax = b \bmod n$ 的一个解。令 $x = x_0 + \left(\dfrac{n}{d}\right)t \bmod n$，$t = 0, 1, 2, \cdots, d-1$，则所有 d 个解均可求出。

例　求解同余方程：$24x = 7 \bmod 59$。

解：由于 $(24, 59) = 1$，从而方程有唯一的解

$$x = \frac{7}{24} = \frac{7+59}{24} = \frac{11}{4} = \frac{-48}{4} = -12 \bmod 59 = 47 \bmod 59 .$$

例　求解同余方程：$9x = 12 \bmod 15$。

解：(1) $(9, 15) = 3$ 且 $3 \mid 12$，故有 3 个解。

(2) 求解 $3x' = 4 \bmod 5$，由于 $3 \cdot 2 = 1 \bmod 5$，故 $3^{-1} = 2 \bmod 5$。所以 $x' = 2 \cdot 4 = 3 \bmod 5$。令 $x = x_0 = 3 \bmod 15$ 且 $x = x_0 + 5 = 8 \bmod 15$，$x = x_0 + 5 \cdot 2 = 13 \bmod 15$，此为所有 3 个解。

多个同余方程可以构成一个同余方程组。中国剩余定理能够求解一些特殊的同余方程组（即：线性同余方程组）。我们先看一个例子。

在我国古代有一部数学著作《孙子算经》中，有这样一道题"物不知其数"：今有物不知其数，三三数之剩二，五五数之剩三，七七数之剩二，问物几何？该问题的意思是：对一些物体计数，三个三个地数，剩下两个；五个五个地数，剩下三个；七个七个地数，剩下两个；问这些物体共有多少个？采用同余方程组的形式，该问题可以转换为：求解整数 x，使之满足：$x = 2 \bmod 3$，$x = 3 \bmod 5$，$x = 2 \bmod 7$。

定理（中国剩余定理）：令 $n_1, n_2, \cdots, n_t$ 为两两互素的正整数，令 $N = n_1 n_2 \cdots, n_t$。则以下同余方程组中，$x = a_1 \bmod n_1$，$x = a_2 \bmod n_2$，$\cdots$，$x = a_t \bmod n_t$，在 $[0, N-1]$ 中有唯一解。

证：首先证明解的存在性。

由于 $n_1, n_2, \cdots, n_t$ 两两互素，故对所有 $i = 1, 2, \cdots, t$，$\left(n_i, \dfrac{N}{n_i}\right) = 1$。因此，存在 y_i，使得

$$\left(\frac{N}{n_i}\right)y_i = 1 \bmod n_i。$$

此外，$\left(\frac{N}{n_i}\right)y_i = 0 \bmod n_j$，当 $j \neq i$，这是因为：$\frac{N}{n_i}$ 为 n_j 的整数倍。

若我们令：

$$x = \left(\frac{N}{n_1}\right)y_1 a_1 + \left(\frac{N}{n_2}\right)y_2 a_2 + \cdots \left(\frac{N}{n_t}\right)y_t a_t \quad \bmod N = \left[\sum_{i=1}^{t}\left(\frac{N}{n_i}\right)y_i a_i\right] \bmod N$$

则 x 为上述同余方程组的解。

因为，对于所有：$i, 1 \leqslant i \leqslant t, x \bmod n_i = \left(\frac{N}{n_i}\right)y_i a_i \bmod n_i = a_i。$

其次，证明解的唯一性。

若上述同余系统有两个解为 x 及 z，则对所有 $i, 1 \leqslant i \leqslant t$，满足 $x = z = a_i \bmod n_i$，故 $n_i \mid (x-z)$。因此 $N \mid (x-z)$，即 $x = z \bmod N$。因此，此系统有唯一解。

例 求满足同余方程组的解 $x：x = 2 \bmod 3, x = 3 \bmod 5, x = 2 \bmod 7$。

解：$N = 3 \cdot 5 \cdot 7 = 105, \left(\frac{N}{n_1}\right) = \left(\frac{105}{3}\right) = 35, \left(\frac{N}{n_2}\right) = 21, \left(\frac{N}{n_3}\right) = 15,$

所以由 $35y_1 = 11 \bmod 3$，得 $y_1 = 2$；由 $21y_2 = 1 \bmod 5$，得 $y_2 = 1$；由 $15y_3 = 1 \bmod 7$，得 $y_3 = 1$。故 $x = 35 \cdot 2 \cdot 2 + 21 \cdot 1 \cdot 3 + 15 \cdot 1 \cdot 2 = 23 \bmod 15$

在本节中，我们学习了最大公因子的概念与辗转相除法。利用辗转相除法，我们可以计算出任意两个正整数的最大公约数。学习了模运算、同余关系、欧拉定理等知识。同余指的是两个整数之间可能满足的一种关系。如果两个数除以 p 之后的余数相等，就称它们同余。学习了一元一次同余方程的概念与求解方法。同余方程是指形如：$ax = b \bmod n$ 的表示式。其中，a, b, n 为已知数，x 为变量。学习了该同余方程是否有解的判定条件，以及在有解的前提下，求出这些解的方法。学习了中国剩余定理。利用该定理，我们可以求解一类特殊的同余方程组。即：求解一组模数两两互素的线性同余方程组。

1.5 多项式基础

在运算上，多项式的运算与整数的运算有很多的相似之处。在本节中，我们将学习多项式的相关知识，包括多项式的加、减、乘、除运算；多项式的带余除法；多项式的辗转相除法；多项式的分解与表示等内容。

1.5.1 多项式的概念

多项式是代数中的一个基本概念。我们首先给出多项式的概念。

定义 设 **Q** 表示有理数集合，**Q** 上一个 x 的多项式或一元多项式指的是以下形式表达式：

$$a_0 + a_1 x + a_2 x^2 + \cdots + a_n x^n \tag{1}$$

这里 n 是非负整数而 $a_0, a_1, a_2, \cdots, a_n$ 都是 **Q** 中的数。在多项式(1)中，a_0 叫做零次项或

常数项，a_1x 叫做一次项；一般地，a_ix^i 叫做 i 次项，a_i 叫做 i 次项的系数。一般地，一元多项式常用符号 $f(x),g(x),\cdots$ 来表示。

定义　若有理数集合 **Q** 上两个一元多项式 $f(x)$ 和 $g(x)$ 有完全相同的项，或者它们之间只相差一些系数为零的项，那么称 $f(x)$ 和 $g(x)$ 相等，记作：$f(x)=g(x)$。

定义　a_nx^n 叫做多项式 $a_0+a_1x+a_2x^2+\cdots+a_nx^n,(a\neq0)$ 的最高次项，非负整数 n 叫做多项式

$$a_0+a_1x+a_2x^2+\cdots+a_nx^n \quad (a\neq0) \tag{2}$$

的次数。系数全为零的多项式没有次数，系数全为零的多项式叫做零多项式。零多项式可以记为 0。以后谈到多项式 $f(x)$ 的次数时，总假定 $f(x)\neq0$。多项式的次数有时简单地记作 $\partial^0(f(x))$。

下面讨论多项式的加法、减法、乘法运算。

设：$f(x)=a_0+a_1x+a_2x^2+\cdots+a_nx^n,g(x)=b_0+b_1x+b_2x^2+\cdots+b_mx^m$ 是有理数集合 **Q** 上两个多项式，并且设 $m\leqslant n$。

多项式 $f(x)$ 与 $g(x)$ 的和 $f(x)+g(x)$ 指的是多项式：$(a_0+b_0)+(a_1+b_1)x+\cdots+(a_m+b_m)x^m+\cdots+(a_n+b_n)x^n$，这里当 $m<n$ 时，取 $b_{m+1}=\cdots=b_n=0$。

多项式 $f(x)$ 与 $g(x)$ 的积 $f(x)g(x)$ 指的是多项式：$c_0+c_1x+c_2x^2+\cdots+c_{n+m}x^{n+m}$。这里 $c_k=a_0b_k+a_1b_{k-1}+\cdots+a_kb_0,k=0,1,2,\cdots,n+m$。

$f(x)$ 与 $g(x)$ 的差：$f(x)-g(x)=f(x)+(-g(x))$，这里，$-g(x)$ 表示多项式：$-g(x)=-b_0-b_1x-b_2x^2-\cdots-b_mx^m$。

容易看出，多项式的加法、乘法运算满足以下运算律：

1. 加法交换律：$f(x)+g(x)=g(x)+f(x)$
2. 加法结合律：$(f(x)+g(x))+h(x)=f(x)+(g(x)+f(x))$
3. 乘法交换律：$f(x)g(x)=g(x)f(x)$
4. 乘法结合律：$(f(x)g(x))h(x)=f(x)(g(x)f(x))$
5. 乘法对加法的分配律：$f(x)(g(x)+h(x))=f(x)g(x)+f(x)h(x)$

定义　令 $f(x)$ 和 $g(x)$ 是有理数集合 **Q** 上的两个多项式，如果存在有理数集合 **Q** 上的多项式 $h(x)$，使 $g(x)=f(x)h(x)$，就说 $f(x)$ 整除（能除尽）$g(x)$，用符号 $f(x)|g(x)$ 表示 $f(x)$ 整除 $g(x)$，当 $f(x)|g(x)$ 时，$f(x)$ 说是 $g(x)$ 的一个因式。

关于多项式整除性，有以下一些基本性质：

1. 若 $f(x)|g(x),g(x)|h(x)$，则 $f(x)|h(x)$；
2. 若 $h(x)|f(x),h(x)|g(x)$ 则 $h(x)|(f(x)\pm g(x))$；
3. 若 $h(x)|f(x)$，则对于有理数集合 **Q** 中任意多项式 $g(x)$ 来说，$h(x)|f(x)g(x)$；

1.5.2　多项式的带余除法

有理数集合 **Q** 上的多项式在运算上与整数的运算有许多类似之处。比如，也有带余除法。

定理　设 $f(x)$ 和 $g(x)$ 是有理数集合 **Q** 上的任意两个多项式，并且 $g(x)\neq0$，则可以

找到多项式 $q(x)$ 和 $r(x)$，使

$$f(x) = g(x)q(x) + r(x) \qquad\qquad (3)$$

这里或者 $r(x) = 0$，或者 $\partial^0(r(x)) < \partial^0(g(x))$。并且，满足以上条件的多项式 $q(x)$ 和 $r(x)$ 只有一对。

证 先证定理的前一部分。

若是 $f(x) = 0$ 或 $\partial^0(f(x)) \geqslant \partial^0(g(x))$，则可以取 $q(x) = 0, r(x) = f(x)$；

现假定 $\partial^0(f(x)) \geqslant \partial^0(g(x))$，把 $f(x)$ 和 $g(x)$ 按降幂书写：

$$f(x) = a_0 x^n + a_1 x^{n-1} + \cdots + a_{n-1}x + a_n, \quad g(x) = b_0 x^m + b_1 x^{m-1} + \cdots + b_{m-1}x + b_m$$

这里 $a_0 \neq 0, b_0 \neq 0$，并且 $n \geqslant m$。

用多项式除多项式的方法，自 $f(x)$ 减去 $g(x)$ 与 $b_0^{-1}a_0 x^{n-m}$ 的积，则 $f(x)$ 的首项被消去，得到一个多项式 $f_1(x)$，满足：$f_1(x) = f(x) - b_0^{-1}a_0 x^{n-m}g(x)$。此时，$f_1(x)$ 有以下性质：或者 $f_1(x) = 0$，或者 $n_1 = \partial^0(f_1(x)) < \partial^0(f(x)) = n$。

若 $f_1(x) \neq 0$，且 $n_1 = \partial^0(f_1(x)) \geqslant \partial^0(g(x)) = m$，用同样的步骤可得到一个多项式 $f_2(x)$：$f_2(x) = f_1(x) - b_0^{-1}a_{1,0}x^{n_1-m}g(x)$，这里 $a_{1,0}$ 是 $f_1(x)$ 的首项系数。$f_2(x)$ 有以下性质：或者 $f_2(x) = 0$，或者 $\partial^0(f_2(x)) < \partial^0(f_1(x)) = n_1$。

这样做下去，由于多项式 $f_1(x), f_2(x), \cdots$ 的次数是递降的，最后一定达到这样的一个多项式 $f_k(x)$：$f_k(x) = f_{k-1}(x) - b_0^{-1}a_{k-1,0}x^{n_{k-1}-m}g(x)$，而 $f_k(x) = 0$ 或 $\partial^0(f_k(x)) < m$。

至此，我们得到一系列等式：

$$f(x) - b_0^{-1}a_0 x^{n-m}g(x) = f_1(x),$$
$$f_1(x) - b_0^{-1}a_{1,0}x^{n_1-m}g(x) = f_2(x),$$
$$\cdots\cdots\cdots\cdots\cdots$$
$$f_{k-1}(x) - b_0^{-1}a_{k-1,0}x^{n_{k-1}-m}g(x) = f_2(x)$$

把这些等式加起来，得：

$$f(x) = g(x)(b_0^{-1}a_0 x^{n-m} + b_0^{-1}a_{1,0}x^{n_1-m} + \cdots + b_0^{-1}a_{k-1,0}x^{n_{k-1}-m}) + f_k(x)$$

这样，整数集合 $\mathbf{Z}$ 上的多项式

$$q(x) = b_0^{-1}a_0 x^{n-m} + b_0^{-1}a_{1,0}x^{n_1-m} + \cdots + b_0^{-1}a_{k-1,0}x^{n_{k-1}-m}, \quad r(x) = f_k(x)$$

满足等式(3)，且或者 $r(x) = 0$，或者 $\partial^0(r(x)) < \partial^0(g(x))$。

再证明定理的后一部分。采用反证法的思路。

假定还能找到有理数集合 $\mathbf{Q}$ 上的多项式 $\bar{q}(x)$ 和 $\bar{r}(x)$，使

$$f(x) = g(x)\bar{q}(x) + \bar{r}(x) \qquad\qquad (4)$$

且：或者 $\bar{r}(x) = 0$，或者 $\partial^0(\bar{r}(x)) < \partial^0(g(x))$，则由等式(3)减去等式(4)得：

$$g(x)[q(x) - \bar{q}(x)] = \bar{r}(x) - r(x)。$$

若是 $\bar{r}(x) - r(x) \neq 0$，则 $q(x) - \bar{q}(x) \neq 0$。这时等式右边次数小于 $\partial^0(g(x))$，而等式左边次数不小于 $\partial^0(g(x))$，这不可能，得到一个矛盾。

因此必有：$\bar{r} - r(x) = 0$，因而 $q(x) - \bar{q}(x) = 0$，即是说，$q(x) = \bar{q}(x), \bar{r}(x) = r(x)$。

在以上的证明中，对于已知两个多项式 $f(x)$ 和 $g(x)$，来求出 $q(x)$ 和 $r(x)$ 方法，非常类似与两个整数的带余除法。这种方法叫作多项式的带余除法。多项式 $q(x)$ 和 $r(x)$ 分

别叫作以 $g(x)$ 除 $f(x)$ 所得的商式和余式。若是 $g(x)=0$，则 $g(x)$ 只能整除零多项式 0。若是 $g(x)\neq 0$，则当且仅当以 $g(x)$ 除 $f(x)$ 所得余式 $r(x)=0$ 的时候，$g(x)$ 能整除 $f(x)$。

1.5.3　多项式的辗转相除法

设 $\mathbf{Q}$ 表示全体有理数的集合，$\mathbf{Q}[x]$ 是 $\mathbf{Q}$ 上的全体多项式构成的集合。即：

$$\mathbf{Q}[x]=\{a_0+a_1x+a_2x^2+\cdots+a_nx^n\mid a_i\in\mathbf{Q},1\leqslant i\leqslant n\}。$$

我们首先规定两个多项式的公因式与最大公因式的概念。

定义　令 $f(x)$ 和 $g(x)$ 是 $\mathbf{Q}[x]$ 的两个多项式，若 $\mathbf{Q}[x]$ 的一个多项式 $h(x)$ 同时整除 $f(x)$ 和 $g(x)$，则 $h(x)$ 叫做 $f(x)$ 与 $g(x)$ 的一个公因式。

定义　设 $d(x)$ 是多项式 $f(x)$ 与 $g(x)$ 的一个公因式，若 $d(x)$ 能被 $f(x)$ 与 $g(x)$ 的每一个公因式整除，则 $d(x)$ 叫做 $f(x)$ 与 $g(x)$ 的一个最大公因式。

定理　$\mathbf{Q}[x]$ 的任意两个多项式 $f(x)$ 与 $g(x)$ 一定有最大公因式。除一个零次因式外，$f(x)$ 与 $g(x)$ 的最大公因式是唯一确定的，即是说，若 $d(x)$ 是 $f(r)$ 与 $g(x)$ 的一个最大公因式，则 $\mathbf{Q}[x]$ 上的任何一个不为零的数 c 与 $d(x)$ 的乘积 $cd(x)$ 也是一个最大公因式，且只有这样的乘积是 $f(x)$ 与 $g(x)$ 的最大公因式。

证　先证明定理的前一部分。

若 $f(x)=g(x)=0$，则 $f(x)$ 与 $g(x)$ 的最大公因式就是 0。

假定 $f(x)$ 与 $g(x)$ 不都等于零，比方说，$g(x)\neq 0$。仿照求两个整数的最大公因子的方法，应用带余除法，以 $g(x)$ 除 $f(x)$，得商式 $q_1(x)$ 及余式 $r_1(x)$。若 $r_1(x)\neq 0$，则再以 $r_1(x)$ 除 $g(x)$，得商式 $q_2(x)$ 及余式 $r_2(x)$。若 $r_2(x)\neq 0$，再以 $r_2(x)$ 除 $r(x)$，如此继续下去，因为余式的次数每次降低，所以做有限次除法后，必然得出一个余式 $r_k(x)$，它整除前一个余式 $r_{k-1}(x)$。这样得到一串等式：

$$
\begin{aligned}
&f(x)=g(x)q_1(x)+r_1(x)\\
&g(x)=r_1(x)q_2(x)+r_2(x)\\
&r_1(x)=r_2(x)q_3(x)+r_3(x)\\
&\cdots\cdots\cdots\cdots\\
&r_{k-3}(x)=r_{k-2}(x)q_{k-1}(x)+r_{k-1}(x)\\
&r_{k-2}(x)=r_{k-1}(x)q_k(x)+r_k(x)\\
&r_{k-1}(x)=r_k(x)q_{k+1}(x)
\end{aligned}
\tag{5}
$$

下面说明，$r_k(x)$ 就是 $f(x)$ 与 $g(x)$ 的一个最大公因式。

首先，式(5)的最后一个等式说明 $r_k(x)$ 整除 $r_{k-1}(x)$。因此得 $r_k(x)$ 整除倒数第二个等式右端的两项，因而也整除 $r_{k-2}(x)$。同理，由倒数第三个等式知 $r_k(x)$ 也整除 $r_{k-3}(x)$。如此逐步往上推，得出 $r_k(x)$ 整除 $g(x)$ 与 $f(x)$。即是说，$r_k(x)$ 是 $f(x)$ 与 $g(x)$ 的一个最大公因式。

其次，假定 $h(x)$ 是 $f(x)$ 与 $g(x)$ 的任一公因式，则由式(5)的第一个等式，$h(x)$ 也一定能整除 $r_1(x)$，同理则 $h(x)$ 也整除 $r_2(x)$。逐步往下推得出 $h(x)$ 整除 $r_k(x)$。这样，$r_k(x)$ 的确是 $f(x)$ 与 $g(x)$ 的一个最大公因式。

定理的后一论断可由最大公因式的定义直接推出。

以上这种方法叫做多项式的辗转相除法。

两个零多项式的最大公因式是 0，它是唯一确定的。两个不全为零的多项式的最大公因式总是非零多项式，它们之间只有常数因子的差别。有时，我们约定，最大公因式指的是最高次项系数是 1 的那一个。这样，在任何情形下，两个多项式 $f(x)$ 和 $g(x)$ 的最大公因式就唯一确定了，用符号 $(f(x),g(x))$ 来表示这样确定的最大公因式。

定理 若 $d(x)$ 是 $\mathbf{Q}[x]$ 上的多项式 $f(x)$ 与 $g(x)$ 的一个最大公因式，则在 $\mathbf{Q}[x]$ 中可以求出多项式 $u(x),v(x)$，使以下等式成立：

$$f(x)u(x)+g(x)v(x)=d(x) \tag{6}$$

证明略。

例 $f(x)=x^4+2x^3-x^2-4x-2,g(x)=x^4+x^3-x^2-2x-2$，求 $(f(x)、g(x))$，并求 $u(x),v(x)$ 使 $(f(x)、g(x))=uf+vg$。

$$
\begin{array}{c|c|c|c}
\begin{array}{c} x+1 \\ =q_2(x) \end{array} &
\begin{array}{l}
x^4+x^3-x^2-2x-2 \\
x^4\quad\ -2x^2 \\
\hline
\quad x^3+x^2-2x-2 \\
\quad x^3\qquad -2x \\
\hline
r_2(x)=x^2-2
\end{array} &
\begin{array}{l}
x^4+2x^3-x^2-4x-2 \\
x^4+\ \ x^3-x^2-2x-2 \\
\hline
r_1(x)=x^3\qquad -2x \\
\qquad x^3\qquad -2x \\
\hline
\qquad\qquad\qquad\quad 0
\end{array} &
\begin{array}{c}
1 \\
=q_1(x) \\
\\
x \\
=q_3(x)
\end{array}
\end{array}
$$

所以 $(f(x),g(x))=x^2-2$

且由

$$\left.\begin{array}{l} f(x)=1.g(x)+r_1(x) \\ g(x)=(x+1)r_1(x)+r_2(x) \end{array}\right\} \Rightarrow r_2(x)=g(x)-(x+1)[f(x)-g(x)]=-(x+1)f(x)$$

所以 $x^2-2=-(x+1)f(x)+(x+2)g(x)$

定义 若 $\mathbf{Q}[x]$ 的两个多项式除零次多项式外不再有其他的公因式，则称这两个多项式互素。

显然，若 $f(x)$ 与 $g(x)$ 互素，则 1 是它们的最大公因式；反之，若 1 是 $f(x)$ 与 $g(x)$ 的最大公因式，那么这两个多项式互素。

推论 $\mathbf{Q}[x]$ 的两个多项式 $f(x)$ 与 $g(x)$ 互素的充要条件是：在 $\mathbf{Q}[x]$ 中可以求得多项式 $u(x),v(x)$，使：

$$f(x)u(x)+g(x)v(x)=1 \tag{7}$$

事实上，若 $f(x)$ 与 $g(x)$ 互素，则它们有最大公因式 1，由上述定理，可找到 $u(x)$，$v(x)$，使等式(7)成立。反之，由等式(7)可得，$f(x)$ 与 $g(x)$ 的每一公因式都能整除 1，因而都是零次多项式。

关于互素多项式，有如下的一些性质：

1. 若多项式 $f(x)$ 和 $g(x)$ 都与多项式 $h(x)$ 互素，则乘积 $f(x)g(x)$ 也与 $h(x)$ 互素。

2. 若多项式 $h(x)$ 整除多项式 $f(x)$ 与 $g(x)$ 的乘积，而 $h(x)$ 与 $f(x)$ 互素，则 $h(x)$ 一定整除 $g(x)$。

3. 若多项式 $g(x)$ 与 $h(x)$ 都整除多项式 $f(x)$,而 $g(x)$ 与 $h(x)$ 互素,则乘积 $g(x)h(x)$ 也一定整除 $f(x)$。

下面介绍 2 个以上的多项式的公因式及互素的情形。

若多项式 $h(x)$ 整除多项式 $f_1(x),f_2(x),\cdots,f_n(x)$ 中的每一个,则 $h(x)$ 叫做这 n 个多项式的一个公因式。若 $f_1(x),f_2(x),\cdots,f_n(x)$ 的公因式 $d(x)$ 能被这 n 个多项式的每一个公因式整除,则 $d(x)$ 叫做 $f_1(x),f_2(x),\cdots,f_n(x)$ 的一个最大公因式。

易推出:若 $d_0(x)$ 是多项式 $f_1(x),f_2(x),\cdots,f_{n-1}(x)$ 的一个最大公因式,则 $d_0(x)$ 与多项式 $f_n(x)$ 的最大公因式也是多项式 $f_1(x),f_2(x),\cdots,f_n(x)$ 的最大公因式。

与两个多项式的情形一样,n 个多项式的最大公因式也只有常数因子的差别。约定 n 个不全为零的多项式的最大公因式指的是最高次项数是 1 的那一个。则 n 个多项式 $f_1(x),f_2(x),\cdots,f_n(x)$ 的最大公因式是唯一确定的,用符号 $(f_1(x),f_2(x),\cdots,f_n(x))$ 表示这样确定的最大公因式。

若多项式 $f_1(x),f_2(x),\cdots,f_n(x)$ 除零次多项式外,没有其他公因式,就说这一组多项式互素。

注意:$n(n>2)$ 个多项式 $f_1(x),f_2(x),\cdots,f_n(x)$ 互素时,它们并不一定两两互素。例如,多项式 $f_1(x)=x^2-3x+2$,$f_2(x)=x^2-5x+6$,$f_3(x)=x^2-4x+3$ 是互素的,但 $(f_1(x),f_2(x))=x-2$。

1.5.4 多项式的分解与表示

给定 $\mathbf{Q}[x]$ 的任一个多项式 $f(x)$,则 $\mathbf{Q}$ 的任何不为零的元素 c 都是 $f(x)$ 的因式。另外,c 与 $f(x)$ 的乘积 $cf(x)$ 也是 $f(x)$ 的因式。把 $f(x)$ 的这样的因式叫做它的平凡因式。任何一个零次多项式显然只有平凡因式。一个次数大于零的多项式可能只有平凡因式,也可能还有其他因式。

定义　令 $f(x)$ 是 $\mathbf{Q}[x]$ 的一个次数大于零的多项式。若 $f(x)$ 在 $\mathbf{Q}[x]$ 中只有平凡因式,则说 $f(x)$ 在 $\mathbf{Q}[x]$ 中不可约。若 $f(x)$ 除平凡因式外,在 $\mathbf{Q}[x]$ 中还有其他因式,就说 $f(x)$ 在 $\mathbf{Q}[x]$ 中可约。

若 $\mathbf{Q}[x]$ 的一个 $n(n>0)$ 次多项式能分解成 $\mathbf{Q}[x]$ 中两个次数都小于 n 的多项式 $g(x)$ 与 $h(x)$ 的积:

$$f(x)=g(x)h(x) \tag{8}$$

则称 $f(x)$ 在 F 上可约。

若 $f(x)$ 在 $\mathbf{Q}[x]$ 中的任一个形如(8)的分解式总含有一个零次因式,那么 $f(x)$ 在 $\mathbf{Q}[x]$ 上不可约。

对于零多项式与零次多项式既不能说它们是可约的,也不能说它们是不可约的。

关于不可约多项式,有如下的一些性质:

1. 若多项式 $p(x)$ 在 $\mathbf{Q}[x]$ 中不可约,那么 $\mathbf{Q}[x]$ 中任一不为零的元素 c 与 $p(x)$ 的乘积 $cp(x)$ 在 $\mathbf{Q}[x]$ 中也不可约。

2. 设 $p(x)$ 在 $\mathbf{Q}[x]$ 中是一个不可约多项式,而 $f(x)$ 是一个任意多项式,则或者 $p(x)$

与 $f(x)$ 互质，或者 $p(x)$ 整除 $f(x)$。

3. 若多项式 $f(x)$ 与 $g(x)$ 的乘积能被不可约多项式 $p(x)$ 整除，则至少有一个因式被 $p(x)$ 整除。

4. 若多项式 $f_1(x), f_2(x), \cdots, f_s(x), (s \geqslant 2)$ 的乘积能被不可约多项式 $p(x)$ 整除，则至少有一个因式被 $p(x)$ 整除。

下面的定理称为多项式的唯一因式分解定理。

定理 $\mathbf{Q}[x]$ 的每一个 $n(n>0)$ 次多项式 $f(x)$ 都可以分解成 $\mathbf{Q}[x]$ 中的不可约多项式的乘积。

证 若多项式 $f(x)$ 不可约，定理成立，这时可认为 $f(x)$ 是一个不可约因式的乘积：$f(x)=f(x)$；

若 $f(x)$ 可约，则 $f(x)$ 可分解成两个次数较低多项式的乘积：$f(x)=f_1(x)f_2(x)$。

若因式 $f_1(x)$ 与 $f_2(x)$ 中仍有可约的，则又可把出现的每一个可约因式分解成次数较低的多项式的乘积。如此继续下去，在这一分解过程中，因式的个数逐渐增多，而每一因式的次数都大于零。但 $f(x)$ 最多能分解成 n 个次数大于零的多项式的乘积，所以这种分解过程作了有限次后必然终止。于是得到 $f(x)=p_1(x)p_2(x)\cdots p_r(x)$，其中每一 $p_i(x)$ 都是 $\mathbf{Q}[x]$ 中的不可约多项式。

定理 令 $f(x)$ 是 $\mathbf{Q}[x]$ 的一个次数大于零的多项式，并且 $f(x)=p_1(x)p_2(x)\cdots p_r(x)=q_1(x)q_2(x)\cdots q_s(x)$，此处 $p_i(x)$ 与 $q_j(x)(i=1,\cdots,r;j=1,\cdots,s)$ 都是 $\mathbf{Q}[x]$ 的不可约多项式。则 $r=s$，且适当调换 $q_j(x)$ 的次序后，可使 $q_i(x)=c_ip_i(x)$，$i=1,2,\cdots,r$。此处 c_i 是 $\mathbf{Q}$ 上的不为零的元素。即若不计零次因式的差异，多项式 $f(x)$ 分解成不可约因式乘积的分解式是唯一的。

证 对因式的个数 r 用数学归纳法。

对于不可约多项式，也就是对于 $r=1$ 的情形来说，定理显然成立。

假定对于能分解成 $r-1$ 个不可约因式的乘积的多项式来说，定理成立。

下面，证明对于能分解成 r 个不可约因式的乘积的多项式 $f(x)$ 来说定理也成立。等式

$$p_1(x)p_2(x)\cdots p_r(x)=q_1(x)q_2(x)\cdots q_s(x) \tag{9}$$

表明，乘积 $q_1(x)q_2(x)\cdots q_s(x)$ 可被不可约多项式 $p_1(x)$ 整除，则至少某一 $q_i(x)$ 能被 $p_1(x)$ 整除。适当调换 $q_i(x)$ 的次序，可以假定 $p_1(x)$ 整除 $q_1(x)$，即 $q_1(x)=h(x)p_1(x)$。但 $q_1(x)$ 是不可约多项式，而 $p_1(x)$ 的次数不等于零，所以 $h(x)$ 必须是一个零次多项式：

$$q_1(x)=c_1p_1(x) \tag{10}$$

把 $q_1(x)$ 的表示式代入等式(10)的右端，得：

$$p_1(x)p_2(x)\cdots p_r(x)=c_1p_1(x)q_2(x)\cdots q_s(x)$$

从等式两端约去不等于零的多项式 $p_1(x)$，得等式

$$p_2(x)\cdots p_r(x)=[c_1q_2(x)]q_3(x)\cdots q_s(x)$$

令：

$$f_1(x)=p_2(x)\cdots p_r(x)=[c_1q_2(x)]q_3(x)\cdots q_s(x)$$

则 $f_1(x)$ 是一个能分解成 $r-1$ 个不可约多项式的乘积的多项式。由归纳假定得 $r-1=s-1$，即 $r=s$，并且可假定

$$c_1 q_2(x) = c_2 p_2(x), q_i(x) = c_i p_i(x), \quad i = 3, 4, \cdots, r \tag{11}$$

c'_2 及 c_i, $(i = 3, 4, \cdots, r)$ 都是零次多项式。令 $c_2 = c_1^{-1} c'_2$, 有:

$$q_i(x) = c_i p_i(x), i = 1, 2, \cdots, r$$

分解式

$$f(x) = a p_1(x) p_2(x) \cdots p_r(x) \tag{12}$$

中不可约多项式, 不一定都不相同。若在分解式(12)中不可约因式 $p(x)$ 出现且只出现 k 次, 则 $p(x)$ 叫做 $f(x)$ 的一个 k 重因式。

若在多项式 $f(x)$ 的分解式(12)中的众多的因式中, 有 t 个不同的因式, 例如 $p_1(x)$, $p_2(x), \cdots, p_t(x)$ 互不相等, 而其他每一因式都等于这 t 个因式中的一个, 且 $p_i(x)$, $(i = 1, 2, \cdots, t)$ 各是 $f(x)$ 的 k_i 重因式, 那么式(12)可写成:

$$f(x) = a p_1(x)^{k_1} p_2(x)^{k_2} \cdots p_i(x)^{k_i} \tag{13}$$

称式(13)的形式为多项式 $f(x)$ 的典型分解式。每一个多项式的典型分解式都是唯一确定的。

给了一个 $\mathbf{Q}[x]$ 里 $n+1$ 个互不相同的数 $a_1, a_2, \cdots, a_{n+1}$ 以及任意 $n+1$ 个数 $b_1, b_2, \cdots b_{n+1}$ 后(这些数都是有理数), 一定存在 $\mathbf{Q}[x]$ 的一个次数不超过 n 的多项式 $f(x)$, 能使 $f(a_i) = b_i, i = 1, 2, \cdots, n+1$。因为由以下公式给出的多项式 $f(x)$ 就具有上述性质:

$$f(x) = \sum_{i=1}^{n+1} \frac{b_i (x - a_1) \cdots (x - a_{i-1})(x - a_{i+1}) \cdots (x - a_{n+1})}{(a_i - a_1) \cdots (a_i - a_{i-1})(a_i - a_{i+1}) \cdots (a_i - a_{n+1})},$$ 这个公式叫拉格朗日 (Lagrange)插值公式。

例　求次数小于 3 的多项式 $f(x)$, 使 $f(1) = 1, f(-1) = 3, f(x) = 3$。

解: 由拉格朗日插值公式得:

$$f(x) = \frac{(x+1)(x-2)}{(1+1)(1-2)} + \frac{3(x-1)(x-2)}{(-1-1)(-1-2)} + \frac{3(x-1)(x+1)}{(2-1)(2+1)} = x^2 - x + 1。$$

在本节中, 我们学习了有理数系数的多项式的相关知识。通过学习, 我们知道, 有理数系数多项式与整数在运算上有许多类似的性质。比如, 有理数系数多项式与整数都有带余除法与辗转相除法。利用辗转相除法, 我们可以求出两个多项式的最大公因式。

1.6　密码学基础与同态密码算法

近世代数在保密通信中有着广泛的应用, 它也是密码学的数学基础。在本节中, 我们将学习密码学的一些基础知识, 学习公钥密码的基本概念, 并对前面学过的"同态映射"的概念进行深入探讨, 介绍一些同态密码算法。

1.6.1　密码学基础

密码学(Cryptology)是一门古老的科学。自人类社会出现战争时便产生了密码, 以后伴随着数学与计算机科学的发展, 逐渐形成一门独立的学科。在密码学形成和发展的历程中, 科学技术的发展和战争的刺激起了积极的推动作用。电子计算机一出现便被用于密码破译,计算机对密码学的发展产生了巨大的影响和推动。1949 年仙农发表了题为《保密系统的通信理论》的著名论文,把密码学置于坚实的基础之上。1977 年美国联邦政府正式颁布数据加密标准(DES),这是密码史上的一个创举。大规模集成电路的迅猛发展为密码学的进一步发展提供了强有力的物质基础,计算机的广泛应用又为密码学的进一步发展提出新的客观需要。1976 年 W. Diffie 和 M. Hellman 提出公开密钥密码,这是密码学发展的又一个里程碑。公开密钥密码从根本上克服了传统密码在密钥分配管理方面存在的弱点,因而特别适合计算机网络和分布式计算机系统的应用。

密码学是一门研究信息的加密(Encryption)与解密(Decryption)技术(统称为 Cryptography),以及密码破译(Cryptanalysis)技术的学问。研究编制密码的方法称为密码编码学(Cryptography),主要研究对信息进行编码,实现对信息的隐蔽。研究破译密码的方法称为密码分析学(Cryptanalysis),主要研究加密消息的破译或消息的伪造。而密码编码学和密码分析学共同组成密码学。密码学有两个显著特点:一是历史悠久(事实上,密码学的历史几乎与人类文明史一样长),二是数学性强(几乎所有的密码体制都程度不同地使用了数学的方法,尤其是代数与数论的方法)。

密码技术的基本思想是伪装信息,使未授权者不能理解消息的真正含义。所谓伪装就是对信息进行一组可逆的数学变换。伪装前的原始信息称为明文(Plaintext),伪装后的信息称为密文(Cipher text),伪装的过程称为加密(Encryption),加密在机密密钥(Key)的控制下进行。用于对数据加密的一组数学变换称为加密算法。消息的发送者将明文数据加密成密文,然后将密文数据送入数据通信网络或存入计算机文件。授权的收信者接受到密文后,施行与加密相逆的变换,去掉密文的伪装,恢复出明文,这一过程称为解密(Decryption)。解密在解密密钥的控制下进行。用于解密的一组数学变换称为解密算法。因为数据以密文的形式存储在计算机文件中,或在数据通信网络中传输,因此即使数据被未授权者非法窃取或因系统故障和操作人员误操作而造成数据泄露,未授权者也不能理解他的真正含义,从而达到数据保密的目的。同样,未授权者也不能伪造合理的密文,因而不能篡改数据,从而达到确保数据真实性的目的。

一个密码系统,通常简称为密码体制,通常情况下由五部分组成(M, C, K, E, D):

1. 明文空间 M,它是全体明文的集合。

2. 密文空间 C,它是全体密文的集合。

3. 密钥空间 K,它是全体密钥的集合。其中每一个密钥 K 均由加密密钥 K_e 和解密密钥 K_d 组成,即 $K = \langle K_e, K_d \rangle$。

4. 加密算法 E,它是一族由 M 到 C 的加密交换。

5. 解密算法 D,它是一族由 C 到 M 的解密交换。

对于每一个确定的密钥,加密算法将确定一个具体的加密变换,解密算法将确定一个具体的解密变换,而且解密变换就是加密变换的逆变换。对于明文空间 M 中的每一个明文 m,加密算法 E 在密钥 K_e 的控制下将明文 M 加密成密文 c:

$$c = E(m, K_e)$$

而解密算法 D 在密钥 K_d 的控制下将密文 c 解密出同一明文 m:

$$m = D(c, K_d) = D(E(m, K_e), K_d)$$

下面假设通信双方为 Alice 和 Bob,演示一下利用密码系统实现保密通信的基本过程。

首先,选择一个随机密钥 $k \in K$。为了不被窃听者 Oscar 知道,他们可以在一起协商这个密钥 k。如果他们不能够在一起协商,就只能通过另一个安全的信道来确定密钥 k。在以后某个时间,假定 Alice 要通过一个不安全的信道传递消息给 Bob。可以把这个消息表示为一个字符串 $x = x_1 x_2 \cdots x_n$,对某个 $n \geqslant 1$,其中每个明文符号 $x_i \in P, 1 \leqslant i \leqslant n$。每个 x_i 在预先确定的密钥 k 的作用下,用加密函数 e_k 加密。因此 Alice 计算 $y_i = e_k(x_i)$, $1 \leqslant i \leqslant n$,并传送所得的密文串 $y = y_1 y_2 \cdots y_n$。当 Bob 收到密文 y 后,他用解密函数 d_k 解密,获得起初的明文串 x。如图 1-5 所示。

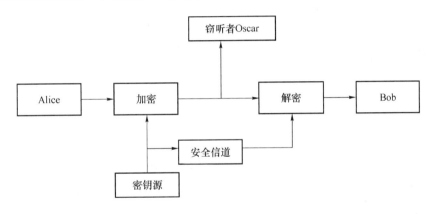

图 1-5　密码系统的基本流程

一般意义下,在密码体制具体实现过程中,加密密钥与解密密钥是一一对应关系。根据由加密密钥得到解密密钥的算法复杂度不同,分组密码体制分为私钥(对称)密码体制和公开密钥(非对称)密码体制。私钥密码体制的加、解密密钥可以很容易地相互得到,更多的情况下,两者甚至完全相同,在实际应用中发送方必须通过一个可能的安全信道将密钥送到接收方;公开密钥密码体制中,由加密密钥(公钥)得到解密密钥(私钥)很困难,所以实际应用中接收方可以将加密密钥公开,任何人都可以使用该密钥(公开密钥)进行加密,而只有接收者拥有解密密钥(私钥),这样只有接受者能解密。

密码学的发展经历了一个很长的过程,按照其发展阶段可划分成两大类:古典密码学和现代密码学。古典密码的特征主要是以纸和笔进行加密与解密的操作。此时,这些加密与解密的方法还没有成为一门科学,而仅仅是一门技艺或一些技巧。

古典密码的历史源远流长,这些密码大多比较简单,用手工或机械操作即可实现加解密。虽然用近代密码学的观点来看,许多古典密码是很不安全的,或者说是极易破译的,但是我们不能忘记古典密码在历史上发挥的巨大作用,另外,设计古典密码的基本方法对于设计近代密码仍然有效,研究这些密码的原理,对于理解、构造和分析现代密码都是十分有益的。

1.6.2 公钥密码的概念

公开密钥密码体制是现代密码学的最重要的发明和进展。一般地理解,密码学就是保护信息传递的机密性。但这仅仅是当今密码学主题的一个方面。对信息发送与接收人的真实身份的验证、对所发出/接收信息在事后的不可抵赖以及保障数据的完整性是现代密码学主题的另一方面。

公开密钥密码体制对这两方面的问题都给出了出色的解答,并正在继续产生许多新的思想和方案。在公钥体制中,加密密钥不同于解密密钥。人们将加密密钥公之于众,谁都可以使用;而解密密钥只有解密人自己知道。迄今为止的所有公钥密码体系中,RSA系统是最著名、使用最广泛的一种。

公钥密码由 Diffie 和 Hellman 于 1976 年首次提出的一种密码技术。与对称密码体制相比,公钥密码体制有两个不同的密钥,分别实施加密与解密。这两个密钥中的一个密钥称为私钥,需要秘密地保存好。另一个密钥称为公钥,不需要保密,可以公开。

公钥密码学的概念是为了解决传统密码中最困难的两个问题而提出的。这两个问题是:密钥分配问题、数字签名问题。

密钥分配问题:很多密钥分配协议引入了密钥分配中心。一些密码学家认为:用户在保密通信的过程中,应该具有保持完全的保密性的能力。引入密钥分配中心,违背了密码学的精髓。

数字签名问题:能否设计出一种方案,就像手写签名一样,确保数字签名是出自某特定的人,并且各方对此没有异议。

1976 年 Diffie 和 Hellman 针对上述两个问题提出了一种解决方案,这种方案与此前4 000 多年来的密码学方法有着根本的区别,这是密码学中的一个重大的成就。

自从 1976 年公钥密码的思想提出以来,国际上已经提出了许多种公钥密码体制。用抽象的观点来看,公钥密码就是一种陷门单向函数。一个函数 f 是单向函数,即若对它的定义域中的任意 x 都易于计算 $f(x)$;然而,对 f 的值域中的几乎所有的 y,即使当 f 为已知时要计算 $f^{-1}(y)$,在计算上也是不可行的。若当给定某些辅助信息(陷门信息)时则易于计算 $f^{-1}(y)$,此时,就称单向函数 f 是一个陷门单向函数。公钥密码体制就是基于这一原理而设计的,将辅助信息(陷门信息)作为秘密密钥。这类密码的安全强度取决于它所依据的问题的计算复杂度。目前比较流行的公钥密码体制主要有两类:一类是基于大整数因子分解问题的,其中最典型的代表是 RSA 体制。另一类是基于离散对数问题的,如 ElGamal 公钥密码体制和影响比较大的椭圆曲线公钥密码体制。

公钥密码算法依赖于一个加密密钥和一个与之相关的、不同的解密密钥。利用公钥算法实现保密通信的步骤如下:

1. 每一个用户产生一对密钥,用来加密、解密消息。

2. 每一个用户将其中一个密钥公开,该密钥成为公钥,另一个密钥称为私钥。每一个用户可以获得其他用户的公钥,称之为该用户的公钥环。

3. 若 Bob 打算发消息给 Alice,则 Bob 使用 Alice 的公钥对消息加密。

4. Alice 收到消息后,使用其私钥对消息解密。由于只有 Alice 知道自己的私钥,因此其他接受者均不能够对该消息解密。

这一过程如图 1-6 所示。

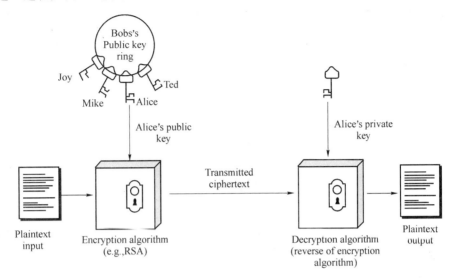

图 1-6 公钥密码体制

一个公钥密码体制是这样的一个 5 元组 (M,C,K,E,D)，且满足如下的条件：

1. M 是可能消息的集合；

2. C 是可能密文的集合；

3. 密钥空间 K 是一个可能密钥的有限集；

4. 对每一个 $k=\{k_1,k_2\}\in K$，都对应一个加密算法 $E_{k_1}\in E$，$E_{k_1}:M\rightarrow C$，和解密算法 $D_{k_2}\in D$，$D_{k_2}:C\rightarrow M$，满足对于任意的 $m\in M$，$c=E_{k_1}(m)$，都有 $m=D_{k_2}(c)=D_{k_2}(E_{k_1}(m))$。

5. 对于所有的 $k\in K$，在已知 E_{k_1} 的情况下推出 D_{k_2} 在计算上不可行。

对每一个 $k\in K$，函数 E_{k_1} 和 D_{k_2} 都是多项式时间可计算的函数。E_{k_1} 是一个公开函数，k_1 称作公钥；而 D_{k_2} 是一个秘密函数，k_2 称作私钥，由用户秘密地保存。

公钥密码体制的核心问题是 E_{k_1}，D_{k_2} 的设计，它必须满足条件 4 和 5。而条件 5 正是从计算复杂性理论的角度去考虑的。

1.6.3 同态密码算法

在前面，我们学习过同态的概念。一般地，同态是两个代数系统之间的一个映射，并且保持运算。

在密码学中，加密算法可以看作是明文空间到密文空间的一个映射。如果这个映射也具有"保持运算"的性质，我们则称该密码算法为同态密码体制。下面，我们先介绍非确定性的公钥加密体制，然后再给出同态加密体制的概念。

一般地，公钥加密体制可以分为非确定性的与确定性的。

一个非确定性的公钥加密体制 G 指的是在加密过程中有随机数的参与。它可以这样描述，设 X 是明文空间，K 是密钥空间，C 是密文空间。k 是其安全参数，$\{0,1\}^k$ 表示随机串空间。对任意的公私钥对 $(s,p) \in K$（p 是公钥，s 是私钥），用 E_p 表示公钥对应的加密算法，即：$E_p(\cdot,\cdot):X \times \{0,1\}^k \to C$。对应的解密算法记作 D_s。

确定性加密体制指的是在加密过程中没有随机数的参与，相同的明文总加密成相同的密文，如 RSA 加密体制，其加密算法的形式为：$E_p(\cdot):X \to C$。

定义 称 G 是加法同态加密体制，如果明文空间 X 是加法 Abel 半群（交换半群），并且在不知道私钥（解密密钥）的情况下，下面两个同态运算能有效地进行：

由任意两个消息 $m_1,m_2 \in X$ 的密文 $E_p(m_1,r_1)$ 和 $E_p(m_2,r_2)$，计算消息 m_1+m_2 的密文，这里 $r_1,r_2 \in \{0,1\}$ 是随机串。记为：

$$E_p(m_1,r_1) +_h E_p(m_2,r_2) = E_p(m_1+m_2,r),$$

这里，$r \in \{0,1\}$ 是随机串。

或：

$$D_s[E_p(m_1,r_1) +_h E_p(m_2,r_2)] = m_1+m_2.$$

称"$+_h$"为加法同态运算符。

对于加法同态加密体制，有如下的性质。由任意消息 $m \in X$ 的密文 $E_p(m,r)$ 和满足 $am \in X$ 的常数 a，计算 am 的密文，这里 $r \in \{0,1\}$ 是随机串。表示为

$$a \otimes_h E_p(m,r) = E_p(am,r'),$$

这里，$r' \in \{0,1\}$ 是随机串。

或：

$$D_s[a \otimes_h E_p(m,r)] = am.$$

称"$\otimes_h$"为数乘同态运算符。

表达式：$E_p(m_1,r_1) +_h E_p(m_2,r_2) = E_p(m_1+m_2,r)$，及 $a \otimes_h E_p(m,r) = E_p(am,r')$，称为加密体制的加法同态性，即不需要知道解密密钥就能由两个消息的密文有效地计算此两消息和的密文，以及由一个消息的密文和一个数有效地计算它们数乘的密文。

定义 称 G 是乘法同态加密体制，如果明文空间 X 是乘法 Abel 半群（乘法交换半群），并且在不知道私钥（解密密钥）的情况下，下面的同态运算能有效地进行：由任意的两个消息 $m_1,m_2 \in X$ 的密文 $E_p(m_1,r_1)$ 和 $E_p(m_2,r_2)$ 计算消息 m_1m_2 的密文，这里 r_1，$r_2 \in \{0,1\}$ 是随机串。表示为：

$$E_p(m_1,r_1) \times_h E_p(m_2,r_2) = E_p(m_1m_2,r),$$

这里，$r \in \{0,1\}$ 是随机串。

或：

$$D_s[E_p(m_1,r_1) \times_h E_p(m_2,r_2)] = m_1m_2.$$

称"$\times_h$"为乘法同态运算符。

该性质称为加密体制的乘法同态性，即在未知解密密钥时仍能由两个消息的密文有效地计算此两消息乘积的密文。

矩阵运算需要用到一系列加法与乘法。我们来看一下加法同态的加密体制中的矩阵运算。

由上可见，加法同态的公钥加密体制对于下面两种运算在未知解密密钥的情况下可以有效地进行：(1)同态加法：对任意的密钥 k，任意的密文 $E_k(x_1)$ 和 $E_k(x_2)$，计算密文 $E_k(x_1+x_2)$；(2)同态数乘：对任意的域元素 c 和任意的密文 $E_k(x)$，计算 $E_k(c \cdot x)$。该同态性质在未知解密密钥的情况下可以推广到矩阵运算上：

对任意的域 F 上的 m 维向量 $\boldsymbol{\alpha} \in F^m$，用 $E_k(\boldsymbol{\alpha})$ 表示对 $\boldsymbol{\alpha}$ 的每个分量都用密钥 k 加密

之后所得到的向量,即:若 $\boldsymbol{\alpha}=(a_1,a_2,\cdots,a_m)$,则 $E_k(\boldsymbol{\alpha})=(E_k(a_1),E_k(a_2),\cdots,E_k(a_m))$。根据加密体制的同态性,有:

由任意的加密向量 $E_k(\boldsymbol{\alpha})$ 和 $E_k(\boldsymbol{\beta})$(其中 $\boldsymbol{\alpha},\boldsymbol{\beta}\in F^m$),可以调用 m 次同态加法运算来计算 $E_k(\boldsymbol{\alpha}+\boldsymbol{\beta})$。

由任意的加密向量 $E_k(\boldsymbol{\alpha})$(其中 $\boldsymbol{\alpha}\in F^m$)和域元素 c,可以调用 m 次同态数乘运算来计算 $E_k(c\cdot\boldsymbol{\alpha})$。

对任意的域 F 上的 $m\times n$ 矩阵 $\boldsymbol{M}\in F^{m\times n}$,用 $E_k(\boldsymbol{M})$ 表示对 $\boldsymbol{M}$ 的每个元素都用密钥 k 加密之后所得到的矩阵,即:若 $\boldsymbol{M}=\big[(M_{i,j})\big]_{m\times n}$,则 $E_k(\boldsymbol{M})=\big[E_k(M_{i,j})\big]_{m\times n}$。根据加密体制的同态性,有

对任意的加密矩阵 $E_k(\boldsymbol{M})$(其中 $\boldsymbol{M}\in F^{m\times n}$)和(列)向量 $\boldsymbol{\delta}\in F^n$。记:
$$E_k(\boldsymbol{M})=(E_k(\alpha_1)\quad E_k(\alpha_2)\quad\cdots\quad E_k(\alpha_n)),$$
其中 $\boldsymbol{\alpha}_i\in F^m(1\leqslant i\leqslant n)$ 是列向量,记
$$\boldsymbol{\delta}=\begin{bmatrix}c_1\\c_2\\\vdots\\c_n\end{bmatrix}。$$

则对每个 $i(1\leqslant i\leqslant n)$,可以调用 m 次同态数乘运算来计算 $E_k(c_i\cdot\boldsymbol{\alpha}_i)$,故可以调用 mn 次同态数乘运算来计算所有的 $E_k(c_i\cdot\boldsymbol{\alpha}_i)$,$i=1,2,\cdots,n$。注意到每个 $E_k(c_i\cdot\boldsymbol{\alpha}_i)$ 都是 m 维的,故可进一步调用 $m(n-1)$ 次同态加法运算来计算 $E_k(\boldsymbol{M\delta})=E_k\big(\sum_{i=1}^n(c_i\cdot\boldsymbol{\alpha}_i)\big)$。因此,由 $E_k(\boldsymbol{M})$(其中 $\boldsymbol{M}\in F^{m\times n}$)和(列)向量 $\boldsymbol{\delta}\in F^n$,可用调用 mn 次同态数乘运算和 $m(n-1)$ 次同态加法运算来计算 $E_k(\boldsymbol{M\delta})$。

对任意的加密矩阵 $E_k(\boldsymbol{M})$($\boldsymbol{M}\in F^{m\times n}$)和矩阵 $\boldsymbol{D}\in F^{n\times s}$。记 $\boldsymbol{D}=(\delta_1\quad\delta_2\quad\cdots\quad\delta_s)$,其中 $\boldsymbol{\delta}_i\in F^n(1\leqslant i\leqslant s)$ 是列向量。根据上面的描述,对每个 $i(1\leqslant i\leqslant s)$,可以调用 mn 次同态数乘运和 $m(n-1)$ 次同态加法运算来计算 $E_k(\boldsymbol{M\delta}_i)$。从而可以调用 mns 次同态数乘运算和 $ms(n-1)$ 次同态加法运算来计算
$$E_k(\boldsymbol{MD})=(E_k(\boldsymbol{M\delta}_1)\quad E_k(\boldsymbol{M\delta}_2)\quad\cdots\quad E_k(\boldsymbol{M\delta}_s))。$$

下面介绍几种常见的同态加密体制,它们要么具有加法同态性,要么具有乘法同态性:

1. ElGamal 加密体制

我们首先简单地介绍一下离散对数问题(DLP),在本书后面的内容中,会对该问题有较为详细的论述。有限域 $\mathbf{Z}_p$(p 为素数)上的离散对数问题被叙述为:给定 $\mathbf{Z}_p$ 的一个本原元 α(即 $\mathbf{Z}_p^*=\langle\alpha\rangle$),对 $\beta\in\mathbf{Z}_p^*$,确定(唯一的)整数 $a(0\leqslant a\leqslant p-2)$,使得 $\alpha^a\equiv\beta(\bmod\ p)$(或 $a=\log_\alpha\beta$)。

DLP 至今仍被数学和密码学界认为是一大难题(即尚未找到解决该问题的多项式时间的算法),与此相反,模指数幂运算可以用"平方-乘"方法有效地计算。这意味着模 p 的指数运算(对适当的素数 p)目前还被认为是单向的。ElGamal 加密体制是安全性基于 DLP 的一类公钥密码体制,在密码协议中有着广泛的应用。

ElGamal 加密体制描述如下：设 p 是素数且有限域 $\mathbf{Z}_p$ 上的 DLP 是难处理的。α 是 $\mathbf{Z}_p$ 的一个本原元（即 $\mathbf{Z}_p^* = \langle \alpha \rangle$）。明文空间 $X = \mathbf{Z}_p^*$，密文空间 $C = \mathbf{Z}_p^* \times \mathbf{Z}_p^*$，密钥空间 $K = \{((p, \alpha, \beta), a) | \beta \equiv \alpha^a\}$。对任意公私钥对 $((p, \alpha, \beta), a) \in K$（公钥是 (p, α, β)，私钥是 a）。加解密算法描述于下：

加密算法 $E(\cdot, \cdot)$：对明文 $x \in \mathbf{Z}_p^*$，加密者秘密地选取随机数 s 并如下计算密文：

$$E(x, s) = (y_1, y_2) = (\alpha^s \bmod p, x\beta^s \bmod p)。$$

解密算法 $D(\cdot)$：对密文 $(y_1, y_2) \in \mathbf{Z}_p^* \times \mathbf{Z}_p^*$，解密者如下计算明文：

$$D(y_1, y_2) = y_2(y_1^a)^{-1} \bmod p。$$

ElGamal 加密体制具有乘法同态性，同态运算"$\times_h$"是向量的对应分量模 p 相乘。对密文 $E(x_1, s_1) = (\alpha^{s_1} \bmod p, x_1\beta^{s_1} \bmod p)$ 和 $E(x_2, s_2) = (\alpha^{s_2} \bmod p, x_2\beta^{s_2} \bmod p)$，有

$$E(x_1, s_1) \times_h E(x_2, s_2) = (\alpha^{s_1} \bmod p, x_1\beta^{s_1} \bmod p) \times_{\text{笛卡儿}-\text{模}p} (\alpha^{s_2} \bmod p, x_2\beta^{s_2} \bmod p) =$$
$$((\alpha^{s_1}\alpha^{s_2}) \bmod p, (x_1\beta^{s_1} \cdot x_2\beta^{s_2}) \bmod p) =$$
$$(\alpha^{s_1+s_2} \bmod p, (x_1x_2)\beta^{s_1+s_2} \bmod p) =$$
$$E(x_1x_2, s_1 + s_2)。$$

$\times_{\text{笛卡儿}-\text{模}p}$ 表示向量的模 p 笛卡儿积运算符，即

$$D[E(x_1, s_1) \times_{\text{笛卡儿}-\text{模}p} E(x_2, s_2))] = x_1x_2.$$

2. Goldwasser-Micali 加密体制

首先介绍二次剩余（quadratic residues，QR）的知识。设整数 $n > 1$。对 $a \in \mathbf{Z}_n^*$，a 叫做模 n 的二次剩余，如果存在 $x \in \mathbf{Z}_n$，使得 $x^2 \equiv a \bmod n$；否则 a 叫做模 n 的二次非剩余。常用 $\mathrm{QR}(n)$ 表示模的二次剩余集合。

Jacobi 符号：对任意的素数 p 和任意的 $x \in \mathbf{Z}_p^*$，$\left(\dfrac{x}{p}\right) \stackrel{\text{def}}{=\!=\!=} \begin{cases} 1, & \text{若 } x \in \mathrm{QR}(p); \\ -1, & \text{若} \notin \mathrm{QR}(p) \end{cases}$ 叫做 x 模 p 的勒让德符号。

设 $n = p_1 p_2 \cdots p_k$ 是整数 n 的素分解（因子可重复），则：

$$\left(\frac{x}{n}\right) \stackrel{\text{def}}{=\!=\!=} \left(\frac{x}{p_1}\right)\left(\frac{x}{p_2}\right)\cdots\left(\frac{x}{p_k}\right)$$

叫做 x 模 n 的雅可比符号。

二次剩余问题（quadratic residues problem，QRP）被叙述为：对于合数 n，给定 $x \in \mathbf{Z}_n^*$，判断 x 是否是模 n 二次剩余。

QRP 是一个公认的数论难题，在未知合数 n 的分解且雅可比符号 $\left(\dfrac{\delta}{n}\right) = 1$ 的情况下，目前还没有有效的算法来判断 δ 是否是模 n 的二次剩余。Goldwasser-Micali 加密体制就是安全性基于此困难问题的一类公钥密码体制。

Goldwasser-Micali（GM）加密体制：用户随机地生成大素数 p 和 q，计算 $n = pq$ 并选取模 n 的一个非二次剩余 $\delta \in \mathbf{Z}_n^*$ 使得雅可比符号 $\left(\dfrac{\delta}{n}\right) = 1$，这里 $\mathbf{Z}_n^* = \{a \in \mathbf{Z}_n : \mathrm{GCD}(a, n) = 1\}$。

明文空间是 $X = \mathbf{Z}_2$，密钥空间是 $K = \left\{((n, \delta), (p, q)) | \delta \in \mathbf{Z}_n^*, \delta \notin \mathrm{QR}(n) \text{ 且} \left(\dfrac{\delta}{n}\right) = 1\right\}$，密文空间是 $C = \mathbf{Z}_n^*$。对任意公私钥对 $((n, \delta), (p, q))$（公钥是 (δ, n)，私钥是 p, q），加解密算法

描述如下：

加密算法 $E(\cdot,\cdot)$：对明文 $x\in\mathbf{Z}_2$，加密者选取秘密随机数 $r\in\mathbf{Z}_n^*$ 并如下计算密文：

$$E(x,r)=r^2\delta^x \bmod n。$$

解密算法 $D(\cdot)$：对密文 $c=\mathbf{Z}_n^*$，解密者如下计算明文：

$$D(c)=\begin{cases}0,&\text{若 }c\in\mathrm{QR}(n)；\\1,&\text{否则}.\end{cases}$$

GM 加密体制具有加法同态性：首先，加法同态运算符"$+_h$"即是模 n 的乘法运算。对任意两个密文 $E(x_1,r_1)=r_1^2\delta^{x_1}\bmod n$ 和 $E(x_2,r_2)=r_2^2\delta^{x_2}\bmod n$，有

$$E(x_1,r_1)+_hE(x_2,r_2)=E(x_1,r_1)\times_{\text{模}n}E(x_2,r_2)=$$
$$[(r_1^2\delta^{x_1}\bmod n)\cdot(r_2^2\delta^{x_2}\bmod n)]\bmod n=$$
$$[(r_1^2\delta^{x_1})\cdot(r_2^2\delta^{x_2})]\bmod n=$$
$$(r_1r_2)^2\delta^{x_1+x_2}\bmod n=$$
$$\begin{cases}(r_1r_2\delta)^2\delta^0\bmod n=E(x_1\oplus x_2,r_1r_2\delta),&\text{若 }x_1=x_2=1；\\(r_1r_2)^2\delta^{x_1+x_2}\bmod n=E(x_1\oplus x_2,r_1r_2),&\text{其他}。\end{cases}$$

"$\oplus$"是异或运算符（$\mathbf{Z}_2$ 上的加法），即：

$$D[E(x_1,r_1)\times_{\text{模}n}E(x_2,r_2)]=x_1\oplus x_2(\text{即等于}(x_1+x_2)\bmod 2)。$$

其次，对于数乘同态运算，给定 $x\in\{0,1\}$ 的密文 $E(x,r)=r^2\delta^x\bmod n$ 和常数 $a\in\{0,1\}$：
若 $a=0$，则随机地选择 $r_1\in\mathbf{Z}_n^*$，$a\otimes_hE(x,r)=r_1^2\bmod n$。有：

$$a\otimes_hE(x,s)=r_1^2\bmod n=r_1^2\delta^{0\cdot x}\bmod n=E(0\cdot x,r_1)=E(ax,r_1)。$$

若 $a=1$，则 $a\otimes_hE(x,r)=E(x,r)$。有：

$$a\otimes_hE(x,r)=E(x,r)=r^2\delta^x\bmod n=r^2\delta^{1\cdot x}\bmod n=E(1\cdot x,r)=E(ax,r)。$$

即不论 $a=0$ 还是 $a=1$，都有 $D[a\otimes_hE(x,s)]=ax$。

3. Paillier 加密体制

设 $n=pq$ 是两个大素数 p 和 q 的乘积，则：n 的 Eulerφ 函数为 $\varphi(n)=(p-1)(q-1)$，n 的 Carmichael 函数为 $\lambda(n)=\mathrm{LCM}(p-1,q-1)$。记 $\mathbf{Z}_{n^2}^*=\{a\in\mathbf{Z}_{n^2}:\mathrm{GCD}(a,n^2)=1\}$，则 $\mathbf{Z}_{n^2}^*$ 是阶为 $n\varphi(n)$ 的有限群（即 $|\mathbf{Z}_{n^2}^*|=n\varphi(n)$），并且对任意 $w\in\mathbf{Z}_{n^2}^*$，有：

$$\begin{cases}w^{\lambda(n)}\equiv1\bmod n，\\w^{n\lambda(n)}\equiv1\bmod n^2。\end{cases}$$

记 $B_a(1\leq a\leq\lambda(n))$ 是 $\mathbf{Z}_{n^2}^*$ 中阶为 na 的元素的集合，并记 $B=\bigcup_{a=1}^{\lambda(n)}B_a$。注意到集合

$$S_n=\{u\in\mathbf{Z}_{n^2}:u\equiv1\bmod n\}$$

在模 n^2 下构成一个乘法群，故如下定义的函数是合理的：

$$L(u)=\frac{u-1}{n},\quad\forall u\in S_n。$$

模 n^2 的（非）n 次剩余的概念如下：整数 $\mathbf{Z}$ 称为模 n^2 的 n 次剩余，如果存在 $y\in\mathbf{Z}_{n^2}^*$，使得：$\mathbf{Z}=y^n\bmod n^2$；反之 $\mathbf{Z}$ 称为模 n^2 的非 n 次剩余。

有结论：模 n^2 的 n 次剩余全体构成 $\mathbf{Z}_{n^2}^*$ 的一个 $\varphi(n)$ 阶乘法子群。

合数剩余判定假设（DCRA）：用 CR$[n]$ 表示模 n^2 的 n 次剩余判定问题，即区分一个

数是模 n^2 的 n 次剩余还是非 n 次剩余。合数剩余判定假设（Decisional Composite Residuosity Assumption）被描述为：在合数 n 的分解未知的情况下，CR$[n]$ 是难解的，即没有多项式时间算法来区分一个数是模 n^2 的 n 次剩余还是非 n 次剩余。Paillier 加密体制就是安全性基于 DCRA 的一类公钥加密体制。

Paillier 加密体制：设 $n=pq$（p 和 q 是两个大素数）。用户随机选一个基数 $g\in B$（这可以通过验证下等式来有效选取：GCD$(L(g^{\lambda(n)} \bmod n^2), n)=1$）。明文空间是 $\mathbf{Z}_n$，密文空间是 $\mathbf{Z}_{n^2}^*$，密钥空间是 $K=\{((n,g),\lambda(n)) : g\in B\}$。

对任意公私钥对 $((n,g),\lambda(n))$（公钥是 (n,g)，私钥是 $\lambda(n)$。注：(p,q) 要求保密，并可等价地作为私钥）。

加密算法：对明文 $m\in\mathbf{Z}_n$，加密者选择秘密随机数 $r\in\mathbf{Z}_n^*$，并如下计算密文：
$$E(m,r)=(g^m\cdot r^n)\bmod n^2。$$

解密算法：对密文 $c\in\mathbf{Z}_{n^2}$，解密者如下计算其对应的明文：
$$D(c)=\frac{L(c^{\lambda(n)}\bmod n^2)}{L(g^{\lambda(n)}\bmod n^2)}\bmod n。$$

命题：Paillier 加密体制是语义安全的当且仅当 DCRA 成立。

Paillier 加密体制具有加法同态性：加法同态运算符 "$+_h$" 即是模 n^2 的乘法运算，对任意密文 $E(m_1,r_1)=(g^{m_1}\cdot r_1^n)\bmod n^2$ 和 $E(m_2,r_2)=(g^{m_2}\cdot r_2^n)\bmod n^2$，有：
$$\begin{aligned}
E(m_1,r_1)+{}_h E(m_2,r_2)&=E(m_1,r_1)\cdot E(m_2,r_2)=\\
&[(g^{m_1}\cdot r_1^n)\bmod n^2]\cdot[(g^{m_2}\cdot r_2^n)\bmod n^2]=\\
&[(g^{m_1}\cdot r_1^n)\cdot(g^{m_2}\cdot r_2^n)]\bmod n^2=\\
&g^{m_1+m_2}\cdot(r_1 r_2)^n\bmod n^2=\\
&E(m_1+m_2,r_1 r_2),
\end{aligned}$$

即 $D[E(m_1,r_1)\cdot E(m_2,r_2)]=m_1+m_2$；数乘同态运算符 "$\otimes_h$" 定义为 $a\otimes_h b=b^a\bmod n^2$，对任意密文 $E(m,r)=(g^m\cdot r^n)\bmod n^2$ 和常数 $a\in\mathbf{Z}_n$，有
$$\begin{aligned}
a\otimes_h E(m,r)&=(E(m,r))^a\bmod n^2=\\
&[(g^m\cdot r^n)\bmod n^2]^a\bmod n^2=\\
&(g^{am}\cdot(r^a)^n)\bmod n^2=\\
&E(am,r^a),
\end{aligned}$$

即
$$D[(E(m,r))^a\bmod n^2]=am。$$

4. 全同态加密体制

上面介绍的加密体制都要么只具有加法同态性，要么只具有乘法同态性。Rivest，Adleman 和 Dertouzos 于 1978 年提出了隐私同态（privacy homomorphism）加密体制的概念，后来该概念演化为全同态（fully homomorphic）加密体制。通俗地讲，全同态加密体制即是在未知解密密钥（私钥）的情况下，下面的计算能有效地进行的公钥加密体制：由 n 个消息 $m_i(i=1,2,\cdots,n)$ 的密文 $c_i=E(m_i)(i=1,2,\cdots,n)$ 计算任意可计算函数 f 的函数值 $y=f(m_1,m_2,\cdots,m_n)$ 的密文 $c=E(y)$。可见，上面介绍的 3 个加密体制实际上都是全同态加密体制的特例。

全同态加密体制因其具有同态性而在网络（或服务器）加密存储、Web 服务、云计算

(cloud computing)、隐私信息检索(private information retrieval)、代理重加密(proxy re-encryption)、安全双方计算等领域都有着重要的应用。全同态加密在降低通信复杂度的同时，计算复杂度方可能会有所增大。

目前已提出很多(全)同态加密方案(有些可能是不实用的，有些可能是不安全的)是语义安全且加法同态的加密方案，有些是乘法同态的，有些同时具有加法同态性和乘法同态性。

在本节中，我们学习了密码学的基本知识。密码体制是一个五元组(M,C,K,E,D)，其中加密算法 E 与解密算法 D 是它的核心。公钥密码体制是密码体制中的一种。一般地，每一个公钥密码体制中都有两个密钥。其中一个称为私钥，需要秘密地保存好，另一个称为公钥，不需要保密，可以公开。同态映射的概念在公钥密码学中有着应用。我们学习了同态密码的概念。ElGamal 加密体制具有乘法同态性，GM 加密体制与 Paillier 加密体制均具有加法同态性。

小　　结

在本章中，我们学习了与整数相关的一些知识。如：素数的个数是无限的、算术基本定理、带余除法与欧几里德辗转相除法。利用辗转相除法，我们可以求出两个整数的最大公约数。我们还学习了模运算与同余的知识，模运算是两个整数之间的一种运算，其结果还是一个整数，同余指的是两个整数之间可能满足的一种关系，欧拉定理说的是：若$(a,n)=1$，则 $a^{\varphi(n)}=1 \bmod n$。学习了同余方程与中国剩余定理。在运算上，多项式的运算与整数的运算有很多的相似之处。我们学习了多项式的带余除法，多项式的辗转相除法；多项式的分解与表示等内容。作为同态映射在密码学中的应用，我们介绍了同态密码的一些知识。

习　　题

1. 设集合 $A=\{1,2,3\},B=\{2,4.6\}$，求 $A\bigcup B,A\bigcap B,A\times B,2^A$。

2. 证明：如果 $|A|=n$，这里，n 为有限正整数。则 A 的幂集中元素的数量为 2^n。

3. 3 个 0，3 个 1，3 个 2 的排列中，相同数字不能 3 个相连的排列有多少？

4. 某人有 6 位朋友，他与这些朋友每一个都一起吃过 12 次晚餐，其中，

跟他们中的任意 2 位一起吃过 6 次晚餐；

跟他们中的任意 3 位一起吃过 4 次晚餐；

跟他们中的任意 4 位一起吃过 3 次晚餐；

跟他们中的任意 5 位一起吃过 2 次晚餐；

与全部朋友一起吃过 1 次晚餐；

此外，自己单独在外吃晚餐 8 次。

问,他共在外面吃过几次晚餐?

5. 在一个长为 5 的 0,1 序列中,至少有两个 1 相邻的序列有多少个?

6. 用 3 种不同颜色粉刷一长方形房间内墙壁,使恰在每一角落处颜色都改变,有多少方案?

7. 错排问题:n 个元素依次标号 $1,2,\cdots,n$,求每个元素都不在自己的原来位置上的排列数。

8. 数 $1,2,\cdots,9$ 的全排列中,求偶数在原来位置上,其余都不在原来位置上排列。

9. 8 个字母 A,B,C,D,E,F,G,H 的全排列,要求使 A,C,E,G 4 个字母都不在原来位置,其他字母位置不限的错排数目。

10. 求 8 个字母 A、B、C、D、E、F、G、H 的全排列中,只有 4 个不在原来位置的错排数目。

11. 设集合 $A=\{a,b,c,d\}$,集合 $B=\{1,2,3\}$,问 A 到 B 的映射、单射、满射的数量分别是多少?

12. 设有理数集合为 $\mathbf{Q}$,代数运算为数的加法,得到代数系统 $(\mathbf{Q},+)$;非零有理数集合为 $\mathbf{Q}^*$,代数运算为数的乘法,得到代数系统 $(\mathbf{Q}^*,\cdot)$。证明,代数系统 $(\mathbf{Q},+)$ 与代数系统 $(\mathbf{Q}^*,\cdot)$ 之间不存在同构映射。

13. 设集合 $A=\{1,2,3,4,5,6\}$,R 是 A 上的小于关系。试写出 R 中的全体元素。

14. 设集合 $A=\{1,2,3,4,5,6\}$,$U_1=\{1,2,3\}$,$U_2=\{4\}$,$U_3=\{5,6\}$。试确定集合 A 上的等价关系 R,使得 $A/R=\{U_1,U_2,U_3\}$。

15. 利用辗转相除法计算 2 个整数 $a=8\,142,b=11\,766$ 的最大公约数,并求出整数 x,y,使得:$(a,b)=ax+by$。

16. 设 a,b,c 为 3 个正整数,证明:$\left(\dfrac{a}{(a,c)},\dfrac{b}{(b,a)},\dfrac{c}{(c,b)}\right)=1$。

17. 求 $(293,470)$

18. 求解同余方程:$256x=179 \bmod 337$。

19. 一个数被 3 除余 1,被 4 除余 2,被 5 除余 4,这个数最小是几?

20. 设 $f(x)=x^4-4x^3-1,g(x)=x^2-3x-1$。试求出 $f(x)$ 被 $g(x)$ 除所得的商式和余式。

21. 令 $\mathbf{Q}$ 是有理数集合,求 $\mathbf{Q}[x]$ 的多项式 $f(x)=x^4-2x^3-4x^2+4x-3$ 与 $g(x)=2x^3-5x^2-4x+3$ 的最大公因式。

22. 令 $\mathbf{Q}$ 是有理数集合,求出 $\mathbf{Q}[x]$ 的多项式 $f(x)=4x^4-2x^3-16x^2+5x+9$ 与 $g(x)=2x^3-x^2-5x+4$ 的最大公因式 $d(x)$,以及满足等式 $f(x)u(x)+g(x)v(x)=d(x)$ 的多项式 $u(x),v(x)$。

第 2 章 群

Évariste Galois (25 October 1811-31 May 1832) was a French mathematician. His work laid the foundations for Galois theory and group theory, two major branches of abstract algebra.

He was the first to use the word "group" as a technical term in mathematics to represent a group of permutations. While many mathematicians before Galois gave consideration to what are now known as groups, it was Galois who was the first to use the word group in a sense close to the technical sense that is understood today, making him among the founders of the branch of algebra known as group theory.

He developed the concept that is today known as a normal subgroup. He called the decomposition of a group into its left and right cosets a proper decomposition if the left and right cosets coincide, which is what today is known as a normal subgroup.

He also introduced the concept of a finite field (also known as a Galois field in his honor), in essentially the same form as it is understood today. He died from wounds suffered in a duel under questionable circumstances at the age of twenty.

伽罗华(1811.10.25—1832.5.31)是一个法国数学家。他创立了伽罗华理论和群理论,这是抽象代数的两个重要分支。

他首次采用数学的语言提出"群"的概念,并用来表示一组置换。在伽罗华之前,虽然有很多数学家思考过"群",但是,伽罗华是首次提出"群"的概念,这与我们今天所理解的"群"的概念接近。这也是的伽罗华成为群论的创始人之一。

我们现在熟悉的"正规子群"的概念也是伽罗华提出的。他是这样说的:将一个群分解为若干个左陪集与右陪集,如果左、右陪集一样,则称这种分解是正规分解。这正是我们今天熟悉的正规子群的概念。

他还提出了有限域的概念(为了纪念他,也称为伽罗华域),这个定义我们今天一直沿用。伽罗华死于一次决斗,时年 20 岁。

——Bell, Eric Temple. Men of Mathematics. New York: Simon and Schuster, 1986,ISBN 0-671-62818-6.

群论有着悠久的历史,它在近世代数和整个数学中占有重要的地位。群理论首先是由挪威数学家阿贝尔和法国数学家伽罗华提出。他们在对 5 次及 5 次以上代数方程的根式解问题的研究中,提出了置换群的概念。这对代数学的发展起了重要的作用。

在本章中,我们将学习群的定义与性质、子群与群的同态、循环群、变换群与置换群、正规子群与商群、群同态基本定理、群与纠错编码等知识。

2.1 群的定义与性质

在本节中,我们在学习半群与含幺半群的基础上,学习群的基本知识。我们将学习群的概念,群的一些等价的描述方法,及群的阶与群中元素的阶的概念与相关性质。

2.1.1 半群与含幺半群

首先,我们学习半群与含幺半群的概念。

定义 设 S 是一个非空集合,若 S 上存在一个二元运算 $\circ$,满足结合律,即对任意 a, $b,c \in S$ 有 $a \circ (b \circ c) = (a \circ b) \circ c$,则称代数系统 $(S, \circ)$ 为半群,简称 S 为半群。

由上述定义知,半群即为带有一个满足结合律的二元代数运算的集合。具体地说,半群即为一个集合,此集合中任意两个元素可以进行某种运算,运算的结果满足封闭性与结合律。半群中的代数运算 $\circ$ 称为乘法,并简记 $a \circ b$ 为 ab,称为 a 与 b 的积。

例 设 A 是任一非空集合,A 的幂集为 $P(A)$。在代数系统 $(P(A), \cap)$,$(P(A), \cup)$ 均为半群,因为集合的交、并运算均为 $P(A)$ 的二元运算,且均满足结合律。

定义 设 M 为一个半群,其运算记为乘法。$n \in \mathbf{N}, a \in M$,$n$ 个 a 的连乘积称为 a 的 n 次幂,记为 a^n,即

$$a^n = \underbrace{a \cdot a \cdot \cdots \cdot a}_{n \uparrow}$$

易证: $\qquad a^m a^n = a^{m+n}, (a^m)^n = a^{mn}, \forall a \in M, m, n \in \mathbf{N}。$

然而,一般情况下, $\qquad (ab)^m \neq a^m b^m, \forall a, b \in M, m \in \mathbf{N}。$

这里,若将 M 中的代数运算为"$+$",则 a 的 n 次幂表示为 n 个 a 的和,记为 na,即

$$na = \underbrace{a + a + \cdots + a}_{n \uparrow}$$

且有 $\qquad ma + na = (m+n)a, n(ma) = (nm)a。$

定义 对于二元运算 $\circ$ 如果满足:

1. $\forall a, b, c \in M$,有 $a \circ (b \circ c) = (a \circ b) \circ c$

2. $\exists e \in M$,使 $\forall a \in M, e \circ a = a \circ e = a$

则称 $(M, \circ)$ 为含幺半群,称 e 为单位元(幺元)。

例 求证:含幺半群中单位元是唯一的

证明 设 e_1, e_2 均为单位元,只要证 $e_1 = e_2$。

因为：$e_1 = e_1 \circ e_2 = e_2$，故得证。

若 $(S, \circ)$ 是含幺半群，规定 $a^\circ = e$（单位元）。

如果半群（含幺半群）$(S, \circ)$ 中的二元运算 $\circ$ 是可交换的，即 $\forall a, b \in S, a \circ b = b \circ a$，则称 $(S, \circ)$ 是可换半群（含幺半群）。

在半群 $(S, \circ)$ 中，如果元素 a 满足 $a^2 = a$，则称 a 为幂等元。

若 a 为幂等元，则 $a^n = a$（n 为正整数），每个含幺半群至少含有一个幂等元，即单位元 e。

定义 一个含幺半群 $(M, \circ)$ 称为循环含幺半群，如果存在一个元素 $m \in M$，使 $M = \{m^n \mid n \text{为非负整数}\}$，$m$ 称为循环含幺半群的生成元。

定义 设 $(S, \circ)$ 和 $(T, *)$ 是两个半群，映射 $f: S \to T$ 称 S 到 T 的半群同态映射，若 $\forall a, b \in S$，有 $f(a \circ b) = f(a) * f(b)$，

如果 f 为满射，则称 f 为 $S \to T$ 的满同态；

如果 f 为单射，则称 f 为 $S \to T$ 的单一同态；

如果 f 为双射，则称 f 为 $S \to T$ 的同构映射（简称同构），此时记作：$S \cong T$。

定理 设代数系统 $(S, \circ)$，$(T, *)$ 且 f 是 $S \to T$ 的满同态。

1. 若 $(S, \circ)$ 是半群，则 $(T, *)$ 也是半群；

2. 若 $(S, \circ)$ 是含幺半群，则 $(T, *)$ 也是含幺半群，且单位元对应单位元。

证

1. 由前定理知：当 $(S, \circ)$ 是半群，即二元运算 $\circ$ 满足结合律时 $(T, *)$ 中 $*$ 运算也满足结合律。$\therefore (T, *)$ 为半群。

2. 略

例 设在 $\mathbf{Z}^+ = \{1, 2, 3, \cdots\}$ 中，规定运算 $*$ 为：$\forall x, y \in \mathbf{Z}^+, x * y = \max\{x, y\}$。问 $(\mathbf{Z}^+, *)$ 是半群吗？是含幺半群吗？

解：只要验证以下条件是否成立：

运算 $*$ 是 $\mathbf{Z}^+$ 上的二元运算；

运算 $*$ 满足结合律；

找出对于运算 $*$ 的单位元。

$\forall x, y \in \mathbf{Z}^+, x * y = \max\{x, y\} \in \mathbf{Z}^+$。因此，在 $\mathbf{Z}^+$ 中，运算 $*$ 封闭。即：运算 $*$ 是 $\mathbf{Z}^+$ 上的二元运算。

$\forall x, y, z \in \mathbf{Z}^+, x * (y * z) = \max\{x, y, z\} = (x * y) * z$。则：运算 $*$ 满足结合律。

又：$x * 1 = \max\{x, 1\} = x$

故：$(\mathbf{Z}^+, *)$ 是半群，并且是含幺半群，单位元为 1。

2.1.2 群的定义

定义 一个含幺半群 $(G, \circ)$ 称为群，如果 G 的每一元均有逆元，即群是一个具有二元运算的集合，且满足以下 3 个条件。

1. 结合律成立,即 $\forall a,b,c \in G$,有 $a \circ (b \circ c) = (a \circ b) \circ c$

2. 单位元存在:即 G 中存在一个元素 e,$\forall a \in G$ 有 $e \circ a = a \circ e = a$

3. 逆元存在:即 $\forall a \in G$,存在 $a^{-1} \in G$,满足 $a \circ a^{-1} = a^{-1} \circ a = e$

当群 G 的运算。满足交换律时,称 $(G, \circ)$ 为交换群,也称阿贝尔群。

定理 群 $(G, \circ)$ 中元素 a 的逆元是唯一的

证 设有 a_1, a_2 均为 a 的逆元,只要证 $a_1 = a_2$。

因为, $$a_1 \circ a = a \circ a_1 = e, \quad a_2 \circ a = a \circ a_2 = e$$

其中 e 为 $(G, \circ)$ 中单位元。

故: $$a_1 = a_1 \circ e = a_1 \circ (a \circ a_2) = (a_1 \circ a) \circ a_2 = e \circ a_2 = a_2$$

在一个群中,规定:$a^{-m} = (a^{-1})^m$,这里,m 是正整数。

由以上规定知,在一个群中,成立运算律:$a^m a^n = a^{m+n}$,$(a^m)^n = a^{mn}$,$\forall a \in G$,$m, n \in \mathbf{Z}$,这里 $\mathbf{Z}$ 表示整数集合。

例 设 $G = \{A | A$ 为有理数上的 n 阶矩阵,$|A| \neq 0\}$,则 G 关于矩阵的乘法构成一个群,但不是交换群。

例 设 $\mathbf{Z}_n = \{[0], [1], \cdots, [n-1]\}$ 是模 n 的剩余类,规定 $+$ 为 $[a] + [b] = [a+b]$,$\forall [a], [b] \in \mathbf{Z}_n$,

证明 $(\mathbf{Z}_n, +)$ 是一个交换群。

证 先看如上规定的"$+$"运算是否为二元运算,这就需要证明运算的结果与代表的取法无关。

设 $[a] = [a_1]$,$[b] = [b_1]$。只要证:$[a] + [b] = [a_1] + [b_1]$。

因为 $$[a] = [a_1] \quad [b] = [b_1]$$

所以 $$a_1 \equiv a \pmod{n} \quad b_1 \equiv b \pmod{n}$$

所以 $$a_1 = a + l_1 n \quad b_1 = b + l_2 n$$

所以 $$(a_1 + b_1) = (a + b) + (l_1 + l_2) \cdot n$$

所以 $$(a_1 + b_1) = (a + b) \pmod{n}$$

所以 $$[a_1 + b_1] = [a + b] \text{即"}+\text{"是二元运算}$$

对 $\forall [a], [b]. [c] \in \mathbf{Z}_n$

有:$[a] + ([b] + [c]) = [a] + [b+c] = [a+(b+c)] = [(a+b)+c] =$
$[a+b] + [c] = ([a] + [b]) + [c]$

即"$+$"满足结合律。

单位元为 $[0]$,{因为 $[0] + [a] = [0+a] = [a]$}

$[a]$ 的逆元为 $[-a]${因为 $[a] + [-a] = [a + (-a)] = [0]$}

所以 $(\mathbf{Z}_n, +)$ 是群

又 $$[a] + [b] = [a+b] = [b+a] = [b] + [a]$$

故,$(\mathbf{Z}_n, +)$ 是一个交换群。

定义 设 F 是平面或空间中的一个图形。图形 F 的一个对称(或等距)是保持距离

的双射 $f:F \to F$。保持距离是指，$\forall\, x,y \in F$，$f(x)$，$f(y)$ 之间的距离等于 x,y 之间的距离。如果 π 是平面上的多边形，则 π 的一些对称变换组成的群 $\Sigma(\pi)$ 由满足 $f(\pi) = \pi$ 的一切保持距离的双射 f 构成。集合 $\Sigma(\pi)$ 中的元素成为多边形 π 的对称。

例 π_4 是边长为 1，顶点为 $\{v_1,v_2,v_3,v_4\}$ 的正方形。如图 2-1 所示，其中心记作 O。

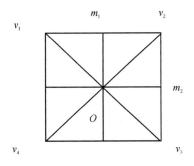

图 2-1　正方形 π_4 中的对称

可以验证，π_4 中的对称有 8 个。包括：恒等映射，绕中心 O 点旋转 $90°$、$180°$、$270°$ 所对应的映射，关于直线 v_1v_3、v_2v_4、Om_1、Om_2 翻转所对应的映射。可知，代数系统 $(\Sigma(\pi_4),\circ)$ 关于映射的合成运算"$\circ$"构成一个群。群 $(\Sigma(\pi_4),\circ)$ 称为有 8 个元素的二面体群，记作 D_8。

顶点为 $\{v_1,v_2,v_3,v_4.v_5\}$ 的正五边形 π_5。如图 2-2 所示，其中心记作 O。其对称变换构成的群 $(\Sigma(\pi_5),\circ)$ 中有 10 个元素。它们分别是：绕中心 O 旋转 $(72j)°$，其中 $0 \leqslant j \leqslant 4$；关于直线 Ov_k 的翻转，其中 $1 \leqslant k \leqslant 5$。群 $(\Sigma(\pi_5),\circ)$ 称为有 10 个元素的二面体群，记作 D_{10}。

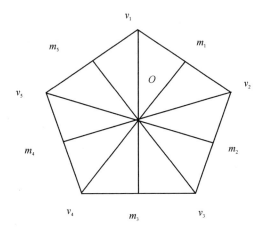

图 2-2　正五边形 π_5 中的对称

一般地，设 π_n 为顶点是 $\{v_1,v_2,v_3,\cdots,v_n\}$ 的正五形，其中心记作 O。群 $(\Sigma(\pi_n),\circ)$ 称为有 $2n$ 个元素的二面体群，记作 D_{2n}。

二面体群 D_{2n} 中的元素包括绕中心 O 的 n 个 $\left(\dfrac{360j}{n}\right)°$ 旋转，其中 $0 \leqslant j \leqslant n-1$。其他 n

个元素的描述要依赖 n 的奇偶性。如果 n 是奇数(如正五边形的情形),则这 n 个对称是关于不同直线的翻转。如果 n 是偶数(如正方形的情形),则这 n 个对称是关于 $\frac{n}{2}$ 个 Om_i 及 $\frac{n}{2}$ 个 Ov_k 的翻转。

例 证明,不等边长方形的 对称的集合,关于对称的合成"∘"构成群。

证明 设长方形的顶点为 $\{v_1,v_2,v_3,v_4\}$。如图 2-3 所示。

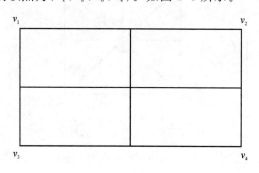

图 2-3 长方形中的对称

设对称 α 为长方形通过中心的水平轴翻转 $180°$,对称 β 为长方形通过中心的垂直轴翻转 $180°$,对称 γ 为长方形在其所在平面围绕中心顺时针旋转 $180°$,对称 θ 为长方形保持原来的位置。设 $G=\{\alpha,\beta,\gamma,\theta\}$。可知,$(G,\circ)$ 构成一个群,称之为长方形的对称变换构成的群。群 $(G,\circ)$ 的单位元为 θ。且 $\alpha^2=\beta^2=\gamma^2=\theta,\alpha\beta=\beta\alpha=\gamma,\alpha\gamma=\gamma\alpha=\beta,\beta\gamma=\gamma\beta=\alpha$。

一般地,设 4 个元素的群 $G=\{a,b,c,e\}$,元素之间的运算如表 2-1 所示,则 $(G,\circ)$ 构成交换群,称之为克莱因四元群。

表 2-1 元素之间的运算

∘	e	a	b	c
e	e	a	b	c
a	a	e	c	b
b	b	c	e	a
c	c	b	a	e

2.1.3 群的性质

在群的描述上,有几个等价的定义。

定理 设 G 为半群,则下列陈述等价:

(1) G 是群;

(2) G 有左单位元 l,而且 $\forall a\in G$ 关于这个左单位元 l 都是左可逆,(i. e. $\forall a\in G,\exists b\in G,\mathrm{s.\,t.\,}ba=l$);

(3) G 有右单位元 r,而且 $\forall a\in G$ 关于这个右单位元 r 都是右可逆(i. e. $\forall a\in G,\exists b$

$\in G$, s. t. $ab=r$)；

（4）$\forall a,b\in G$，方程 $ax=b,ya=b$ 在 G 中都有解。

证　（1）$\Rightarrow$（2）：显然。此时，令 $l=e,b=a^{-1}$ 即可。这里，e 为群 G 的单位元。

（2）$\Rightarrow$（3）：$\forall a\in G$，设 b 是 a 关于 l 的左逆元，c 是 b 关于 l 的左逆元，则有 $ba=cb=l$，于是 $ab=l(ab)=(cb)(ab)=c(ba)b=clb=cb=l$。故 b 也是 a 关于 l 的右逆元。

又：$al=a(ba)=(ab)a=la=a$，故 l 也是 G 的右单位元，因此（2）$\Rightarrow$（3）。

（3）$\Rightarrow$（4）：设 c 是 a 关于 r 的右逆元，类似于（2）$\Rightarrow$（3）：之证可知，r 也为左单位元，且 $ca=ac=r$。于是：

$$a(cb)=(ac)b=rb=b,$$
$$(bc)a=b(ca)=br=b。$$

故 cb 与 bc 分别是方程 $ax=b,ya=b$ 在 G 中的解。

（4）$\Rightarrow$（1）：设 l 是方程 $yb=b$ 的一个解，$lb=b$。又 $\forall a\in G$，方程 $bx=a$ 有解，设为 c，即 $bc=a$，则有 $la=l(bc)=(lb)c=bc=a$。

从而 l 是 G 的一个左单位元。同理，方程 $bx=b$ 的一个解是 G 的一个右单位元。

$l=r\stackrel{d}{=\!=}e$ 为 G 的单位元。

$\forall a\in G$，由方程 $ya=e$ 和 $ax=e$ 在 G 中有解可知，a 既是左可逆又是右可逆，可得 a 可逆。因而 G 是一个群，故得证。

下面，我们学习群中元素的阶的概念。

定义　对于群 $(G,\circ)$ 中的一个元素 a，满足 $a^{n}=e$ 的最小正整数 n，称为元素 a 的阶。这里，e 为群 $(G,\circ)$ 中的单位元。记作 $o(a)=n$ 或 $|a|=n$。若这样的 n 不存在，则称元素 a 是无限阶的。记作 $o(a)=\infty$ 或 $|a|=\infty$。

例　设 G 是所有二阶可逆矩阵构成的群。令 $\boldsymbol{A}=\begin{bmatrix} 0 & -1 \\ 1 & 0 \end{bmatrix}$，$\boldsymbol{B}=\begin{bmatrix} 0 & 1 \\ -1 & -1 \end{bmatrix}$。问，矩阵 $\boldsymbol{A},\boldsymbol{B},\boldsymbol{AB}$ 的阶各是多少？

解：计算可得 $\boldsymbol{A}^{2}=\begin{bmatrix} -1 & 0 \\ 0 & -1 \end{bmatrix}$，$\boldsymbol{A}^{3}=\begin{bmatrix} 0 & 1 \\ -1 & 0 \end{bmatrix}$，$\boldsymbol{A}^{3}=\begin{bmatrix} 1 & 0 \\ 0 & 1 \end{bmatrix}$。故 $\boldsymbol{A}$ 的阶是 4。

同理，$\boldsymbol{B}^{2}=\begin{bmatrix} -1 & -1 \\ 1 & 0 \end{bmatrix}$，$\boldsymbol{B}^{3}=\begin{bmatrix} 1 & 0 \\ 0 & 1 \end{bmatrix}$。故 $\boldsymbol{B}$ 的阶是 3。

$\boldsymbol{AB}=\begin{bmatrix} 1 & 1 \\ 0 & 1 \end{bmatrix}$，计算可知 $(\boldsymbol{AB})^{n}=\begin{bmatrix} 1 & n \\ 0 & 1 \end{bmatrix}$。故 $\boldsymbol{AB}$ 的阶为无限。

关于群中元素的阶，有如下一些结论。

定理　群中的某元素 a 与其逆元素 a^{-1} 具有相同的阶。

证　设群 G 的元素 a 与 a^{-1} 的阶分别为 m、n。由于 $a^{m}=e$，故：$(a^{-1})^{m}=(a^{m})^{-1}=e^{-1}=e$。由前定理知，$n|m$。

又：$\qquad\qquad a^{n}=((a^{-1})^{-1})^{n}=((a^{-1})^{n})^{-1}=e^{-1}=e$，故：$m|n$。

因此：$\qquad\qquad\qquad\qquad\qquad m=n。$

例 在群$(G, \circ)$中，a, b是群中任意两个元素。证明元素ab的阶与ba的阶相同。

证明 设元素ab的阶为n，ba的阶为m。

即：$(ab)^n = e, (ba)^m = e$，且n与m分别为满足上式的最小正整数。

（证明思路：只要证$n = m$；即：$n \mid m$，且$m \mid n$；即：只要证：$(ba)^n = e, (ab)^m = e$。）

$$(ba)^{n+1} = (ba)(ba) \cdots (ba) = b(ab)^n a = ba$$

由消去律，可得$(ba)^n = e$。由定理知：$m \mid n$。

同理：$n \mid m$。

则：$n = m$。故得证。

下面学习一个群的阶的概念。

定义 设$(G, \circ)$为一个群，G中元素的个数称为群G的阶，记为$|G|$或$\sharp G$。当$|G|$为有限时，称$(G, \circ)$为有限群；当$|G|$为无限时，称$(G, \circ)$为无限群。

下面，给出判断一个有限元素的代数系统为一个群的方法。

定理 设G为一个有限半群，若G的运算适合左，右消去律，则G为群。

证 因为$|G| < \infty$，故可以设$G = \{a_1, a_2, \cdots, a_n\}$

$$\forall a \in G, \diamondsuit : G' = \{aa_1, aa_2, \cdots, aa_n\}$$

由运算的封闭性可知，$G' \leqslant G$。又由左消去律可知，当$i \neq j$时，$aa_i \neq aa_j$，故$|G'| = n$，从而$G' = G$。于是对于$\forall b \in G, \exists a_k \in G$，使得方程：$aa_k = b$成立。

即方程$ax = b$在G中有解。

同理方程$ya = b$在G中有解。

因此，由群的等价定义可知，G为群。

例 设$m \in \mathbf{N}$，则全体m次单位根所组成的集合：$U_m = \{\varepsilon \in \mathbf{C} \mid \varepsilon^m = 1\} = \{\varepsilon = e^{\frac{2k\pi i}{m}} \mid k = 0, 1, \cdots, m-1\}$，关于复数的乘法作成一个乘法交换群，称为$m$次单位根群，单位元为1。

$$\forall \varepsilon = e^{\frac{2k\pi i}{m}} \in \mathbf{C}, \varepsilon^{-1} = e^{\frac{2(m-k)\pi i}{m}}$$

如，$m = 3$时，$U_3 = \{1, \omega, \omega^2\}$，则$o(1) = 1, o(\omega) = o(\omega^2) = 3$。

元素的阶有如下常见性质：

(1) $o(a) = o(a^{-1})$。

(2) 若$o(a) = m$，则
$\begin{cases} (1) & a^n = e \Leftrightarrow m \mid n; \\ (2) & a^h = a^k \Leftrightarrow m \mid (h-k); \\ (3) & e = a^0, a^1, \cdots, a^{m-1} \text{两两不等}; \\ (4) & \forall r \in \mathbf{Z}, o(a^r) = \dfrac{m}{(m, r)}。 \end{cases}$

(3) 若$o(a) = \infty$，则
$\begin{cases} (1) & a^n = e \Leftrightarrow n = 0; \\ (2) & a^h = a^k \Leftrightarrow h = k; \\ (3) & \cdots, a^{-2}, a^{-1}, a^0, a^1, a^2, \cdots \text{两两不等}; \\ (4) & \forall r \in \mathbf{Z} \backslash \{0\}, O(a^r) = \infty。 \end{cases}$

下面，仅对(2)中的一个性质进行证明。

定理　若群中元素 a 的阶是 n，则 a^r 的阶是 $\dfrac{n}{\mathrm{GCD}(r,n)}$

证　记
$$n_1 = \frac{n}{\mathrm{GCD}(r,n)}$$

只要证：$(1)\,a^r$ 的 n_1 次方为 e，$(2)\,n_1$ 最小。

(1) 因为
$$(a^r)^{\frac{n}{\mathrm{GCD}(r,n)}} = (a^n)^{\frac{r}{\mathrm{GCD}(r,n)}} = e,$$

证(2) 设 $(a^r)^m = e$，欲证 $m \geqslant n_1$，
$$n = n_1 \mathrm{GCD}(r,n),\ r = r_1 \mathrm{GCD}(r,n),\ (r_1,r_1)=1,$$

因为
$$a^{rm} = e,\ n \mid rm,$$

所以
$$n_1 \mathrm{GCD}(r,n) \mid mr_1 \mathrm{GCD}(r,n),$$
$$n_1 \mid mr_1,\ n_1 \mid m,$$

所以
$$m \geqslant n_1$$

例　证明：在偶数阶的群 $(G,\circ)$ 中，至少存在一个 2 阶元素。

证　设 $G = \{e, a_1, a_2, \cdots, a_{2k-1}\}$，群 $(G,\circ)$ 的阶为偶数 $2k$。

令 $G_1 = \{e, a_1^{-1}, a_2^{-1}, \cdots, a_{2k-1}^{-1}\}$。

知：G_1 是 G 的子集。

又：当 $a \neq b$ 时，$a^{-1} \neq b^{-1}$。

即集合 G_1 中的元素是互不相同的。

则：$G_1 = G$。

则：a_i, a_i^{-1} 同时出现 G 中。

又：单位元 e 的逆元是其本身。

由于 G 中元素的个数为偶数，故：必有某一元素 a_j，其逆元素为本身。

即：$a_j^{-1} = a_j$。

即：$a_j^2 = e$。

故元素 a_j 的阶为 2。

在本节中，我们学习了半群、含幺半群、群等代数系统的概念。概括地说，群是满足以下条件的代数系统：运算封闭、结合律、有单位元、每一个元素有逆元。模 n 剩余类群、全体 m 次单位根所组成的群、由平面上图形的一些对称变换构成的群都是一些重要的群。利用群中元素是否存在左（右）单位元、左（右）逆元、方程 $ax = b$，$ya = b$ 在 G 中是否有解，我们可以得到判断一个代数系统是否构成群的方法（或群的等价定义）。群 $(G,\circ)$ 中的一个元素 a 的阶，是指满足 $a^n = e$ 的最小正整数 n。G 中元素的个数称为群 G 的阶。这两个"阶"是两个不同的概念。

2.2　子群与群的同态

一个集合有子集，一个代数系统也有子系统。子群是群的一个子系统。两个代数系

统之间可能会存在着同态映射。在本节中,我们将学习子群的概念与性质。同时学习两个群同态时的一些性质。

2.2.1 子群

定义 设 H 是群 G 的一个非空子集,若 H 对于 G 的乘法构成群,则称 H 为 G 的子群。记作 $H \leqslant G$。

对于任意一个群 G,都有两个子群:$\{e\}$ 与 G。这两个子群称为 G 的平凡子群。若 $H \leqslant G$ 且 $H \neq G$,则称 H 是 G 的一个真子群,记作 $H < G$。

关于子群,有以下一些性质:

子群的传递性:若 $H \leqslant K,K \leqslant G$,则 $H \leqslant G$。由子群的定义能够看出这一点。

子群中元素的遗传性:若 $H \leqslant K,\forall a \in H$,则 $e_H = e_G,a_H^{-1} = a_G^{-1}$。其中 e_H,e_G 分别表示 H,G 中的单位元;a_H^{-1},a_G^{-1} 分别表示 a 在 H 和 G 中的逆元。

证 (1) 因为 $H \leqslant G \Rightarrow e_H \in G$,且 $e_H e_H = e_H = e_H e_G \Rightarrow e_H = e_G$。

(2) $a \in H \Rightarrow a \in G,aa_H^{-1} = e_H = e_G = aa_G^{-1} \Rightarrow a_H^{-1} = a_G^{-1}$ 可以证明,关于子群,有一个等价的定义:$(H,\circ)$ 称为群 $(G,\circ)$ 的子群,假如满足:

① $\forall a,b \in H,a \circ b \in H$;

② $\forall a \in H,a^{-1} \in H$。这里,$a^{-1}$ 表示元素 a 在群 G 中的逆元素。

定理 设 G 为群,$\varnothing \neq H \subseteq | G$,则下列各命题等价:

(1) $H \leqslant G$;

(2) $\forall a,b \in H$,都有 $ab \in H,a^{-1} \in H$;

(3) $\forall a,b \in H$,都有 $ab^{-1} \in H$。

证 证明采用如下思路:$(1) \Rightarrow (2) \Rightarrow (3) \Rightarrow (1)$

$(1) \Rightarrow (2)$:设 $H \leqslant G$,则 H 为一个群,由封闭性知 $ab \in H$。又由"子群中元素的遗传性"知 $a_H^{-1} = a_G^{-1} = a^{-1} \in H$。

$(2) \Rightarrow (3)$:$b \in H \Rightarrow b^{-1} \in H \Rightarrow ab^{-1} \in H$。

$(3) \Rightarrow (1)$:由于 $H \neq \varnothing$,所以存在一个元素 $d \in H$,由 (3),有:$e = dd^{-1} \in H$。

$$\forall a,b \in H, \left. \begin{matrix} e \in H \\ b \in H \end{matrix} \right\} \Rightarrow b^{-1} = eb^{-1} \in H$$

$$\left. \begin{matrix} a \in H \\ b \in H \end{matrix} \right\} \Rightarrow \left. \begin{matrix} a \in H \\ b^{-1} \in H \end{matrix} \right\} \Rightarrow a(b^{-1})^{-1} = ab \in H$$

故:$H \leqslant G$,得证。

对于有限子集 H 是否为子群,还有更简便的判别法:

定理(有限子群的判别法则):设 G 为群,H 是 G 的一个非空有限子集,则 $H \leqslant G \Leftrightarrow \forall a,b \in H$,都有 $ab \in H$。

证 $(\Rightarrow)$ 显然成立。

$(\Rightarrow)$ 由于 $H \subseteq G \Rightarrow$ 在 H 中结合律和消去律都成立,又由假设知,在 H 中满足封闭

性,即 H 为一个满足消去律的有限半群,从而 H 是子群。即 $H \leqslant G$。

　　需要注意的是,上述定理中,"有限"这个条件是必须的。下面的例子说明的这种必须性。

　　例　非负整数集合 $\mathbf{N} = \{0,1,2,\cdots\}$ 是整数集合 $\mathbf{Z} = \{0,\pm1,\pm2,\cdots\}$ 的子集,并且加法运算满足封闭性。即:$\forall a,b \in \mathbf{N}, a+b \in \mathbf{N}$。但是,$(\mathbf{N},+)$ 不构成一个群。因为元素 2 的逆元素 $-2 \notin \mathbf{N}$。

　　例　设 4 个元素的群 $G = \{a,b,c,e\}$,元素之间的运算如表 2-2 所示,则 $(G,\circ)$ 构成交换群,称之为克莱因四元群。试找出克莱因四元群的所有子群。

表 2-2　克莱因四元群运算表

$\circ$	e	a	b	c
e	e	a	b	c
a	a	e	c	b
b	b	c	e	a
c	c	b	a	e

　　解:利用上述"有限子群的判别法则",并由克莱因四元群的运算表,知:$\{e,a\}$ 关于运算 "$\circ$" 是封闭的。因此,$(\{e,a\},\circ)$ 是群 $(G,\circ)$ 的子群。同理,$(\{e,b\},\circ)$、$(\{e,c\},\circ)$ 都是群 $(G,\circ)$ 的子群。如果一个群 $(G,\circ)$ 的子群包含元素 a,b,则一定会包含 $a \circ b = c$,此时,这个子群就是 $(G,\circ)$。这些子群之间的包含关系如图 2-4 所示。

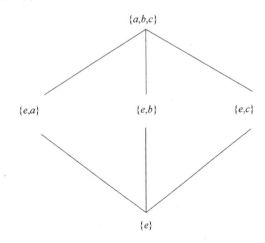

图 2-4　群 $(G,\circ)$ 的子群包含关系图

　　定理　设 $(G,\circ)$ 是一个群,$\{H_i \mid i \in I\}$ 为群 $(G,\circ)$ 的一个子群簇。其中 I 为某个指标集。则 $\bigcap\limits_{i \in I} H_i$ 也是群 $(G,\circ)$ 的一个子群。

　　证明　易知 $e \in \bigcap\limits_{i \in I} H_i$,故集合 $\bigcap\limits_{i \in I} H_i$ 不是空集。$\forall a,b \in \bigcap\limits_{i \in I} H_i$,有 $a,b \in H_i$,$(i \in I)$。由于 H_i 为群 $(G,\circ)$ 的一个子群,故:$ab^{-1} \in H_i$,故:$ab^{-1} \in \bigcap\limits_{i \in I} H_i$。由上述定理知:

$\bigcap\limits_{i \in I} H_i$ 也是群 $(G, \circ)$ 的一个子群。

下面,我们介绍生成子群的概念。

定义 设 $(G, \circ)$ 是一个群,集合 S 是集合 G 的非空子集。称 G 中所有包含 S 的子群的交集为由 S 生成的子群。记作 $\langle S \rangle$。即:$\langle S \rangle = \bigcap\limits_{H \leqslant G, S \subseteq H} H$。

易知,如下的几种关于生成的子群说法是正确的。

1. $\langle S \rangle = \{ s_1{}^{e_1} s_2{}^{e_2} \cdots s_n{}^{e_n} \mid s_i \in S, e_i \in \mathbf{Z}, n = 1, 2, \cdots \}$

2. $\langle S \rangle$ 是所有包含集合 S 的最小子群。

特别地,如果 $S = \{a\}$,则 $\langle S \rangle = \langle a \rangle = \{ a^n \mid n \in \mathbf{Z} \}$。这个特殊的群就是我们后面将要学习的循环群。

如果 $\langle S \rangle = G$,则称群 $(G, \circ)$ 是由集合 S 生成的。集合 S 中的元素成为群 $(G, \circ)$ 的生成元。如果 S 是有限集合,则称群 $(G, \circ)$ 是有限生成的,否则就称群 $(G, \circ)$ 是无限生成的。

同一个群,可以由不同的集合生成。如:$\{\mathbf{Z}, +\} = \langle 1 \rangle = \langle \{1, 2\} \rangle$。

2.2.2 群的同态

下面,我们讨论两个群之间的同态问题。

定理 设 G 为群,$\overline{G}$ 为一个带有乘法运算的非空集合,若存在 $f : G \rightarrow \overline{G}$ 为满同态映射,则 $\overline{G}$ 也是一个群。

证 依次验证代数系统 $\overline{G}$ 满足群的条件。

$\overline{G}$ 中的代数运算有封闭性。

由前面的知识,$\overline{G}$ 中的运算满足结合律。

验证 $\overline{G}$ 中有单位元。设 e 为 G 中的单位元,下证 $f(e)$ 为 $\overline{G}$ 中的单位元:

$$\forall \overline{a} \in \overline{G},$$

则 $$\exists a \in G, \text{s. t. } f(a) = \overline{a},$$

则 $$f(e) f(\overline{a}) = f(ea) = f(a) = \overline{a}$$
$$f(\overline{a}) f(e) = f(ae) = f(a) = \overline{a}.$$

此即:$f(e)$ 为 $\overline{G}$ 中的单位元。

验证 $\overline{G}$ 中的每一个元素都存在逆元素。$\forall \overline{a} \in \overline{G}$,则 $a \in G$, s. t. $f(a) = \overline{a}$。于是

$$f(a^{-1}) f(a) = f(a^{-1} a) = f(e)$$
$$f(a) f(a^{-1}) = f(aa^{-1}) = f(e)$$

从而 $f(a^{-1})$ 为 $f(a)$ 的逆元,即 $f(a^{-1}) = (f(a))^{-1}$。故 $\overline{G}$ 为一个群。

需要注意的是,上述定理中的 G 与 $\overline{G}$ 的位置不能调换。举例如下:设 $\overline{G} = \{2n+1 \mid n \in \mathbf{Z}\}$,乘法定义为普通乘法,$G$ 为平凡群。即:$G = \{e\}$,$ee = e$。规定映射 $\phi : \overline{G} \rightarrow G; g \longmapsto e, \forall g \in G$。则 ϕ 为一个同态满射,但 $\overline{G}$ 不是群,而 G 是群。

由上述定理的证明过程,可知:

定理 假定 G 和 $\overline{G}$ 是两个群。在 G 到 $\overline{G}$ 的一个同态满射 f 之下,G 的单位元 e 的像

$f(e)$ 是 $\overline{G}$ 的单位元，G 中的元素 a 的逆元 a^{-1} 的像 $f(a^{-1})$ 是 $\overline{G}$ 中元素 $f(a)$ 的逆元。

例，在整数集合 $\mathbf{Z}$ 上定义运算 $a\oplus b=a+b-1$，证明 $\mathbf{Z}$ 关于给定的运算构成群。

证明 1　按照群的定义。

易知，运算 $\oplus$ 满足运算的封闭性、结合律。

单位元 $e=1$，因为，$\forall a\in\mathbf{Z},a\oplus e=e\oplus a=a+1-1=a$。

$\forall a\in\mathbf{Z}$，元素 a 的逆元素为 $-a+2$，

因为，$a\oplus(-a+2)=(-a+2)\oplus a=a+(-a+2)1-1=1=e$。

则：$\mathbf{Z}$ 关于给定的运算构成群。

证明 2　利用上述定理的结论来证。证明的思路是：先构造一个群，再构造一个同态映射。

设 $G=(\mathbf{Z},+),\overline{G}=(\mathbf{Z},\oplus)$，构造映射 $f:G\rightarrow\overline{G}$ 为：$f(a)=a+1$。

$$\forall a,b\in\mathbf{Z},$$
$$f(a+b)=a+b+1,$$
$$f(a)=a+1,f(b)=b+1,$$
$$f(a)\oplus f(b)=(a+1)+(b+1)-1=a+b+1$$

即：
$$f(a+b)=f(a)\oplus f(b)$$

则：$f:G\rightarrow\overline{G}$，是代数系统 $G=(\mathbf{Z},+)$ 到 $\overline{G}=(\mathbf{Z},\oplus)$ 的同态映射。

由上定理，由于 $G=(\mathbf{Z},+)$ 是群，故 $\overline{G}=(\mathbf{Z},\oplus)$ 是群。

定义　设 G 与 G' 都是群，f 是 G 到 G' 的映射，若 f 保持运算，即 $f(xy)=f(x)f(y)$，$\forall x,y\in G$。则称 f 是 G 到 G' 的同态。

若 f 为单射，则称 f 为单同态。

若 f 为满射，则称 f 为满同态，并称 G 与 G' 同态，记作 $G\backsim G'$。

若 f 为双射，则称 f 为同构，并称 G 与 G' 同构，记作 $G\cong G'$。

在本节中，我们学习了子群的相关性质。我们知道：子群具有传递性，子群中元素具有遗传性。我们学习了子群的几个等价定义。利用这些等价定义，我们可以判断一个代数系统是否为一个群的子群。我们还学习了群 $(G,\circ)$ 是由集合 S 生成的概念。我们学习了两个群同态时应该具有的一些性质，当两个群同态时，其单位元、逆元在同态映射之下，都会保持不变。

2.3　循环群、变换群与置换群

循环群是已经研究清楚的群之一，就是说，这种群的元素表达方式和运算规则，以及在同构意义下这种群的数量和它们子群的状况等，都完全研究清楚了。置换群是一类特殊的变换群。任何一个群都可以与一个变换群同构。在本节中，我们将学习循环群、变换群与置换群的概念及其相关知识。

2.3.1 循环群

定义 设 G 是一个群，$a \in G$，若 $\forall b \in G$，均存在 $n \in \mathbf{Z}$，使得 $b = a^n$，则称 G 是由 a 生成的循环群，a 叫做群 G 的一个生成元，记 $G = \langle a \rangle$。

下面，我们来看几个例子。

例 m 次单位根群 $U_m = \{ \varepsilon \mid \varepsilon \in \mathbf{C}, \varepsilon^m = 1, m \in \mathbf{Z} \}$，这里，$\mathbf{C}$ 表示复数集合，$\mathbf{Z}$ 表示整数集合。易知，U_m 关于数的乘法构成群，并且是循环群。称之为 m 次单位根群，记作 $U_m = \langle \varepsilon \rangle$。

一些特殊的 m 次单位根群的例子有：
$$U_2 = \{1, -1\} = \langle -1 \rangle ;$$
$$U_3 = \{1, \omega, \omega^2\} = \langle \omega \rangle = \langle \omega^2 \rangle ,$$

其中，
$$\omega = \frac{-1 + i\sqrt{3}}{2} ;$$
$$U_4 = \{1, -1, i, -i\} = \langle i \rangle = \langle -i \rangle 。$$

例 考虑群 $(\mathbf{Z}, +)$。这里，$\mathbf{Z}$ 表示整数集合，$+$ 为数的加法运算。易知，$(\mathbf{Z}, +)$ 是循环群。生成元为 1 或 -1。即：$(\mathbf{Z}, +) = \langle 1 \rangle = \langle -1 \rangle$。因为：

$\forall m \in \mathbf{Z}$，有：
$$m = m, 1 = \begin{cases} 1 + 1 + 1 + \cdots + 1 = 1^m, & m > 0 \\ 1^0, & m = 0 \\ -1 + (-1) + \cdots + (-1) = 1^{-m}, & m < 0 \end{cases}$$

例 模 n 剩余类群 $(\mathbf{Z}_n, +)$ 为一个群，且为循环群。因为：$(\mathbf{Z}_n, +) = \langle [1] \rangle$。事实上，当 $(a, n) = 1$ 时，均有 $(\mathbf{Z}_n, +) = \langle [a] \rangle$。

定理 设 g 是群 $(G, \circ)$ 中的任意元素，g 的阶为 m，则：$G_1 = \{g^r \mid r \in \mathbf{Z}\}$ 是 G 的 m 阶子群。

证 证明思路是：先证 $(G_1, \circ)$ 是 $(G, \circ)$ 的子群。再分 m 为"有限"与"无限"两种情况，证明集合 G_1 中有 m 个元素。

对于任意的 $g^r, g^s \in G_1$，$g^r \circ g^s = g^{r+s} \in G_1$，$(g^r)^{-1} = g^{-r} \in G_1$。故 $(G_1, \circ)$ 是 $(G, \circ)$ 的子群。

再证：$(G_1, \circ)$ 是一个 m 阶的子群。

如果 g 的阶是无限的，则当 $i \neq j$ 时，$g^i \neq g^j$。

反证，若 $g^i = g^j$，并设 $i > j$，则有：$g^{i-j} = e$。这与"g 的阶是无限的"相矛盾。此时：$G_1 = \{\cdots, g^{-2}, g^{-1}, e, g, g^2, \cdots\}$。

如果 g 的阶是有限的数 m，可证 $G_1 = \{g^0 = e, g, g^2, \cdots, g^{m-1}\}$。原因如下：假定 $g^i = g^j$，这里 $0 \leqslant j < i < m$，则：$g^{i-j} = e$，且 $0 < i - j < m$，这与 g 的阶是 m 矛盾。因此：$g^0 = e, g$，$g^2, \cdots, g^{m-1}$ 是两两不相同的。对于其他的元素 g^t，可以将其指数写为：$t = qm + r$，此时 $0 \leqslant r < m$。故有：$g^t = g^{qm+r} = g^{qm} \circ g^r = (g^m)^q \circ g^r = g^r$。因此，$(G_1, \circ)$ 是一个 m 阶的子群。

例 群$(\mathbf{Z},+)$中,由元素 2 生成的子群为$\langle 2 \rangle = \{\cdots,-4,-2,0,2,4,\cdots\}$,记作 $2\mathbf{Z}$,则:$2\mathbf{Z}=\{2r \mid r \in \mathbf{Z}\}$是$(\mathbf{Z},+)$的一个无限子群。

由上述定理,能够得到以下结论:

推论 设 $G=\langle a \rangle$为一个循环群,则$|G|=0(a)$,这里,$\circ(a)$表示元素 a 的阶。具体的说:

若 $0(a)=m$,则$|G|=m$ 且 $G=\{e=a^0,a^1,a^2,\cdots,a^{m-1}\}$

若 $0(a)=\infty$,则 G 为无限群且 $G=\{\cdots a^{-2},a^{-1},a^0,a^1,a^2\cdots\}$

推论 设 $G=(a)$为一个循环群,

若 $0(a)=m$,则 G 有 $\varphi(m)$个生成元:$G=\langle a^r \rangle$,此时,$(r,m)=1$。

若 $0(a)=\infty$,则 G 有两个生成元:a 和 a^{-1}。即:$G=\langle a \rangle=\langle a^{-1} \rangle$。

例 群$(G,\circ)$是循环群 $G=\langle g \rangle$,证明,群$(G,\circ)$的子群$(H,\circ)$也是一个循环群。

证 证明思路是找出$(H,\circ)$的生成元。

若 $H=\{e\}$,则:$H=\langle e \rangle$。

若 $H \neq \{e\}$,则子群$(H,\circ)$中含有群$(G,\circ)$中的某个元素 g^k,$(k \neq 0)$。由于$(H,\circ)$是子群,当 $g^k \in H$ 时,$g^{-k} \in H$。故:子群$(H,\circ)$中含有一些元素 g 的正整数幂的元素。

令:$A=\{k \mid k \geqslant 1, k \in \mathbf{Z}, g^k \in H\}$。集合 A 是非空集合,其中的元素有最小元素,设其为 r。即:$r=\min\{a \mid a \in A\}$。下证:$H=\langle g^r \rangle$。

易知,$H \supseteq \langle g^r \rangle$。下证:$H \subseteq \langle g^r \rangle$。

$\forall g^m \in H$,若 m 不是 r 的倍数,则 $m=qr+s$,这里 $0<s<r$。则:

$$g^s=g^{m-qr}=g^m(g^{-r})^q。$$

由于 $g^m, g^{-r} \in H$,则:$g^s \in H$。这与 r 是集合 A 中最小元素矛盾。

故 m 一定是 r 的倍数,即:$H \subseteq \langle g^r \rangle$。故:$H=\langle g^r \rangle$。

定理 同阶的循环群同构。

证 设 G 和 H 分别由生成元 g 和 h 生成的循环群,$G=\langle g \rangle$,$H=\langle h \rangle$。

下面,将 G 和 H 的阶分为无限与有限两种情况讨论。

1. 如果 G 和 H 的阶都是无限的,可知 $G=\{\cdots,g^{-2},g^{-1},e_G,g,g^2,\cdots\}$,$H=\{\cdots,h^{-2},h^{-1},e_H,h,h^2,\cdots\}$。

规定一个映射:$f:G \rightarrow H$ 为 $f(g^r)=h^r$,$\forall g^r \in G, r \in \mathbf{Z}$。可证:$f$ 为 $G \rightarrow H$ 的一一映射,并且,对于任何的 $g^r, g^t \in G$,有:$f(g^r g^t)=f(g^{r+t})=h^{r+t}=h^r h^t=f(g^r)f(g^t)$。即:$f$ 为 $G \rightarrow H$ 的同构映射,$G \cong H$。

2. 如果 G 和 H 的阶都是有限的数,设为 n,可知:$G=\{e_G,g,g^2,\cdots,g^{n-1}\}$,$H=\{e_H,h,h^2,\cdots,h^{n-1}\}$。

规定一个映射:$f:G \rightarrow H$ 为 $f(g^r)=h^r$,$r=0,1,2,\cdots,n-1$。可证:f 为 $G \rightarrow H$ 的一一映射。

设 $0 \leqslant r \leqslant n-1, 0 \leqslant t \leqslant n-1$,令 $r+t=kn+l$,这里 $0 \leqslant l \leqslant n-1$。

$$f(g^r g^t)=f(g^{r+t})=f(g^{kn+l})=f((g^n)^k g^l)=f(g^l)=h^l$$

$$f(g^r)f(g^t)=h^rh^t=h^{r+t}=h^{kn+l}=(h^n)^kh^l=h^l。$$

因此：$f(g^rg^t)=f(g^r)f(g^t)$。即：f 为 $G \to H$ 的同构映射，$G \cong H$。

由上述定理，我们可得如下结论。

推论 设 $G=\langle a \rangle$ 为一个循环群，

若 $0(a)=\infty$，则 $G \cong (\mathbf{Z},+)$

若 $0(a)=m$，则 $G \cong (\mathbf{Z}_m,+)$。

即：在本质上，任何无限阶的循环群都同构于整数加群；任何 m 阶循环群都同构于模 m 剩余类群。

定理 设 $G=\langle a \rangle$ 是一个 n 阶循环群，则 a^k 是 G 的生成元，当且仅当 $(k,n)=1$。若记 $\text{gen}(G)=\{G \text{ 的所有生成元}\}$，则 $|\text{gen}(G)|=\phi(n)$。这里，$\phi(n)$ 表示欧拉 ϕ 函数。

证明 如果 a^k 是 G 的生成元，则元素 a 可以由 a^k 表示，即：必有 $t \in \mathbf{Z}$，使得 $a=a^{kt}$。从而 $a^{kt-1}=1$。由元素阶的相关结论，知：$n \mid (kt-1)$。因此，存在 $v \in \mathbf{Z}$，使得：$nv=(kt-1)$。故：1 是 n,k 的线性组合。于是，$(k,n)=1$。

反之，如果 $(k,n)=1$，则有 $t,u \in \mathbf{Z}$，使得：$ku+nt=1$。因此，$a=a^{nt+ku}=a^{nt}a^{ku}=a^{ku} \in \langle a^k \rangle$。故元素 a 的幂都在 $\langle a^k \rangle$ 中。即 $G=\langle a^k \rangle$。

由欧拉 φ 函数的定义，$\varphi(n)=|\{k \leqslant n : (k,n)=1\}|$，可得：$|\text{gen}(G)|=\varphi(n)$。

定义 两个群 $(G,\circ)$ 与 $(H,*)$ 的直积 $(G \times H,\cdot)$，

可以通过如下形式的运算来定义：

$$(g_1,h_1) \cdot (g_2,h_2)=(g_1 \circ g_2,h_1 * h_2)$$

定理 两个群 $(G,\circ)$ 与 $(H,*)$ 的直积 $(G \times H,\cdot)$ 也是群。

思路：只要证明，运算 $\cdot$ 是封闭的，且满足结合律、有单位元、有逆元。

证 易知，$G \times H$ 关于二元运算 $\cdot$ 是封闭的。

$$\forall (g_1,h_1),(g_2,h_2),(g_3,h_3) \in G \times H,$$

有：

$$[(g_1,h_1) \cdot (g_2,h_2)] \cdot (g_3,h_3)=(g_1 \circ g_2,h_1 * h_2) \cdot (g_3,h_3)=$$
$$(g_1 \circ g_2 \circ g_3,h_1 * h_2 * h_3)=$$
$$(g_1 \circ (g_2 \circ g_3),h_1 * (h_2 * h_3))=$$
$$(g_1,h_1) \cdot [(g_2,h_2) \cdot (g_3,h_3)]$$

即：结合律成立。

易知，单位元为 (e_G,e_H)。

$\forall (g,h) \in G \times H$，其逆元为：$(g^{-1},h^{-1}) \in G \times H$。

因此，代数系统 $(G \times H,\cdot)$ 是群。

例：群 $(\mathbf{Z}_2,+)$，这里 $\mathbf{Z}_2=\{0,1\}$。这里 0、1 分别表示模 2 的剩余类 $[0]$、$[1]$，则 $\mathbf{Z}_2^2=\mathbf{Z}_2 \times \mathbf{Z}_2$ 是群。其运算表如表 2-3 所示。

表 2-3　$Z_2 \times Z_2$ 运算表

·	(0,0)	(0,1)	(1,0)	(1,1)
(0,0)	(0,0)	(0,1)	(1,0)	(1,1)
(0,1)	(0,1)	(0,0)	(1,1)	(1,0)
(1,0)	(1,0)	(1,1)	(0,0)	(0,1)
(1,1)	(1,1)	(1,0)	(0,1)	(0,0)

定理　(1) 若 k, t 互素, 则 $C_{kt} \cong C_k \times C_t$, C_{kt} 是 kt 阶循环群。

(2) 反之, 若 $C_k \times C_t$ 是循环群, 则 k, t 互素。

其中, C_k 是 k 阶循环群, C_t 是 t 阶循环群。

证　(1) 令 $C_k = (g)$, $C_t = (h)$, 于是 $(g, h) \in C_k \times C_t$,

因为 $(g, h)^{kt} = (g^{kt}, h^{kt}) = (e_1, e_2)$,

这里, e_1, e_2 分别表示群 C_k、C_t 的单位元。

所以 (g, h) 的阶 $\leqslant kt$,

若 $(g, h)^n = (e_1, e_2)$, 即: $(g^n, h^n) = (e_1, e_2)$,

即: $g^n = e_1$, $h^n = e_2$。

则: $k \mid n$, $t \mid n$。

由于 k、t 互素, 所以: $kt \mid n$,

所以 (g, h) 的阶是 kt

又 $\#(C_k \times C_t) = kt$

所以 $C_k \times C_t$ 是 kt 阶循环群。

故: $C_k \times C_t \cong C_{kt}$

(2) 若 $C_k \times C_t$ 是循环群。

由于 $C_k \times C_t$ 的阶为 kt, 则 kt 为 $C_k \times C_t$ 中生成元的阶。

反证, 假设 k, t 不互素, 令 $\gcd(k, t) = d > 1$,

且 $k = dk_1$, $t = dt_1$。

则: $dk_1 t_1 < kt$

且: $\forall (g_1, h_1) \in C_k \times C_t$ 有:

$$(g_1, h_1)^{dk_1 t_1} = (g_1^{dk_1 t_1}, h_1^{dk_1 t_1}) =$$
$$(g_1^{kt_1}, h_1^{k_1 t}) = (e_1, e_2)$$

这说明, 任意元素 (g_1, h_1) 的阶为 $dk_1 t_1$, 与 $C_k \times C_t$ 中有阶为 kt 的元素矛盾。

因此, k, t 互素。

推论　设整数 n 素因数分解为: $n = p_1^{n_1} p_2^{n_2} \cdots p_r^{n_r}$, 则

$$C_n \cong C_{p_1^{n_1}} \times C_{p_2^{n_2}} \times \cdots \times C_{p_r^{n_r}}$$

例, 因为 $12 = 2^2 \times 3$, 因此: $C_{12} \cong C_{2^2} \times C_3 \cong C_4 \times C_3$。

例, 问: C_4 是否同构于 $C_2 \times C_2$?

解: 此时, 2 与 2 不互素, 不能应用上述定理的结论。

实际上 C_4 与 $C_2 \times C_2$ 并不同构。因为,在 $C_2 \times C_2$ 中,没有 4 阶元素。

2.3.2 变换群

定义 集合 A 的所有一一变换构成的集合 $E(A)$,关于变换的合成运算。所构成的群 $(E(A), \circ)$,称为 A 的一一变换群。$(E(A), \circ)$ 的子群称为变换群。

例 设 $a, b \in \mathbf{R}, a \neq 0$,定义 $\mathbf{R}$ 上的变换为:$L(x) = ax + b, \forall x \in \mathbf{R}$,证明:$G = \{L \mid L(x) = ax + b, \forall x \in \mathbf{R}, a \neq 0\}$ 关于变换的合成构成变换群。

证 设 $[a, b]$ 表示由 a, b 确定的变换,即:$[a, b](x) = ax + b, \forall x \in \mathbf{R}$。

思路:验证运算封闭(是一个二元运算),结合律(略),单位元(略),有逆元。

对任意的 $[a, b], [c, d] \in G$,

$$[a, b][c, d](x) = [a, b]([c, d](x)) = [a, b](cx + d) = a(cx + d) + b =$$
$$acx + (ad + b) = [ac, ad + b](x)$$

即:$[a, b][c, d] = [ac, ad + b] \in G$。这表明运算封闭。

又:
$$\left[\frac{1}{a}, -\frac{b}{a}\right][a, b](x) = \left[\frac{1}{a}, -\frac{b}{a}\right](ax + b) = \frac{1}{a}(ax + b) - \frac{b}{a} = x,$$

因此:
$$[a, b]^{-1} = \left[\frac{1}{a}, -\frac{b}{a}\right] \in G。$$

故:$(G, \circ)$ 是 $\mathbf{R}$ 上的一一变换群的子群,构成变换群。

定理(Cayley,凯莱定理) 任何一个群都同一个变换群同构。

证明 假定 G 是一个群,G 的元是 $a, b, c, \cdots$。

定理的证明思路是:首先构造一些变换,再构造变换群 $\overline{G}$,最后构造映射 $\phi: G \rightarrow \overline{G}$,并说明映射 ϕ 是同构的。

我们在 G 里任意取定一个元 g,那么

$\tau_g : x \rightarrow gx = g^{\tau_g}$ 是集合 G 的一个变换。因为给了 G 的任意元 x,我们能够得到一个唯一的 $G \rightarrow G$ 的元 g^{τ_g}。可以验证,这样的映射是满射,也是单射。这样,由 G 的每一个元 g,可以得到 $G \rightarrow G$ 的一个变换 τ_g。我们把所有这样得来的 G 的变换放在一起,作成一个集合 $\overline{G} = \{\tau_a, \tau_b, \tau_c, \cdots\}$。

$\forall g, h \in G$,

$$(\tau_g \circ \tau_h)(x) = \tau_g(\tau_h(x)) = \tau_g(hx) = g(hx) = (gh)x = \tau_{gh}(x)$$

这就是说,$\tau_g \circ \tau_h = \tau_{gh}$,即:$\overline{G}$ 关于变换的合成是封闭的。

下面,再说明 $\phi: x \rightarrow \tau_x$,是 G 与 $\overline{G}$ 间的同构映射。

$\phi: x \rightarrow \tau_x$ 是 G 到 $\overline{G}$ 的满射。

由消去律:$\forall g \in G, x \neq y \Rightarrow gx \neq gy$,知:若 $x \neq y$,那么 $\tau_x \neq \tau_y$。即:$\phi: x \rightarrow \tau_x$ 是 G 到 $\overline{G}$ 的单射。

所以 ϕ 是 G 与 $\overline{G}$ 间的一一映射。

又:
$$\phi(xy) = \tau_{xy} = \tau_x \circ \tau_y = \phi(x) \circ \phi(y)$$

所以 ϕ 是 G 与 $\overline{G}$ 间的同构映射,所以 $\overline{G}$ 是一个群。G 的单位元 e 的象:$\tau_e:x\rightarrow ex=x$ 是 G 的恒等变换 ε。

故:$\overline{G}$ 是 G 的一个变换群。这样 G 与 $G\rightarrow G$ 的一个变换群 $\overline{G}$ 同构,证完。

这个定理告诉我们,任意一个抽象群都能够在变换群里找到一个具体的实例。

2.3.3　置换群

变换群的一种特例,叫做置换群,在代数里占一个很重要的地位。比方说,在解决多项式方程能不能用根号解这个问题时就要用到这种群。这种群还有一个特点,就是它们的元可以用一种很具体的符号来表示,使得在这种群里的计算比较简单。

定义　一个有限集合的一个一一变换叫做一个置换。一个有限集合的若干个置换作成的一个群叫做一个置换群。

定义　一个包含 n 个元的集合的全体置换作成的群叫做 n 次对称群。这个群我么用 S_n 来表示。

由初等代数我们知道,n 个元的置换一共有 $n!$ 个。这也很容易证明,我们要作 n 个元的一个置换,就是要替每一个元选定一个对象,我们替 a_1 选定对象时,有 n 个可能,选定了以后,再替 a_2 选时,就只有 $n-1$ 个可能,这样下去,一共可以得到 $n(n-1)\cdots2\cdot1=n!$ 个不同的置换。这样,我们有

定理　n 次对称群 S_n 的阶是 $n!$。

现在我们要看一看表示一个置换的方法。有两种方法表示一个置换,我们先说明第一种。我们看一个置换

$$\pi:i\rightarrow k_i,i=1,2,\cdots,n。$$

这样一个置换所发生的作用可以表示成下面的形式:

$$\begin{pmatrix} 1 & 2 & \cdots & n \\ k_1 & k_2 & \cdots & k_n \end{pmatrix}$$

在这种表示方法里,第一行的 n 个数字的次序没有什么关系,比方说以上的 π 我们也可用

$$\begin{pmatrix} 2 & 1 & \cdots & n \\ k_2 & k_1 & \cdots & k_n \end{pmatrix}$$

来表示。不过我们用到最多的还是 $1,2,\cdots,n$ 这个次序,其他次序只在有必要时才用。我们举一个例。

例　$n=3$。这时我们有 $1,2,3$ 三个数字。我们可以给它们 6 种不同的次序,所以每一个置换也有 6 种不同的表示方法。

假如

$$\pi:1\rightarrow2,2\rightarrow3,3\rightarrow1$$

那么

$$\pi=\begin{pmatrix}123\\231\end{pmatrix}=\begin{pmatrix}132\\213\end{pmatrix}=\begin{pmatrix}213\\321\end{pmatrix}=\begin{pmatrix}231\\312\end{pmatrix}=\begin{pmatrix}312\\123\end{pmatrix}=\begin{pmatrix}321\\132\end{pmatrix}$$

不过我们普通用 $\begin{bmatrix} 123 \\ 231 \end{bmatrix}$ 来表示这个 π。

以上的表示方法不仅是一个符号。因为不管上一行的 n 个数字的次序如何,这样一个符号都能具体地告诉我们,它所表示的置换 π 是怎样的一个置换;换一句话说,它能告诉我们,经过这个 π,某一个元 i 的像是什么,我们只须在上一行把 i 找到,然后看一看 i 底下是一个什么数字就行了。因此,利用这种符号可以直接来计算两个置换的乘积。我们举一个例。

例 判断 3 次对称群 S_3 是否为交换群。

解:由上述定理,我们知道 S_3 有 6 个元。这 6 个元可以写成

$$\begin{bmatrix} 123 \\ 123 \end{bmatrix}, \quad \begin{bmatrix} 123 \\ 132 \end{bmatrix}, \quad \begin{bmatrix} 123 \\ 213 \end{bmatrix}, \quad \begin{bmatrix} 123 \\ 213 \end{bmatrix}, \quad \begin{bmatrix} 123 \\ 312 \end{bmatrix}, \quad \begin{bmatrix} 123 \\ 321 \end{bmatrix}$$

取第二个和第三个来进行映射的合成运算。

$$\begin{bmatrix} 1 & 2 & 3 \\ 1 & 3 & 2 \end{bmatrix} \begin{bmatrix} 1 & 2 & 3 \\ 2 & 1 & 3 \end{bmatrix} = \begin{bmatrix} 1 & 2 & 3 \\ 3 & 1 & 2 \end{bmatrix}$$

$$\begin{bmatrix} 1 & 2 & 3 \\ 2 & 1 & 3 \end{bmatrix} \begin{bmatrix} 1 & 2 & 3 \\ 1 & 3 & 2 \end{bmatrix} = \begin{bmatrix} 1 & 2 & 3 \\ 2 & 3 & 1 \end{bmatrix}$$

所以 S_3 不是交换群。

为了说明置换的第二种表示方法,我们先给出一些概念与结论。

定义 如果 $i_1, i_2, \cdots, i_r$ 是集合 $\{1, 2, 3, \cdots, n\}$ 中的不同元素。置换 $\pi \in S_n$,定义为:$\pi(i_1) = i_2, \pi(i_2) = i_3, \cdots, \pi(i_{r-1}) = i_r, \pi(i_r) = i_1$。对于 $x \in \{1, 2, 3, \cdots, n\} - \{i_1, i_2, \cdots, i_r\}$,$\pi(x) = x$。则称置换 π 为长度是 r 的轮换(或 r 循环置换)。简称 r-轮换。记为:$(i_1 i_2 \cdots i_r)$。

例 我们看 S_5,这里

$$\begin{bmatrix} 12345 \\ 23145 \end{bmatrix} = (123) = (231) = (312)$$

$$\begin{bmatrix} 12345 \\ 23451 \end{bmatrix} = (12345) = (23451) = \cdots = (51234)$$

$$\begin{bmatrix} 12345 \\ 12345 \end{bmatrix} = (1) = (2) = (3) = (4) = (5)$$

当然,任意一个置换不一定是一个循环置换。

易知,有下面的结论。

定理 S_n 中的一个 r-轮换的阶为 r。

证明 设置换 π 为 S_n 中的一个 r-轮换。记 $\pi = (i_1 i_2 \cdots i_r)$。

则有:$\pi(i_1) = i_2, \pi(\pi(i_1)) = \pi^2(i_1) = i_3, \pi^3(i_1) = i_4, \cdots, \pi^r(i_1) = i_1$。

同理,对于 $j = 2, 3, \cdots, r$,有 $\pi^r(i_j) = i_j$。即:置换 π^r 是恒等置换。

而置换 $\pi, \pi^2, \cdots, \pi^{r-1}$ 均不是恒等置换。因此,π 的阶为 r。

定义 一个 n 元置换中,如果两个轮换之间没有共同的数字,则称这两轮换是不相

交的。

易知,不相交轮换的乘积可以交换。

设两个不相交轮换

$$\boldsymbol{\pi}_1=\begin{pmatrix} j_1 & \cdots & j_k j_{k+1} & \cdots & j_n \\ j_1^{(1)} & \cdots & j_k^{(1)} j_{k+1} & \cdots & j_n^{(1)} \end{pmatrix},\quad \boldsymbol{\pi}_2=\begin{pmatrix} j_1 & \cdots & j_k j_{k+1} & \cdots & j_n \\ j_1 & \cdots & j_k j_{k+1}^{(2)} & \cdots & j_n^{(2)} \end{pmatrix}。$$

则由轮换乘积运算,可知:

$$\boldsymbol{\pi}_1\boldsymbol{\pi}_2=\begin{pmatrix} j_1 & \cdots & j_k j_{k+1} & \cdots & j_n \\ j_1^{(1)} & \cdots & j_k^{(1)} j_{k+1}^{(2)} & \cdots & j_n^{(2)} \end{pmatrix}。$$

一般来说,我们有

定理　每一个 n 个元素的置换 $\boldsymbol{\pi}$ 都可以写成若干个不相交轮换的乘积。

证明　我们对变动元素的个数 r 用归纳法。

当 $\boldsymbol{\pi}$ 不使任何元变动的时候,就是当 $\boldsymbol{\pi}$ 是恒等置换的时候,定理成立。

假定对于最多变动 $r-1(r\leqslant n)$ 个元的置换 $\boldsymbol{\pi}$,定理成立。现在我们看一个变动 r 个元素的置换 $\boldsymbol{\pi}$。我们任意取一个被 $\boldsymbol{\pi}$ 变动的元 i_1,从 i_1 出发我们找 i_1 的象 i_2,i_2 的象 i_3,这样找下去,直到我们第一次找到一个 i_k 为止,这个 i_k 的像不再是一个新的元,而是我们已经得到过的一个元:$\boldsymbol{\pi}(i_k)=i_j$,$j\leqslant k$。因为我们一共只有 n 个元,这样的 i_k 是一定存在的。我们说 $\boldsymbol{\pi}(i_k)=i_1$。因为 i_j,$(2\leqslant j\leqslant k)$ 已经是 i_{j-1} 的像,不能再是 i_k 的像。这样,我们得到

$$i_1 \rightarrow i_2 \rightarrow \cdots \rightarrow i_k \rightarrow i_1$$

因为 $\boldsymbol{\pi}$ 只使 r 个元变动,$k\leqslant r$,假如 $k=r$,$\boldsymbol{\pi}$ 本身已经是一个循环置换,我们用不着再证明什么。假如 $k<r$,由前述结论,

$$\boldsymbol{\pi}=\begin{pmatrix} i_1 i_2 & \cdots & i_k i_{k+1} & \cdots & i_r i_{r+1} & \cdots & i_n \\ i_2 i_3 & \cdots & i_1 i_{k+1}' & \cdots & i_r' i_{r+1} & \cdots & i_n \end{pmatrix}=$$

$$\begin{pmatrix} i_1 i_2 & \cdots & i_k i_{k+1} & \cdots & i_r i_{r+1} & \cdots & i_n \\ i_2 i_3 & \cdots & i_1 i_{k+1} & \cdots & i_r i_{r+1} & \cdots & i_n \end{pmatrix}\begin{pmatrix} i_1 & \cdots & i_k i_{k+1} & \cdots & i_r i_{r+1} & \cdots & i_n \\ i_1 & \cdots & i_k i_{k+1}' & \cdots & i_r' i_{r+1} & \cdots & i_n \end{pmatrix}$$

$$=(i_1 i_2 \cdots i_k)\boldsymbol{\pi}_1$$

但 $\boldsymbol{\pi}_1$ 只使得 $r-k<r$ 个元变动,照归纳法的假定,可以写成不相连的循环置换的乘积:

$$\boldsymbol{\pi}_1=\eta_1\eta_2\cdots\eta_m$$

在这些 η 里,i_1,i_2,$\cdots$,i_k 不会出现。不然的话,

$$\eta_l=(\cdots i_p i_q \cdots),\quad p\leqslant k$$

那么 i_p 同 i_q 不会再在其余的 η 中出现,$\boldsymbol{\pi}_1$ 也必使 $i_p \rightarrow i_q$,但我们知道,$\boldsymbol{\pi}_1$ 使得 i_p 不动,这是一个矛盾。这样,$\boldsymbol{\pi}$ 是不相连的循环置换的乘积:

$$\boldsymbol{\pi}=(i_1 i_2 \cdots i_k)\eta_1\eta_2\cdots\eta_m$$

把一个置换写成不相连的轮换的乘积是我们表示置换的第二种方法。

例　S_4 的全体 24 个元素,用轮换或轮换的乘积方法表示出来如下:

(1);

$(12),(34),(13),(24),(14),(23);$

$(123),(132),(134),(143),(124),(142),(234),(243);$

$(1234),(1243),(1324),(1342),(1423),(1432);$

$(12)(34),(13)(24),(14)(23)。$

用轮换来表示的方法比第一种方法简单,并且能告诉我们每一个置换的特性。比方说,在上例中,我们可以由于这种表示方法看出,S_4 的元可以分成五类,每一类的元的性质是相似的(如,元素的阶)。所以,在置换群的相关计算中,采用第二种方法的时候比较多。当然在特殊情形之下,也有用第一种方法比较方便的时候。

将凯莱定理限制在有限群中,我们有:

定理 每一个有限群都与一个置换群同构。

这就是说,每一个有限群都可以在置换群里找到例子。现在置换群又是一种比较容易计算的群,所以用置换群来举有限群的例是最合理的事。

例 设 $G=\{1,\varepsilon,\varepsilon^2\}$,此时,$\varepsilon=e^{\frac{2\pi}{3}i}$,$G$ 关于数的普通乘法构成群$(G,\cdot)$。试构造一个与群$(G,\cdot)$同构的置换群。

解:定义映射:

$f_1:G\to G$ 为:$f_1(x)=1\cdot x,\forall x\in G$。即:

$$f_1=\begin{pmatrix} 1 & \varepsilon & \varepsilon^2 \\ 1 & \varepsilon & \varepsilon^2 \end{pmatrix}。$$

$f_\varepsilon:G\to G$ 为:$f_\varepsilon(x)=\varepsilon\cdot x,\forall x\in G$。即:

$$f_\varepsilon=\begin{pmatrix} 1 & \varepsilon & \varepsilon^2 \\ \varepsilon & \varepsilon^2 & 1 \end{pmatrix}。$$

$f_{\varepsilon^2}:G\to G$ 为:$f_{\varepsilon^2}(x)=\varepsilon^2\cdot x,\forall x\in G$。即:

$$f_{\varepsilon^2}=\begin{pmatrix} 1 & \varepsilon & \varepsilon^2 \\ \varepsilon^2 & 1 & \varepsilon \end{pmatrix}。$$

若使用轮换的形式表示,则有:$f_1=(1),f_\varepsilon=(123),f_{\varepsilon^2}=(132)$。此时,将$\varepsilon,\varepsilon^2$ 分别记作 2 与 3。

令:$T=\{f_1,f_\varepsilon,f_{\varepsilon^2}\}=\{(1),(123),(132)\}$,规定:$\phi:G\to T$ 为:$\phi(1)=(1),\phi(\varepsilon)=(123),\phi(\varepsilon^2)=(132)$。则有:

$$G\cong T=\{(1),(123),(132)\}\subseteq S_3$$

在本节中,我们学习了循环群的知识。一个循环群是由生成元来生成的。整数加群、模 m 剩余类群都是一些循环群的例子,这是两个重要的循环群。由于同阶的循环群同构,因此,在本质上,循环群只有以上这两类。从同构的意义上,我们已经将循环群研究清楚了。变换群与置换群是一类特殊的群,伽罗华就是利用了多项式根的置换群解决了多项式是否有根式解的问题。凯莱定理告诉我们,任何一个群都同一个变换群同构。即:任意一个抽象群都能够在变换群里找到一个具体的实例。我们学习了置换表示的方式,并知道任意一个置换 π 都可以写成若干个不相交轮换的乘积。

2.4　正规子群与商群

正规子群是一类特殊的子群,利用正规子群,可以构造一个新的群,即商群。在本节中,我们将学习陪集、拉格朗日定理、正规子群与商群的概念与性质。

2.4.1　陪集、拉格朗日定理

在这一小节里,我们要利用群 G 的一个子群 H 来作一个 G 的分类,然后由这个分类推出一个重要的定理。

在前面的学习中,我们曾经利用一个整数 n,利用模 n 剩余关系把全体整数分成剩余类。让我们把这种分类法从另一个观点来考察一下。我们把整数加群叫做 $\overline{G}$,把包含所有 n 的倍数的集合叫做 $\overline{H}$。

$$\overline{H} = \{hn\},\ (h = \cdots, -2, -1, 0, 1, 2, \cdots)$$

那么对于 $\overline{H}$ 的任意两个元 hn 同 kn 来说,

$$hn + (-kn) = (h-k)n \in \overline{H}$$

此时,$-kn$ 是 kn 在 $\overline{G}$ 里的逆元,$+$ 是 $\overline{G}$ 的代数运算,知,$\overline{H}$ 是 $\overline{G}$ 的一个子群。

我们把 $\overline{G}$ 分成剩余类时所利用的等价关系是如下规定的:

$$a \equiv b (\text{mod } n),$$

当且仅当 $n \mid a - b$。

$n \mid a - b$ 的含义是:$a - b = kn$,也就是说 $a - b \in \overline{H}$;反过来说,如果 $a - b \in \overline{H}$,也就是说 $n \mid a - b$。所以上述等价关系也可以如下规定:

$$a \equiv b \text{ mod } (n),$$

当且仅当 $a - b \in \overline{H}$

这样,我们也可以说 $\overline{G}$ 的剩余类是利用子群 $\overline{H}$ 来分的。利用一个子群 H 来把一个群 G 分类,正是以上特殊情形的推广。

我们看一个群 G 和 G 的一个子群 H。我们规定一个 G 的元素之间的关系 R:

aRb,当而且只当 $ab^{-1} \in H$ 的时候。

给了 a 和 b,我们可以确定,ab^{-1} 是不是属于 H,所以 R 是一个关系。且满足:

1. $aa^{-1} = e \in H$,所以,aRa,
2. $ab^{-1} \in H \Rightarrow (ab^{-1})^{-1} = ba^{-1} \in H$,所以,$aRb \Rightarrow bRa$
3. $ab^{-1} \in H, bc^{-1} \in H \Rightarrow (ab^{-1})(bc^{-1}) = ac^{-1} \in H$,所以,

$$aRb, bRc \Rightarrow aRc$$

这样,R 是一个等价关系。利用这个等价关系,我们可以得到一个 G 的分类。这样得来的类有一个特殊的名字,并且用一种特殊的符号里表示它们。

定义　由上面的等价关系 R 所决定的类叫做子群 H 的右陪集。包含元 a 的右陪集用符号 Ha 来表示。元素 a 称为该右陪集的代表。即:$Ha = \{b \mid bRa\}$

我们所以用这个名词和这种符号是由于以下的事实:假如我们用 a 从右边去乘 H 的

每一个元,就得到了包含 a 的类,这就是说,Ha 刚好包含所有可以写成:ha,$(h \in H)$ 形式的 G 的元。即:$Ha = \{ha \mid h \in H\}$

这个事实很容易证明。假定

$$b \in Ha$$

那么 bRa。也就是说,$ba^{-1} = h \in H$。这样

$$b = ha \quad (h \in H)$$

反过来说,假定

$$b = ha$$

那么 $ba^{-1} = h \in H$。也就是说,bRa。这样,$b \in Ha$

例 $G = S_3 = \{(1),(12),(13),(23),(123),(132)\}$,$H = \{(1),(12)\}$ 为 S_3 的一个子群,写出所有的右陪集。

解:$H(1) = \{(1),(12)\}$

$\qquad H(13) = \{(13),(132)\}$

$\qquad H(23) = \{(23),(123)\}$

我们还可以用 $(12),(132),(123)$ 来作右陪集的代表,即:$H(12),H(132),H(123)$

因为:$\qquad\qquad (12) \in H(1),(132) \in H(13),(123) \in H(23)$

所以一定有:$\qquad H(12) = H(1),H(132) = H(13),H(123) = H(23)$

这样,子群 H 把整个 G 分成 $H(1),H(13),H(23)$ 3 个不同的右陪集。这 3 个右陪集放在一起显然正是 G,因此,它们的确是 G 的一个分类。

例 设 $\mathbf{Z}$ 表示整数集合,$(\mathbf{Z},+)$ 为群。设 $m > 0$,$m \in \mathbf{Z}$。$H = m\mathbf{Z} = \{mk \mid k \in \mathbf{Z}\}$。易知,$(H,+)$ 为 $(\mathbf{Z},+)$ 的子群。则:$(\mathbf{Z},+)$ 确定的右陪集为:

$$H + 0 = \{mk + 0 \mid k \in \mathbf{Z}\} = [0],$$

$$H + 1 = \{mk + 1 \mid k \in \mathbf{Z}\} = [1],\cdots$$

$$H + m - 1 = \{mk + m - 1 \mid k \in \mathbf{Z}\} = [m-1].$$

此时,所有右陪集的集合为:$\mathbf{Z}/m\mathbf{Z} = \{[0],[1],[2],\cdots,[m-1]\}$。

例 设 $\mathbf{Z},\mathbf{Q}$ 分别表示整数集合与有理数集合。$(\mathbf{Z},+)$ 是 $(\mathbf{Q},+)$ 的子群。任取 $a \in \mathbf{Q}$,可知,包含元素 a 的右陪集可以表示为 $\mathbf{Z} + a = \{t + a \mid t \in \mathbf{Z}\}$。该右陪集中包含有无穷多个有理数。如,包含 $\frac{1}{2}$ 右陪集为:

$$\mathbf{Z} + \frac{1}{2} = \left\{ t + \frac{1}{2} \mid t \in \mathbf{Z} \right\} = \left\{ \cdots,(-n) + \frac{1}{2},\cdots,(-1) + \frac{1}{2},\frac{1}{2},1 + \frac{1}{2},\cdots,n + \frac{1}{2},\cdots \right\}$$

$(\mathbf{Q},+)$ 关于 $(\mathbf{Z},+)$ 的全体右陪集为:$\mathbf{Z},\mathbf{Z} + \frac{1}{2},\mathbf{Z} + \frac{1}{3},\mathbf{Z} + \frac{2}{3},\mathbf{Z} + \frac{1}{4},\mathbf{Z} + \frac{3}{4},\cdots$

右陪集是从等价关系 $R:aRb$,当而且只当 $ab^{-1} \in H$ 的时候,出发而得到的。假如我们规定一个关系 $R_1:aR_1b$,当而且只当 $b^{-1}a \in H$ 的时候,那么同以上一样可以看出,R_1 也是一个等价关系。利用这个等价关系,我们可以得到 G 的另一个分类。

定义 由等价关系 R_1 所决定的类叫做子群 H 的左陪集。包含 a 的左陪集我们用符号 aH 来表示。

同以上一样我们可以证明:aH 刚好包含所有可以写成 $ah(h \in H)$ 形式的 G 的元。

因为一个群的乘法不一定适合交换律,所以一般来说,R 和 R_1 两个关系并不相同,H 的右陪集和左陪集也就不相同。

例 $G = S_3 = \{(1),(12),(13),(23),(123),(132)\}$

$H = \{(1),(12)\}$,试写出 H 的左陪集。

解:H 的左陪集是

(1) $H = \{(1),(12)\}$

(2) $H = \{(13),(132)\}$

(3) $H = \{(23),(123)\}$

这和 H 的右陪集并不相同。

但是一个子群的左右陪集之间有一个共同点。

定理 一个子群 H 的右陪集的个数和左陪集的个数相等,它们或者都是无限大,或者都有限并且相等。

证明 我们把 H 的右陪集所作成的集合叫做 S_r,H 的左陪集所作成的集合叫做 S_l。我们说

$$\phi: Ha \to a^{-1}H$$

是一个 S_r 与 S_l 间的一一映射。因为:

(1) $Ha = Hb \Rightarrow ab^{-1} \in H \Rightarrow (ab^{-1})^{-1} = ba^{-1} \in H \Rightarrow a^{-1}H = b^{-1}H$

所以右陪集 Ha 的像与 a 的选择无关,ϕ 是一个 S_r 到 S_l 的映射;

(2) S_l 的任意元 aH 是 S_r 的元 Ha^{-1} 的像,所以 ϕ 是一个满射;

(3) $Ha \neq Hb \Rightarrow ab^{-1} \notin H \Rightarrow (ab^{-1})^{-1} = ba^{-1} \notin H \Rightarrow a^{-1}H \neq b^{-1}H$

即:S_r 与 S_l 间有一一映射存在,定理显然是对的。证完。

定义 一个群 G 的一个子群 H 的右陪集(或左陪集)的个数叫做 H 在 G 里的指数。记作 $\sharp(G:H)$,或 $[G:H]$。

下面我们要用右陪集来证明几个重要定理。因为左陪集和右陪集的对称性,凡是我们以下用右陪集的地方也都可以用左陪集来代替。

引理 一个子群 H 与 H 的每一个右陪集 Ha 之间都存在一个一一映射。

证明 $\phi: h \to ha$

是 H 与 Ha 间的一一映射。因为:

(1) H 的每一个元 h 有一个唯一的像 ha;

(2) Ha 的每一个元 ha 是 H 中元素 h 的像;

(3) 假如 $h_1 a = h_2 a$,那么 $h_1 = h_2$。证完。

由这个引理,我们可以得到一些非常重要的结论。

定理(拉格朗日定理) 假定 H 是一个有限群 G 的一个子群。那么 H 的阶 n 和它在 G 里的指数 j 都能整除 G 的阶 N,并且 $N = nj$。

证明 G 的阶 N 既是有限,H 的阶 n 和指数 j 也都是有限正整数。G 的 N 个元被分成 j 个右陪集,而且由引理,每一个右陪集都有 n 个元,所以 $N = nj$ 证完。

定理 一个有限群 G 的任一个元 a 的阶 n 都整除 G 的阶。

证明 a 生成一个阶是 n 的子群,由以上定理,n 整除 G 的阶。证完。

推论 每一个阶数为素数 p 的群 G 都是循环群。

证明 由上述定理,群 G 中每个元素 a 的阶 a 的阶均为1或素数 p。1阶元是单位元。其他元素的阶都是素数 p。又 $|G|=p>1$。故在 G 中至少有一个元素的阶为 p。由上述定理,由该元素生成的群即为循环群,也就是群 G。

例 考虑 S_3 和 $H=\{(1),(2)\}$。

S_3 的阶是6;H 的阶是2;H 有3个右陪集,H 的指数是3。2和3整除6,并且 $6=2\times3$。这些都验证了拉格朗日定理。

S_3 的6个元是 $(1),(12),(23),(13),(123),(132)$。它们的阶是1或2或3。1,2,3都整除6。

例 对于固定的正整数 m,考虑 $G=(\mathbf{Z}/m\mathbf{Z})^*=\{[a]\mid \mathrm{GCD}(a,m)=1\}$。$G$ 上定义乘法运算"$\circ$"为:$[a][b]=[ab]$。可以验证 $(G,\circ)$ 构成一个群。

如,$m=18$ 时,$\mathbf{Z}/18\mathbf{Z}$ 中,与18互素的剩余类为 $(\mathbf{Z}/18\mathbf{Z})^*=\{[1],[5],[7],[11],[13],[17]\}$。

易知,集合 $(\mathbf{Z}/m\mathbf{Z})^*$ 中元素的数量为 $\varphi(m)$(欧拉函数)。

由上述定理,知 $\forall [a]\in(\mathbf{Z}/m\mathbf{Z})^*$,此时 $\mathrm{GCD}(a,m)=1$,有 $[a]$ 的阶是 $|G|$ 的因子。即:$[a]^{|G|}=[1]$。改写为同余式的形式,即为:$a^{\varphi(m)}=1(\bmod\ m)$。这就是欧拉定理。

例 今天是星期日,问今天以后的第 $2007^{2007^{2007}}$ 天是星期几?

解:考虑 $\mathbf{Z}/7\mathbf{Z}=\{[0],[1],[2],[3],[4],[5],[6]\}$。每一个 $\mathbf{Z}$ 中的整数都在一个剩余类 $[a]$ 中。因此,本题是要计算 $2007^{2007^{2007}}$ 在哪个剩余类中。即求:$2007^{2007^{2007}}(\bmod\ 7)$。

计算可知, $2007\equiv5(\bmod\ 7)$。

故: $2007^{2007^{2007}}\equiv5^{2007^{2007}}(\bmod\ 7)$。

有欧拉定理,知 $5^{\varphi(7)}=5^6=1(\bmod\ 7)$。

利用带余除法,如果能够计算出:$2007^{2007}=6q+r$,此时,$0\leqslant r<6$。则有:

$$2007^{2007^{2007}}\equiv5^{2007^{2007}}\equiv5^{6q+r}\equiv5^r(\bmod\ 7)。$$

故,该问题转化为计算 $2007^{2007}(\bmod\ 6)$。

由于 $2007^{2007}\equiv3^{2007}\equiv3(\bmod\ 6)$,

因此, $2007^{2007^{2007}}\equiv5^{2007^{2007}}\equiv5^3\equiv6(\bmod\ 7)$。

故,那一天是星期六。

定理 设 H,K 是群 G 的两个有限子群,则:

$$\#(HK)=\frac{(\#H)(\#K)}{\#(H\cap K)}$$

证 $HK=\{hk\mid h\in H,k\in K\}=\bigcup_{k\in K}Hk$。令:$T=H\cap K$。$T$ 为 K 的子群。T 可以将 K 的所有元素按照右陪集进行分类:$K=\bigcup_{k\in K}Tk$。令:$M=\{Hk\mid k\in K\},N=\{Tk\mid k\in K\}$。

构造映射:$f:M\to N$ 为 $f(Hk)=Tk,\forall Hk\in M$。

思路:先证明 f 是一个映射,再证明 f 是一个一一映射。

首先说明,f 是 $M\to N$ 的一个映射。

此时,只需说明 Hk 的像与 k 的选择无关。设 $Hk_1=Hk_2$,则:$k_1k_2^{-1}\in H$。又:$k_1k_2^{-1}$

$\in K$,故：$k_1k_2^{-1}\in T$,因此：$Tk_1=Tk_2$。这说明,无论选择哪一个元素代表 Hk,其在 f 下的像都是唯一确定的。即：Hk 的像与 k 的选择无关。因此,f 是 $M{\rightarrow}N$ 的一个映射。

$\forall\, Tk\in N$,存在着 $Hk\in M$,满足 $f(Hk)=Tk$。所以,f 是 $M{\rightarrow}N$ 的一个满射。$\forall\, Hk_1,Hk_2\in M$,$f(Hk_1)=Tk_1$,$f(Hk_2)=Tk_2$。如果 $Tk_1=Tk_2$,则：$k_1k_2^{-1}\in T$,则：$k_1k_2^{-1}\in H$,则：$Hk_1=Hk_2$。因此 f 是 $M{\rightarrow}N$ 的一个单射。因此,f 是 $M{\rightarrow}N$ 的一个一一映射。

则有：
$$\#M=\#N=\#(K:T)=\frac{\#K}{\#T}$$

$$\#(HK)=(\#H)(\#M)=\frac{(\#H)(\#K)}{\#(T)}=\frac{(\#H)(\#K)}{\#(H\cap K)}$$

例 设 $S_3=\{(1),(12),(13),(23),(123),(132)\}$,$H=\{(1),(12)\}$,$K=\{(1),(13)\}$。$H,K$ 均为 S_3 的子群。求 $\#(HK)$,并说明 HK 是否为 S_3 的子群。

解：有两种方法计算 $\#(HK)$。一种为依据上述定理,另一种是直接计算。
$$H\cap K=\{(1)\},\quad |H|=2,\quad |K|=2,\quad |H\cap K|=1。$$

由上述定理,$|HK|=\dfrac{|H||K|}{|H\cap K|}=\dfrac{2\times 2}{1}=4$。

通过直接计算,由 $HK=\{(1),(13),(12),(132)\}$,也可求出 $|HK|=4$。

由拉格朗日定理,知 HK 不是 S_3 的子群。

2.4.2 正规子群

我们在这一节里要讲到一种重要的子群,就是正规子群。

给了一个群 G,一个子群 H,那么 H 的一个右陪集 Ha 未必等于 H 的左陪集 aH,这一点我们在上一节里已经看到。

定义 一个群 G 的一个子群 N 叫做一个正规子群,假如对于 G 的每一个元 a 来说,都有 $Na=aN$。记作：$N\lhd G$。一个正规子群 N 的一个左(或右)陪集叫做 N 的一个陪集。

例 一个任意群 G 的子群 G 和 e 总是正规子群。

因为对于任意 G 的元 a 来说,$Ga=aG=G$,$ea=ae=a$

例 N 刚好包含群 G 的所有具备以下性质的元 n,$na=an$,不管 a 是 G 的哪一个元,那么 N 是 G 的一个正规子群。

因为 $e\in N$,所以 N 是非空的。

又：$n_1a=an_1,n_2a=an_2\Rightarrow n_1n_2a=an_1n_2$；$na=an\Rightarrow n^{-1}a=n^{-1}ann^{-1}=n^{-1}nan^{-1}=an^{-1}$

这就是说：
$$n_1\in N,n_2\in N\Rightarrow n_1n_2\in N；n\in N\Rightarrow n^{-1}\in N$$

由前述定理,N 是一个子群。

又 G 的每一个元 a 可以同 N 的每一个元 n 交换,所以有 $Na=aN$,即 N 是正规子群。

这个正规子群叫做 G 的中心。

例 一个交换群 G 的每一个子群 H 都是正规子群。因为 G 的每一个元 a 可以和任意一元 x 交换，$xa=ax$，所以对于一个子群 H 来说，自然也有：$Ha=aH$

例 $G=S_3$。那么：$N=\{(1),(123),(132)\}$，是一个正规子群。

解：N 是子群容易看出，

因为 $N=((123))$。又：

$$N(1)=\{(1),(123),(132)\},(1)N=\{(1),(123),(132)\};$$
$$N(12)=\{(12),(23),(13)\},(12)N=\{(12),(13),(23)\}。$$

所以：

$$N(1)=N(123)=N(132)=(1)N=(123)N=(132)N$$
$$N(12)=N(23)=N(13)=(12)N=(23)N=(13)N$$

故 $N=\{(1),(123),(132)\}$，是一个正规子群。

有一点我们应该注意，所谓 $aN=Na$，并不是说 a 可以和 N 的每一个元交换，而是说 aN 和 Na 这两个集合一样。

现在我们看一看，一个子群作成正规子群的其他几个条件。利用这些条件，可以判断一个子群是否为正规子群。我们先规定一个符号。

定义 假定 $S_1,S_2,\cdots,S_m$ 是一个群 G 的 m 个子集。那么所有可以写成：$s_1s_2\cdots s_m$，$(s_i\in S_i)$ 形式的 G 的元作成的集合，叫做 $S_1,S_2,\cdots,S_m$ 的乘积。这个乘积我们用符号 $S_1S_2\cdots S_m$ 来表示。

容易看出：

$$S_1(S_2S_3)=(S_1S_2)S_3$$

定理 一个群 G 的一个子群 N 是一个正规子群的充分而且必要条件是：$aNa^{-1}=N$，对于 G 的任意一个元 a 都成立。

证明：必要性。假如 N 是正规子群，那么对于 G 的任何 a 来说，

$$aN=Na$$

这样，

$$aNa^{-1}=(aN)a^{-1}=(Na)a^{-1}=N(aa^{-1})=Ne=N$$

充分性，假如对于 G 的任何 a 来说，有：$aNa^{-1}=N$

那么，

$$Na=(aNa^{-1})a=(aN)(a^{-1}a)=(aN)e=aN$$

故 N 是正规子群。证完。

定理 一个群 G 的一个子群 N 是一个正规子群的充分而且必要条件是：$\forall a\in G$，$\forall n\in N\Rightarrow ana^{-1}\in N$

证明 这个条件是必要的，是上述定理的直接结果。

下面，我们证明它也是充分的。

假定这个条件成立，那么对于 G 的任何一个元 a 来说

(1) $aNa^{-1}\subset N$

这样，因为 a^{-1} 也是 G 的元，我们有：$a^{-1}Na\subset N$，$a(a^{-1}Na)a^{-1}\subset aNa^{-1}$。即：

(2) $N\subset aNa^{-1}$

有(1)和(2)，可知：

$$aNa^{-1}=N$$

因而由上述定理，N 是正规子群。证完。

要判断一个子群是不是正规子群，一般来说，使用上述定理中所描述的判断方法比较

方便。

上述定理也可以改写为：

定理　一个群 G 的一个子群 N 是一个正规子群的充分而且必要条件是：
$$\forall a \in G, \quad \forall n \in N \Rightarrow a^{-1}na \in N$$

例，设 $\boldsymbol{G} = \left\{ \begin{pmatrix} a & b \\ 0 & 1 \end{pmatrix} \mid a, b \in \mathbf{Q}, a \neq 0 \right\}$，$\boldsymbol{G}$ 关于矩阵的乘法构成群。

令　　　　$\boldsymbol{H} = \left\{ \begin{pmatrix} 1 & c \\ 0 & 1 \end{pmatrix} \mid c \in \mathbf{Q} \right\}, \boldsymbol{M} = \left\{ \begin{pmatrix} 1 & d \\ 0 & 1 \end{pmatrix} \mid d \in \mathbf{Z} \right\}$。

问：H 是 G 的正规子群吗？M 是 H 的正规子群吗？M 是 G 的正规子群吗？

解：易知，H 是 G 的子群。

对于任何的　　　　$\begin{pmatrix} a & b \\ 0 & 1 \end{pmatrix} \in \boldsymbol{G}, \begin{pmatrix} 1 & c \\ 0 & 1 \end{pmatrix} \in \boldsymbol{H}$,

有：　　$\begin{pmatrix} a & b \\ 0 & 1 \end{pmatrix}^{-1} \begin{pmatrix} 1 & c \\ 0 & 1 \end{pmatrix} \begin{pmatrix} a & b \\ 0 & 1 \end{pmatrix} = \begin{bmatrix} 1 & \dfrac{c}{a} \\ 0 & 1 \end{bmatrix} \in \boldsymbol{H}$。

则：H 是 G 的正规子群。

易知，M 是 H 的子群。

对于任何的　　　　$\begin{pmatrix} 1 & c \\ 0 & 1 \end{pmatrix} \in \boldsymbol{H}, \quad \begin{pmatrix} 1 & d \\ 0 & 1 \end{pmatrix} \in \boldsymbol{M}$,

有：　　$\begin{pmatrix} 1 & c \\ 0 & 1 \end{pmatrix}^{-1} \begin{pmatrix} 1 & d \\ 0 & 1 \end{pmatrix} \begin{pmatrix} 1 & c \\ 0 & 1 \end{pmatrix} = \begin{pmatrix} 1 & d \\ 0 & 1 \end{pmatrix} \in \boldsymbol{M}$

则：M 是 H 的正规子群。

但是，M 不是 G 的正规子群。

因为：取　　　　$\begin{pmatrix} 2 & -2 \\ 0 & 1 \end{pmatrix} \in \boldsymbol{G}, \quad \begin{pmatrix} 1 & 1 \\ 0 & 1 \end{pmatrix} \in \boldsymbol{M}$,

$$\begin{pmatrix} 2 & -2 \\ 0 & 1 \end{pmatrix}^{-1} \begin{pmatrix} 1 & 1 \\ 0 & 1 \end{pmatrix} \begin{pmatrix} 2 & -2 \\ 0 & 1 \end{pmatrix} = \begin{bmatrix} 1 & \dfrac{1}{2} \\ 0 & 1 \end{bmatrix} \notin \boldsymbol{M}$$

由此例知：正规子群不满足传递性。

定理　设 $(G_1, \circ)$ 与 $(G_2, \circ)$ 是群 $(G, \circ)$ 的正规子群，则 $(G_1 G_2, \circ)$ 是群 $(G, \circ)$ 的正规子群。

思路　(1) $G_1 G_2$ 是群 G 的子群。

(2) $G_1 G_2$ 是群 G 的正规子群。

证明　利用子群、正规子群的判定条件，先说明 $(G_1 G_2, \circ)$ 是群 $(G, \circ)$ 的子群，再说明是其正规子群。

$$\forall a_1 a_2, b_1 b_2 \in G_1 G_2,$$

有：　　$(a_1 a_2)(b_1 b_2)^{-1} = (a_1 a_2)(b_2^{-1} b_1^{-1}) = a_1 (a_2 b_2^{-1}) b_1^{-1}$。

令：　　$c_2 = a_2 b_2^{-1} \in G_2$，上式 $= a_1 c_2 b_1^{-1}$。

因为：$c_2 G_1 = G_1 c_2$，所以，$\exists d_1 \in G_1$，使得 $c_2 b_1^{-1} = d_1 c_2$。

则有：上式 $= a_1 c_2 b_1^{-1} = a_1 d_1 c_2$。

令：$c_1 = a_1 d_1 \in G_1$，则有：上式 $= a_1 c_2 b_1^{-1} = a_1 d_1 c_2 = c_1 c_2 \in G_1 G_2$。

所以：$G_1 G_2$ 是 G 的子群。

$\forall g \in G$，$\forall a_1 a_2 \in G_1 G_2$，因为 G_1，G_2 都是 G 的正规子群，所以：$g^{-1} a_1 g \in G_1$，$g^{-1} a_2 g \in G_2$。

故有：$\quad g^{-1} a_1 a_2 g = g^{-1} a_1 g g^{-1} a_2 g = (g^{-1} a_1 g)(g^{-1} a_2 g) \in G_1 G_2$。

因此：$G_1 G_2$ 是 G 的正规子群。

2.4.3 商群

正规子群所以重要，是因为这种子群的陪集，对于某种与原来的群有密切关系的代数运算来说，也作成一个群。

我们再回过去看一看整数加群 $\overline{G}$。我们知道，把一个固定整数 n 的所有倍数作成一个子群，这个子群记做 $\overline{N}$。因为 $\overline{G}$ 是交换群，$\overline{N}$ 是一个正规子群。

我们知道，$\overline{N}$ 的陪集，也就是模 n 的剩余类，对于代数运算 $+:[a]+[b]=[a+b]$ 来说，作成一个群，称为剩余类加群。

把一个任意正规子群的陪集作成一个群的方法正是以上特例的推广。

我们把一个群 G 的一个正规子群 N 的所有陪集作成一个集合（下面以左陪集的形式进行演算）。

$$S = \{aN, bN, cN, \cdots\}$$

我们说，运算法则：

$$(xN)(yN) = (xy)N$$

是一个 S 的乘法。

要说明这一点，我们只须证明，两个陪集 xN 和 yN 的乘积与代表 x 和 y 的选择无关。

假定：$\qquad xN = x'N, yN = y'N$

那么：$\qquad x = x'n_1, y = y'n_2, (n_1, n_2 \in N)$
$$xy = x'n_1 y'n_2$$

由于 N 是正规子群，故有：$\quad n_1 y' \in Ny' = y'N$

所以：$\qquad n_1 y' = y'n_3, (n_3 \in N)$

则有：$\qquad xy = x'y'(n_3 n_2), xy \in x'y'N$

由此：$\qquad xyN = x'y'N$

定理 一个正规子群的陪集对于上边规定的乘法来说作成一个群。

证明：由以上分析知，按照上述方式定义的乘法是一个二元运算。

验证乘法结合律：

$$(xNyN)zN = [(xy)N]zN = (xyz)N$$
$$xN(yNzN) = xN[(yz)N] = (xyz)N$$

存在单位元：

$$eNxN=(ex)N=xN$$

对于每一个元素，存在逆元素：

$$x^{-1}NxN=(x^{-1}x)N=eN。$$

定义 一个群 G 的一个正规子群 N 的陪集所作成的群叫做一个商群。这个群我们用符号 G/N 来表示。

因为 N 在 G 中的指数就是 N 的陪集的个数。我们显然有，商群 G/N 的元的个数等于 N 在 G 中的指数。当 G 是有限群的时候，由前述定理，有：

$$\frac{G \text{ 的阶}}{N \text{ 的阶}}=G/N \text{ 的阶}$$

定理 设 H 是群$(G,\circ)$的子群，H 在 G 中的指数为 2，即：$\sharp(G:H)=2$，则 H 是 G 的正规子群，且 G 关于 H 的所有陪集构成的商群 $G/H=\{Hg\,|\,g\in G\}$ 是 2 阶循环群。

运算 $$(Hg_1)\cdot(Hg_2)=(Hg_1g_2)$$

证：设 $g\in G,g\notin H$，则：$H\bigcap Hg=\phi,H\bigcap gH=\phi$。$G$ 关于 H 的左、右陪集只有两个，则有：$G=H\bigcup gH,G=H\bigcup Hg$。因此，$\forall a\in G$，有：$aH=Ha$。即 H 是 G 的正规子群。又 $G/H=\{H,Ha\}$，由前述结论知：G/H 是循环群。

例 设 $\mathbf{Z},\mathbf{Q}$ 分别表示整数集合与有理数集合。令：$G=(\mathbf{Q},+),H=(\mathbf{Z},+)$。

(1) 证明 $H\lhd G$；

(2) 求商群 G/H；

(3) 计算 $\left(H+\dfrac{2}{3}\right)+\left(H+\dfrac{5}{6}\right)$；

(4) 求出商群 G/H 中每个元素的阶。

解：

(1) 易知，$(\mathbf{Z},+)$ 是 $(\mathbf{Q},+)$ 的子群。由于运算满足交换律，故 $H\lhd G$。

(2) 由前例知，$(\mathbf{Q},+)$ 关于 $(\mathbf{Z},+)$ 的全体右陪集为：$\mathbf{Z},\mathbf{Z}+\dfrac{1}{2},\mathbf{Z}+\dfrac{1}{3},\mathbf{Z}+\dfrac{2}{3},\mathbf{Z}+\dfrac{1}{4}$，$\mathbf{Z}+\dfrac{3}{4},\cdots$ 因此，$G/H=\left\{H+\dfrac{q}{p}\,\Big|\,\dfrac{q}{p}\in(0,1),p,q \text{ 为非负整数}\right\}$。此时，或者 $q=0$，或者 $\text{GCD}(p,q)=1$。

(3) $\left(H+\dfrac{2}{3}\right)+\left(H+\dfrac{5}{6}\right)=H+\dfrac{9}{6}=H+\dfrac{1}{2}$

(4) H 的阶为 1，$H+\dfrac{q}{p}$ 的阶为 p。因为，$p\left(H+\dfrac{q}{p}\right)=H$，且任何 $r<p,r\left(H+\dfrac{q}{p}\right)\neq H$。

定义 如果一个群 G，除了 $\{e\}$ 与 G 之外，没有其他的正规子群。则称 G 为单群。

例 由上述定理，知循环群是单群。

在本节中，我们学习了陪集、拉格朗日定理、正规子群、商群的相关知识。利用一个群 G 及其子群 H，可以通过规定一个 G 的元素之间的等价关系 R，将该群 G 划分为若干个右陪集 $Ha=\{b\,|\,bRa\}$，或左陪集 $aH=\{b\,|\,bRa\}$，拉格朗日定理揭示了有限群 G 的阶、子

群 H 的阶、H 在 G 里的指数,这三者之间的数量关系:$|G|=|H|[G:H]$。如果群 G 的子群 N,满足 $Na=aN$,$\forall a \in G$,则称子群 N 为群 G 的正规子群。我们学习了正规子群的判断方法。在此基础上,通过规定陪集之间的运算,可以构造出商群。

2.5 群同态基本定理

正规子群,商群与同态映射之间存在着重要的关系。知道了这几个关系,我们才能看出正规子群和商群的重要意义。在本节中,我们将学习群同态基本定理。

首先我们有

定理 一个群 G 同它的每一个商群 G/N 同态。

证明 我们规定一个法则 π:

$$a \rightarrow aN \quad (a \in G)$$

这显然是 G 到 G/N 的一个满射。对于 G 的任意两个元 a 和 b 来说,

$$ab \rightarrow abN = (aN)(bN)$$

所以它是一个同态满射。证完。

有时,称上述同态映射 π 为自然同态(自然映射)。

定义 假定 ϕ 是一个群 G 到另一个群 $\overline{G}$ 的一个同态满射,$\overline{G}$ 的单位元 $\overline{e}$ 在 ϕ 之下的所有逆像所作成的 G 的子集叫做同态满射 ϕ 的核,记作 $\mathrm{Ker}\,\phi$。即:$\mathrm{Ker}\,\phi = \{a \mid a \in G, \phi(a) = \overline{e}\}$,这里,$\overline{e}$ 为群 $\overline{G}$ 中的单位元。

例 设两个群 $(\mathbf{C}^*,\cdot)$ 与 $(\mathbf{R}^+,\cdot)$,规定映射:$f: \mathbf{C}^* \rightarrow \mathbf{R}^+$ 为,$f(z) = |z|$,$\forall z \in \mathbf{C}^*$。证明:$f$ 是 $\mathbf{C}^* \rightarrow \mathbf{R}^+$ 的同态映射,并求 $\mathrm{Ker}\,f$。

证 易知 f 是 $\mathbf{C}^* \rightarrow \mathbf{R}^+$ 的映射。

又: $$\forall z_1, z_2 \in \mathbf{C}^*,$$

有: $$f(z_1 \cdot z_2) = |z_1 z_2| = |z_1| \, |z_2| = f(z_1) \cdot f(z_2)。$$

则:f 是 $\mathbf{C}^* \rightarrow \mathbf{R}^+$ 的同态映射。

又: $$z \in \mathrm{Ker}\,f \Leftrightarrow f(z) = |z| = 1 \Leftrightarrow z \in \{e^{i\theta} \mid \theta \in \mathbf{R}\}。$$

因此: $$\mathrm{Ker}\,f = \{e^{i\theta} \mid \theta \in \mathbf{R}\}。$$

定理 设 f 是 $G \rightarrow H$ 的群同态映射。则:f 是单一同态当且仅当 $\mathrm{Ker}(f) = \{e_G\}$。

证明 必要性。如果 f 是单射,则只有 e_G 的像是 e_H,故:$\mathrm{Ker}(f) = \{e_G\}$。

充分性。如果 $\mathrm{Ker}(f) = \{e_G\}$,$\forall g_1, g_2 \in G$,若 $f(g_1) = f(g_2)$,则 $f(g_1 g_2^{-1}) = f(g_1) f(g_2^{-1}) = e_H$,即:$g_1 g_2^{-1} \in \mathrm{Ker}(f) = e_G$。从而 $g_1 = g_2$。因此,f 是单射。

定理(群同态基本定理) 假定 G 和 $\overline{G}$ 是两个群,并且 f 是 G 与 $\overline{G}$ 的满同态,那么这个同态满射的核 N 是 G 的一个正规子群,并且:$G/N \cong \overline{G}$。即:$G/\mathrm{Ker}\,f \cong \mathrm{Im}\,f$。

证明 我们用 f 来表示给的同态满射。假定 a 和 b 是 N 的任意两个元,那么在 f 之下,

$$a \rightarrow \overline{e}, b \rightarrow \overline{e}$$

因此: $$ab^{-1} \rightarrow \overline{e}\,\overline{e}^{-1} = \overline{e}$$

这就是说，$$a,b\in N\Rightarrow ab^{-1}\in N$$

因此，N 是 G 的一个子群。

假定 $n\in N,a\in G$，而且在 f 之下，$a\to\bar{a}$。那么在 f 之下，$a\to\bar{a},n\to\bar{e};ana^{-1}\to\overline{a}\ \overline{e}\ \overline{a}^{-1}=\bar{e}$

这就是说，$n\in N,a\in G\Rightarrow ana^{-1}\in N$

N 是 G 的一个正规子群。

现在规定一个映射法则：$$\phi：G/N\to\bar{G}$$
$$\phi：aN\to\bar{a}=f(a),(a\in G)$$

我们说，这是一个 G/N 与 $\bar{G}$ 间的同构映射。

因为：

（ⅰ）$aN=bN\Rightarrow b^{-1}a\in N\Rightarrow\overline{b^{-1}}\overline{a}=\bar{e}\Rightarrow\bar{a}=\bar{b}$，

这就是说，在 ϕ 之下 G/N 的一个元素只有一个唯一的像，故 ϕ 是一个映射；

（ⅱ）给了 $\bar{G}$ 的一个任意元 $\bar{a}$，在 G 里至少有一个元 a 满足条件 $f(a)=\bar{a}$，由 ϕ 的定义，
$$\phi：aN\to\text{给的}\bar{a}$$

这就是说，ϕ 是 G/N 到 $\bar{G}$ 的满射；

（ⅲ）$aN\neq bN\Rightarrow b^{-1}a\notin N\Rightarrow\overline{b^{-1}}\overline{a}\neq\bar{e}\Rightarrow\bar{a}\neq\bar{b}$，

即：ϕ 是 G/N 到 $\bar{G}$ 的单射；

（ⅳ）在 ϕ 之下，$aNbN=abN\to\overline{ab}=\overline{ab}$

因此，$G/N\cong\bar{G}$。

上述定理告诉我们，一个群 G 和它的一个商群同态；并且，抽象地来看，G 只能和它的商群同态。当群 G 与群 $\bar{G}$ 同态的时候，这时我们一定找得到 G 的一个正规子群 N，使得 $\bar{G}$ 的性质和商群 G/N 的完全一样。从这里我们可以看出，正规子群和商群的重要意义。

图 2-5 给出了群 G、同态群 $\bar{G}$、正规子群 $\mathrm{Ker}f$、商群 G/N 及其相关映射之间的关系。从图中，我们可以看出 $f=\phi\pi$。

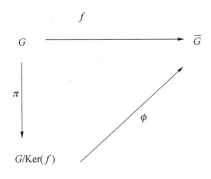

图 2-5 群同态基本定理

群的同态满射的核是一个正规子群，这是一个一般性结论的特例。我们知道，在一个同态满射之下，这个群的一些性质是不变的，而一些性质是会变的。让我们看一看，同态满射对于子群和正规子群所发生的影响如何。为说明方便起见，我们先规定子集的像与逆像这两个概念。

定义 假定 ϕ 是集合 A 到集合 $\bar{A}$ 的一个满射。

我们说，$\overline{S}$是 A 的一个子集 S 在 ϕ 之下的像，假如$\overline{S}$刚好包含所有 S 的元素在 ϕ 之下的像。即：$\overline{S}=\phi(S)=\{\phi(x)\mid x\in S\}$

我们说，S 是$\overline{A}$的一个子集$\overline{S}$在 ϕ 之下的逆像，假如 S 刚好包含所有$\overline{S}$的元素在 ϕ 之下的逆像。即：

$$S=\phi^{-1}(\overline{S})=\{x\mid x\in A,\phi(x)\in\overline{S}\}$$

定理 假定 G 和$\overline{G}$是两个群，并且 G 与$\overline{G}$同态。那么在这个同态满射之下的

(1) G 的一个子群 H 的像$\overline{H}$是$\overline{G}$的一个子群；

(2) G 的一个正规子群 N 的像$\overline{N}$是$\overline{G}$的一个正规子群。

证明 我们用 ϕ 来表示给定的同态满射。

(1) 易知，$\overline{H}$是一个非空集合。

假定$\overline{a},\overline{b}$是$\overline{H}$的两个任意元，并且在 ϕ 之下，

$$a\to\overline{a},b\to\overline{b},(a,b\in H)$$

那么在 ϕ 之下，$ab^{-1}\to\overline{ab^{-1}}$

由于 H 是子群，$ab^{-1}\in H$。

又由于$\overline{H}$是 H 的在 ϕ 之下的像，$\overline{ab^{-1}}\in\overline{H}$。这样，$\overline{a},\overline{b}\in\overline{H}\Rightarrow\overline{ab^{-1}}\in\overline{H}$

因此，$\overline{H}$是$\overline{G}$的一个子群。

(2) 因为 N 是 G 的一个正规子群，由(1)，知道$\overline{N}$是$\overline{G}$的一个子群。

假定$\overline{a}$是$\overline{G}$的任意元，$\overline{n}$是$\overline{N}$的任意元，而且在 ϕ 之下，

$$a\to\overline{a},n\to\overline{n},(a\in G,n\in N)$$

那么在 ϕ 之下，$ana^{-1}\to\overline{a}\,\overline{n}\,\overline{a}^{-1}$

由于 N 是 G 的正规子群，故：$ana^{-1}\in N$。

又$\overline{N}$是 N 在 ϕ 之下的像，故有：$\overline{a}\,\overline{n}\,\overline{a}^{-1}\in\overline{N}$。

这样，

$$\overline{a}\in\overline{G},\overline{n}\in\overline{N}\Rightarrow\overline{a}\,\overline{n}\,\overline{a}^{-1}\in\overline{N}$$

因此，$\overline{N}$是$\overline{G}$的一个正规子群。证完。

定理 假定 G 和$\overline{G}$是两个群，并且 G 与$\overline{G}$同态。那么在这个同态满射之下的

(1) $\overline{G}$的一个子群$\overline{H}$的逆像 H 是 G 的一个子群；

(2) $\overline{G}$的一个正规子群$\overline{N}$的逆像 N 是 G 的一个正规子群。

证明 我们用 ϕ 来表示给定的同态满射。

(1) 易知，H 是一个非空集合。

假定 a,b 是 H 的两个任意元，并且在 ϕ 之下，

$$a\to\overline{a},\quad b\to\overline{b}$$

那么由于 H 是$\overline{H}$的逆像，$\overline{a},\overline{b}\in\overline{H}$，因而$\overline{ab^{-1}}\in\overline{H}$。

又，在 ϕ 之下，$ab^{-1}\to\overline{ab^{-1}}$

所以 $ab^{-1}\in H$。这样，$a,b\in H\Rightarrow ab^{-1}\in H$

H 是 G 的一个子群。

(2) 因为$\overline{N}$是$\overline{G}$的一个正规子群，由(ⅰ)，我们知道 N 是 G 的一个子群。

假定 a 是 G 的任意元,n 是 N 的任意元,并且在 ϕ 之下,$a \to \bar{a}$,$n \to \bar{n}$,此时,$\bar{a} \in \bar{G}$,$\bar{n} \in \bar{N}$。

由于 $\bar{N}$ 是正规子群,故:$\bar{a}\,\bar{n}\,\bar{a}^{-1} \in \bar{N}$。

在 ϕ 之下,$ana^{-1} \to \bar{a}\,\bar{n}\,\bar{a}^{-1}$

所以 $$ana^{-1} \in N。$$

因此, $$a \in G, n \in N \Rightarrow ana^{-1} \in N$$

所以,N 是 G 的一个正规子群。证完。

上述定理说明,一个群的一个子群(或正规子群),在一个同态满射之下是不变的。这一点更增加了子群以及正规子群的重要性。

同态满射的核是正规子群,这一点事实是上述定理的一个特例。

例　设群 $(W, \cdot)$,这里 $W = \{e^{\theta} \mid \theta \in \mathbf{R}\}$,$\mathbf{R}$ 表示实数集合,$\cdot$ 为普通的数的乘法运算。易知,$(\mathbf{R}, +)$、$(\mathbf{Z}, +)$ 均为群,这里,$\mathbf{Z}$ 表示整数集合。证明:$\mathbf{R}/\mathbf{Z} \cong W$。

证明　由于 $(\mathbf{Z}, +)$ 是 $(\mathbf{R}, +)$ 的正规子群,故其商群为 $\mathbf{R}/\mathbf{Z}$。

规定映射 $$f : \mathbf{R} \to W \text{ 为 } f(x) = e^{2\pi i x}, \forall x \in \mathbf{R}。$$

易知:f 是 $\mathbf{R} \to W$ 的满射。

并且, $$\forall x, y \in \mathbf{R}, f(x + y) = e^{2\pi i (x+y)} = e^{2\pi i x} e^{2\pi i y} = f(x) f(y)。$$

即:f 是 $\mathbf{R} \to W$ 的满同态映射。

又: $$\mathrm{Ker}(f) = \{x \mid e^{2\pi i x} = e = 1\} = \mathbf{Z}。$$

由群同态基本定理得: $$\mathbf{R}/\mathbf{Z} \cong W。$$

例　易知 $(\mathbf{C}^*, \cdot)$ 与 $(\mathbf{R}^+, \cdot)$ 都是群,其中 $\mathbf{C}^*$ 表示全体非零复数的集合,$\mathbf{R}^+$ 表示全体正实数集合,运算 $\cdot$ 为数的乘法。设群 $(W, \cdot)$,这里 $W = \{e^{\theta} \mid \theta \in \mathbf{R}\}$,$\cdot$ 为数的乘法,证明:$\mathbf{C}^*/W \cong \mathbf{R}^+$。

证明　作 $f : \mathbf{C}^* \to \mathbf{R}^+$ 为 $f(z) = |z|$,$\forall z \in \mathbf{C}^*$。

易知,f 是 $\mathbf{C}^* \to \mathbf{R}^+$ 的满射。

$\forall z_1, z_2 \in \mathbf{C}^*, f(z_1 z_2) = |z_1 z_2| = |z_1| |z_2| = f(z_1) f(z_2)$,所以 f 是 $\mathbf{C}^* \to \mathbf{R}^+$ 的满同态。

下面计算 $\mathrm{Ker} f$。设 $z \in \mathrm{Ker} f$,则:$f(z) = 1$,即:$|z| = 1$。此时,1 为群 $(\mathbf{R}^+, \cdot)$ 中的单位元。由复数的知识,$\{z \mid |z| = 1, z \in \mathbf{C}^*\} = \{e^{\theta} \mid \theta \in \mathbf{R}\} = W$ 所以 $\mathrm{Ker} f = W$。由群同态基本定理,$\mathbf{C}^*/W \cong \mathbf{R}^+$。

定理　设 N, H, G 均为群,$N \lhd G$,$H \lhd G$,并且 $N \subseteq H$,则有:$G/H \cong \dfrac{G/N}{H/N}$。

证明　N, H, G 3 个集合之间的包含关系如图 2-6 所示。

我们先证明 $N \lhd H$,再利用群同态基本定理,构造商群 G/N 与 G/H 之间一个同态映射。

因为 $N \subseteq H$,故 N 是 H 的子群。因为 $N \lhd G$,故 $\forall g \in G$,有 $Ng = gN$。故:$\forall h \in H$,有 $Nh = hN$。所以 N 是 H 的正规子群,即 $N \lhd H$。

构造映射:$f : G/N \to G/H$ 为:$f(Ng) = Hg$,$\forall Ng \in G/N$。如图 2-7 所示。

f 确实是一个映射。因为,若 $Ng_1 = Ng_2$,则 $g_1 g_2^{-1} \in N \subseteq H$,故 $Hg_1 = Hg_2$。

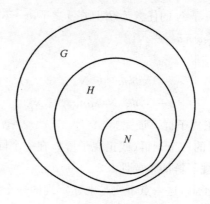

图 2-6　N, H, G 3 个集合之间的包含关系

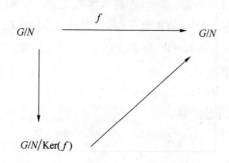

图 2-7　映射 $f : G/N \to G/H$

易知 f 是一个满射。且 $\forall Ng_1, Ng_2 \in G/N$,
$$f[(Ng_1)(Ng_2)] = f[N(g_1g_2)] = H(g_1g_2) =$$
$$(Hg_1)(Hg_2) = f(Ng_1) f(Ng_2)。$$

于是,f 是 $G/N \to G/H$ 的满同态。

下面证明 $\mathrm{Ker}f = H/N$。

$\forall Ng \in \mathrm{Ker}f, f(Ng) = Hg = H$,故 $g \in H$,则 $Ng \in H/N$,即:$\mathrm{Ker}f \subseteq H/N$。

$\forall Ng \in H/N$,此时 $g \in H$,有 $Hg = H$,则 $f(Ng) = Hg = H$,则 $Ng \in \mathrm{Ker}f$。即:
$$\mathrm{Ker}f \supseteq H/N。故:\mathrm{Ker}f = H/N。$$

由群同态基本定理,得 $G/H = \dfrac{G/N}{H/N}$。

利用群同态基本定理,可以给出循环群中一些重要结论的另一种证明方法。

定理　设 $G = \langle a \rangle$ 为一个循环群,

(1) 若 $0(a) = \infty$,则 $G \cong (\mathbf{Z}, +)$

(2) 若 $0(a) = m$,则 $G \cong (\mathbf{Z}_m, +)$。

证明　规定映射 $\phi : \mathbf{Z} \to G, \phi(m) = a^m, m \in \mathbf{Z}$。

易知,ϕ 为映射,ϕ 为满射。又:$\phi(m+n) = a^{m+n} = a^m a^n = \phi(m)\phi(n)$。

因此,ϕ 是 $\mathbf{Z} \to G$ 的群同态映射。

(1) 若 $0(a) = \infty$,如果 $n \in \mathrm{Ker}(\phi)$,则 $\phi(n) = a^n = e$,则 $n = 0$。故 $\mathrm{Ker}(\phi) = \{0\}$。由群

同态基本定理知，$\mathbf{Z}=\mathbf{Z}/\{0\}\cong G$。

（2）若 $0(a)=m$，如果 $n\in\mathrm{Ker}(\phi)$，则 $\phi(n)=a^n=e$，则 $m\mid n$；反之亦然。故 $\mathrm{Ker}(\phi)=m\mathbf{Z}=\{mk\mid k\in\mathbf{Z}\}$。由群同态基本定理知，$\mathbf{Z}/\mathrm{Ker}(\phi)=\mathbf{Z}/m\mathbf{Z}\cong G$。

由前面的学习知：给了一个群 G 的正规子群 K，可以构造一个商群 G/K，并且存在群 G 到商群 G/K 的自然映射。下面定理揭示了群 G 的子群与商群 G/K 的子群之间的关系。该定理不做证明，可参考文献[4]。通过该定理，我们可以进一步了解群 G 及其商群 G/K 的结构。

定理 设 G 是群，$K\lhd G$，并设 $\pi:G\to G/K$ 是自然同态映射。则：$S\to\pi(S)=G/K$ 是 $\mathrm{Sub}(G;K)$ 到 $\mathrm{Sub}(G/K)$ 之间的双射。其中 $\mathrm{Sub}(G;K)$ 表示群 G 中包含正规子群 K 的一切子群 S 的集合，$\mathrm{Sub}(G/K)$ 表示商群 G/K 的一切子群的集合。若用 S^* 表示 S/K，则：

$T\leqslant S\leqslant G$，当且仅当 $T^*\leqslant S^*$，此时，$[S:T]=[S^*:T^*]$。并且：

$T\lhd S$，当且仅当 $T^*\lhd S^*$，此时 $S/T\cong S^*/K^*$。

下面的图 2-8 可以帮助我们理解与记忆该结论。

在本节中，通过学习，我们知道一个群 G 同它的每一个商群 G/N 同态，称这个同态为自然同态。由一个群 G 到另一个群 $\overline{G}$ 的一个同态满射 ϕ，可以确定该映射的核 $\mathrm{Ker}\,\phi=\{a\mid a\in G,\phi(a)=\overline{e}\}$，且 $\mathrm{Ker}\,\phi$ 是群 G 的一个正规子群。若 $\mathrm{Ker}\,\phi=\{e\}$，则 ϕ 为单一同态。群同态基本定理的含义是：假定 G 和 $\overline{G}$ 是两个群，并且 f 是 G 与 $\overline{G}$ 的满同态，那么 $G/\mathrm{Ker}\,f\cong\mathrm{Im}\,f$。利用群同态基本定理，我们还可以得到一个重要的结论：设 N,H，G 均为群，$N\lhd G,H\lhd G$，并且 $N\subseteq H$，则有：$G/H=\dfrac{G/N}{H/N}$。

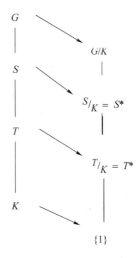

图 2-8 群 G 及其商群 G/K 的子群

2.6 群与纠错编码

群理论在数字通信中有着重要的应用。在本节中，我们将学习线性分组码的相关基本概念。包括线性分组码的汉明重量、生成矩阵、校验矩阵等知识。并利用群的陪集的知识构造一种线性码的译码方案。

2.6.1 线性分组码与汉明重量

消息的发送方把信息源的信息转化成数字信息传送给接收方，这个过程称为数字通信，如图 2-9 所示。工程上最易实现的是二元数字信息的传送。二元数字信息就是用有

限长的二元 n 元素组 $(c_1, c_2, \cdots, c_n)$（其中 $c_i = 0$ 或 1）代表信息。我们可以把 0，1 看成 $\mathbf{Z}_2$ 的元素，即 $(c_1, c_2, \cdots, c_n) \in \mathbf{Z}_2^n$。

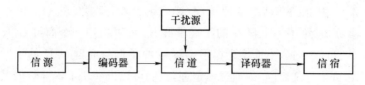

图 2-9　数字通信过程

例如，设原始的数字信息的集合是 $\mathbf{Z}_2^5$，一个原始数字信息是一个二元 5 元素组。我们把这二元 5 元素组扩充成二元 6 元素组。如定义单射 $E: \mathbf{Z}_2^5 \to \mathbf{Z}_2^6$ 为

$$E(c_1, c_2, c_3, c_4, c_5) = (c_1, c_2, c_3, c_4, c_5, c_6 = \sum_{i=1}^{5} c_i),$$

其中求和是在 $\mathbf{Z}_2$ 中进行。因为 $(\mathbf{Z}_2, +)$ 是群，所以 $\sum_{i=1}^{5} c_i \in \mathbf{Z}_2$。此时，信息源发送给收方的不是 $(c_1, c_2, c_3, c_4, c_5)$，而是

$$(c_1, c_2, c_3, c_4, c_5, c_6) = (c_1, c_2, c_3, c_4, c_5, \sum_{i=1}^{5} c_i).$$

记 $\text{Im } E = \{E(c_1, c_2, c_3, c_4, c_5) \mid (c_1, c_2, c_3, c_4, c_5) \in \mathbf{Z}_2^5\}$。显然，$\text{Im } E \subset \mathbf{Z}_2^6$。称 $\text{Im } E$ 为码，$\text{Im } E$ 的元素为码字。前 5 位为信息位，而最后一位是添上的校验位。$\mathbf{Z}_2^6$ 的元素称为字。显然，$\mathbf{Z}_2^6$ 中的字是码字时，可以推出这个字的 6 个分量的和为 0。例如，收信者收到的字为 $(1,0,0,1,0,1)$，由于 $1+0+0+1+0+1=1$，说明 $(1,0,0,1,0,1)$ 不是码字。因此，可以判断出传送过程中出现了差错。并且是奇数个位的差错，即把奇数个位的 0 错传成 1，或 1 错传成 0。如果收到的字为 $(1,0,0,1,0,0)$，由于 $1+0+0+1+0+0=0$，这说明 $(1,0,0,1,0,0)$ 是码字，但还不能断定在传送过程中没有差错。因为在这种情况下，可能没有出现差错，也可能出现偶数个位的差错。假如已知码字在信道中传送最多出现 1 个差错，则通过上述方法，收信者可以确定在传送过程中是否有差错。

纠错码是用来对经过有噪信道传输的信息纠错的。不同种类的信道会产生不同种类的噪声，对传输的数据造成损害。噪声的产生可以是因为光、设备故障、电压起伏等因素。引入纠错编码的目的是克服这些噪声对消息造成的干扰。纠错编码的基本思想是在消息通过一个有噪声信道传输前以多余符号的形式在消息中增加冗余度。在接收端，如果错误数在该编码策略所容许的范围内，原始消息可以从受损的消息中恢复。

一个好的错误控制编码方案的目标是：

1. 可以纠正错误的数量。有时也称为码的纠错能力。

2. 快速有效地对消息进行编码。

3. 快速有效地对接收到的消息进行译码。

4. 单位时间内所能够传输的消息比特数尽量大（即具有较少的冗余度）。

在这里，第一个目标是最基本的。为了增加一个编码方案的纠错能力，必须引入更多的冗余度。但是，增加了冗余度，就会降低信息的传输速率。因此，第 1 条与第 4 条不完全相容。此外，为了纠正更多的错误，编码策略会变得复杂。这样，第 1 条与第 2 条也很

难同时达到。

一般情况下,设信息源的原始数字信息的集合为 $\mathbf{Z}_2^k$,k 为正整数,令 n 是大于 k 的正整数,作单射 $E:\mathbf{Z}_2^k\rightarrow\mathbf{Z}_2^n$,$\mathrm{Im}\,E$ 称为码;$\mathrm{Im}\,E$ 的元素称为码字,n 为码长,码字的分量称为码元。现在码元在 $\mathbf{Z}_2$ 中取值,所以 $\mathrm{Im}\,E$ 称为 2 元码。$\mathbf{Z}_2^n$ 的元素称为字,E 也称为编码函数。

分组码的编码包括两个步骤:1 将信源的输出序列分为 k 位一组的消息组;2 编码器根据一定的编码规则将 k 位消息转换为 n 个码元的码字。这样的码称为 (n,k) 分组码。对于一个 (n,k) 分组码,如果码元在 $\mathbf{Z}_2$ 中取值,则信源可发出 2^k 个不同的消息组。为使得接收端能够从 n 位长的码字中译出 k 位消息,消息组与码字之间就应该具有一一对应关系。编码器至少要存储 2^k 个码字才能够实现消息到码字的变换。当 k 较大时,这种编码器将很不实用。为了压缩编码器的存储容量,通常需要对编码器附加一些约束条件。线性条件是通常的约束条件,即使得码字的校验位与信息位之间具有线性关系。

定义　如果 2^k 个 n 维向量(码字)的集合 C 构成 n 维向量空间的一个 k 维子空间时,称 C 为 (n,k) 线性分组码。

对于 (n,k) 线性分组码 C 中的 2^k 个 n 维码字,它们构成一个 k 维子空间的特征是:1 在加法运算之下满足封闭性;2 存在 k 个线性无关的 n 维码字。下表 2-4 是一个 $(5,3)$ 码 C 的例子。可以验证其 8 个码字,对于加法运算是封闭的,并且 $(C,+)$ 构成一个群。

表 2-4　一个 $(5,3)$ 码 C 的例子

消息			码字				
0	0	0	0	0	0	0	0
0	0	1	0	0	1	0	1
0	1	0	0	1	0	1	0
0	1	1	0	1	1	1	1
1	0	0	1	0	0	1	1
1	0	1	1	0	1	1	0
1	1	0	1	1	0	0	1
1	1	1	1	1	1	0	0

在 (n,k) 线性分组码 C 中,由于加入的线性约束,k 维子空间的基由 k 个向量组成。通过这 k 个向量的线性组合就可以得到 2^k 个 n 维码字。因此,线性分组码的编码器不再需要存储 2^k 个码字,只需存储 k 个线性无关的向量即可。

设 $u=(a_1,a_2,\cdots,a_n)\in\mathbf{Z}_2^n$,$u$ 中 $a_i(i=1,2,\cdots,n)$ 为 1 的个数称为 u 的重量(也称汉明重量),记为 $W(u)$。例如,(110101) 的重量为 4。设 u,v 是 $\mathbf{Z}_2^n$ 的元素,$u+v$ 的重量 $W(u+v)$ 称为 u 和 v 的距离(也称汉明距离),记为 $d(u,v)$。u,v 的距离,实际上就是 u,v 中对应位置上数字不同的个数。例如,(1110000) 与 (1001100) 之间的距离为 4。

在码字 C 中,两个码字的距离的极小值 $\min\{d(u,v)|u,v\in C,u\neq v\}$,称为 C 的极小距离(也称最小距离)。利用极小距离,可以确定一种译码方案。给定码 C,设接收字为 v,在 C 中找一个码字 u,使 v 与 u 的距离是 v 与 C 中所有码字的距离的极小值,即 $d(u,$

$v) = \min\limits_{x \in C} d(x, v)$，则我们将 v 译成码字 u。这种译码方法称为极小距离译码准则。译码过程如图 2-10 所示。

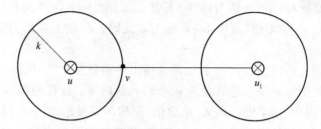

图 2-10　利用最小距离译码准则进行纠错示意图

定理　线性分组码 C 的最小距离等于 C 中所有码字的最小重量。

证明　设线性分组码 C 的最小距离为 $d_{\min}$，最小重量为 $w_{\min}$。由相关定义,有：

$$d_{\min} = \min\limits_{v_i, v_j \in C, i \neq j} d(v_i, v_j) = \min\limits_{v_i, v_j \in C, i \neq j} d(0, v_i + v_j) = \min\limits_{v \in C, v \neq 0} w(v) = w_{\min}.$$

定理　如果 $u_1, u_2, u_3 \in \mathbf{Z}_2^n$，则 $d(u_1, u_2) = d(u_2, u_1)$，并且 $d(u_1, u_3) \leqslant d(u_1, u_2) + d(u_2, u_3)$。

证　因为 $(\mathbf{Z}_2^n, +)$ 是交换群,于是

$$d(u_1, u_2) = W(u_1 + u_2) = W(u_2 + u_1) = d(u_2, u_1);$$

设 $u_1 = (a_1, a_2, \cdots, a_n)$，$u_2 = (b_1, b_2, \cdots, b_n)$，$u_1 = (c_1, c_2, \cdots, c_n)$。显然,当 $a_i \neq c_i$ 时,一定有 $a_i \neq b_i$ 或 $b_i \neq c_i$。因此,$d(u_1, u_3) \leqslant d(u_1, u_2) + d(u_2, u_3)$。

利用线性分组码 C 的最小距离与 C 中所有码字的最小重量相等这一结论,可以有下面推论。

推论　设有线性分组码 C，$v_i, v_j \in C$，则：

$$w(v_i) + w(v_j) \geqslant w(v_i + v_j).$$

利用上面介绍的线性码最小距离与最小重量的相关结论,就可以进一步来研究线性分组码的纠错与检错能力。

定理　一个码 C 可以检出不超过 k 个差错,当且仅当码 C 的极小距离 $\geqslant k+1$。

证　设码 C 的极小距离 $\geqslant k+1$。假定信息源发送一个码字 u，传送时错了 $\leqslant k$ 位,结果收到了字 v，于是 $d(u, v) \leqslant k$。因 C 的极小距离 $\geqslant k+1$，则：v 如果不是 u 就不是码字。因此,可以肯定传送时,发生差错。所以,C 是可以检查出 k 个差错的检错码。反之,设 C 可以检查出不超过 k 个差错,这表示与一个码字的距离不超过 $k(k>0)$ 的所有字都不是码字,故 C 的极小距离至少是 $k+1$。

定理　一个码 C 可以纠正 k 个差错,当且仅当码 C 的极小距离 $\geqslant 2k+1$。

证　设 C 的极小距离 $\geqslant 2k+1$，假定信息源发送一个码字 u，并且传送时错了 $\leqslant k$ 位,结果收到的字是 r，于是 $d(u, r) \leqslant k$。对于任何 $v \in C$，且 $u \neq v$，有 $d(u, r) + d(r, v) \geqslant d(u, v) \geqslant 2k+1$。因此 $d(r, v) \geqslant k+1$。这就是说,r 与任意一个不等于 u 的码字的距离都 $\geqslant k+1$，而与 u 的距离 $\leqslant k$。因此,r 与 u 的距离最小,由最小距离译码准则,将 r 译成 u。

反之,设码 C 能纠正 k 个差错。用反证法,设在 C 中存在两个不同的码字 u, v，有 $d(u, v) \leqslant 2k$。由上述定理,$d(u, v) \geqslant k+1$，即 u, v 至少有 $k+1$ 个位不同。设发送码字 u

经传送后,得到接收字 r,设 r 与 u 中有 k 位不同,且这 k 位恰好是 u 与 v 不同位的一部分。因为 $d(u,v)\leqslant 2k$,故 $d(r,v)\leqslant k$。这样,如果 $d(r,v)<k$,由最小距离译码准则,r 将被误译为 v;如果 $d(r,v)=k$,则 r 既可译成 u,又可译成 v。因此,不能纠正 k 个错,这与假设矛盾,所以 C 的极小距离 $\geqslant 2k+1$。

定理　已知线性码 C 的最小距离 $d_{\min}\geqslant t+t'+1$,且 $t'>t$。在译码时,如果错误位数不超过 t,则可以纠正错误;如果错误位数超过 t 但不超过 t',则只能够发现错误但不能够纠正错误。该定理的另一种说法是:若线性码的 $d_{\min}\geqslant t+t'+1$,且 $t'>t$,则该线性码可以纠正 t 位错误,同时,还可以发现 t' 位错误。

证明　由已知条件 $d_{\min}\geqslant t+t'+1>2t+1$。如图 2-11 所示,设 u,v 均代表码字。根据前述定理,知线性码 C 可以纠正小于或等于 t 位错误。如图,当接收向量为 $\boldsymbol{A}$ 时,就将 $\boldsymbol{A}$ 译为码字 v。当错位超过 t 位但不超过 t' 时,设发送码字 v,接收的向量为 $\boldsymbol{B}$。除码字 v 外,向量 $\boldsymbol{B}$ 最靠近的码字记为 u。此时,仍能够发现差错的条件是 $d(\boldsymbol{B},u)\geqslant t+1$。则:
$$d_{\min}\geqslant d(u,v)=t'+d(\boldsymbol{B},u)\geqslant t+t'+1。$$

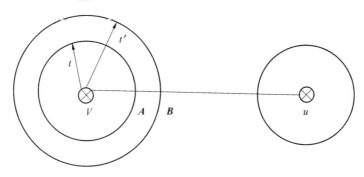

图 2-11　利用最小距离译码准则进行纠错并检错示意图

例　码 $C=\{000000,001101,010011,011110,100110,101011,110101,111000\}$,则 C 的极小距离为 3,于是可纠 1 个错。如接收字是 110001,应译为 110101。设接收字 001001 是由发送字 000000 在第 3 位和第 6 位出错而得到,但将会把 001001 译为 001101。因此,码 C 不能纠两个错。

2.6.2　线性码的生成矩阵与校验矩阵

编码函数 $E:\boldsymbol{Z}_2^k\rightarrow\boldsymbol{Z}_2^n$,确定每个 k 个数字的信息 $(a_1,a_2,\cdots,a_k)$ 到一个 n 个数字的码字 $(b_1,b_2,\cdots,b_k,b_{k+1},\cdots,b_n)$。不难验证:$\boldsymbol{Z}_2^n$ 是 $\boldsymbol{Z}_2$ 上的 n 维线性空间,如果 $\mathrm{Im}\,E$ 是 $\boldsymbol{Z}_2^n$ 的线性子空间,则称 $\mathrm{Im}\,E$ 是二元线性码。$(\boldsymbol{Z}_2^n,+)$ 的子群一定是子空间,反之亦然。因此,若 $(\mathrm{Im}\,E,+)$ 是 $(\boldsymbol{Z}_2^n,+)$ 的子群时,码 $\mathrm{Im}\,E$ 就是二元线性码,所以,二元线性码也称为群码。

设 $C=\mathrm{Im}\,E$ 是码长 n 的二元线性码,若 C 是 $\boldsymbol{Z}_2^n$ 的 k 维子空间,设 $v_1,v_2,\cdots,v_k$ 是 C 在 $\boldsymbol{Z}_2$ 上的一组基,令

$$G = \begin{pmatrix} v_1 \\ v_2 \\ \vdots \\ v_k \end{pmatrix},$$

于是 G 是 $\mathbf{Z}_2$ 上一个秩为 k 的 $k \times n$ 矩阵。如果设 $v_i = (v_{i1}, v_{i2}, \cdots, v_{in})$，$1 \leqslant i \leqslant k$，则

$$G = \begin{pmatrix} v_{11} & v_{12} & \cdots & v_{1n} \\ v_{21} & v_{22} & \cdots & v_{2n} \\ \vdots & \vdots & & \vdots \\ v_{k1} & v_{k2} & \cdots & v_{kn} \end{pmatrix}。$$

因为 $v_1, v_2, \cdots, v_k$ 是 C 的一组基，所以 C 中任一码字 $\boldsymbol{u} = (u_1, u_2, \cdots, u_n)$ 都可以表示成它们的线性组合，而系数属于 $\mathbf{Z}_2$，并且表示是唯一的，即

$$\boldsymbol{u} = a_1 v_1 + a_2 v_2 + \cdots + a_k v_k, a_i \in \mathbf{Z}_2。$$

反之，$v_1, v_2, \cdots, v_k$ 的任一系数属于 $\mathbf{Z}_2$ 的线性组合，都是 C 中的码字。因此，G 称为 C 的一个生成矩阵。上式可以改写为：

$$\boldsymbol{u} = (a_1, a_2, \cdots, a_k) \begin{pmatrix} v_1 \\ v_2 \\ \vdots \\ v_k \end{pmatrix} =$$

$$(a_1, a_2, \cdots, a_k) \boldsymbol{G}。$$

可以将上式看作是原始数字信息集合 $\mathbf{Z}_2^k$ 的一个编码，即

$$E((a_1, a_2, \cdots, a_k)) = (a_1, a_2, \cdots, a_k) \boldsymbol{G}。$$

这样，编码就依赖于 G 的选择，G 的行数就是信息位的个数，即 C 的维数。由于 C 的基不是唯一的，若 G_1 是 C 的另一个生成矩阵，则对于任何 $(a_1, a_2, \cdots, a_k) \in \mathbf{Z}_2^k$，

$$E((a_1, a_2, \cdots, a_k)) = (a_1, a_2, \cdots, a_k) \boldsymbol{G}_1。$$

这是原始数字信息集合 $\mathbf{Z}_2^k$ 的另一个编码。如果取

$$G = (I_k \quad P_{k \times (n-k)}),$$

这里 I_k 是 $\mathbf{Z}_2$ 上的 k 阶单位矩阵，$P_{k \times (n-k)}$ 是 $\mathbf{Z}_2$ 上的任意 $k \times (n-k)$ 矩阵。这时 $\boldsymbol{u}$ 的前 k 位就可以看作它的信息位。

例 设二元线性码的生成矩阵

$$G = \begin{pmatrix} 1 & 0 & 0 & 1 & 1 & 0 \\ 0 & 1 & 0 & 1 & 0 & 1 \\ 0 & 0 & 1 & 0 & 1 & 1 \end{pmatrix},$$

取 $(1, 0, 1) \in \mathbf{Z}_2^3$，于是

$$E((1, 0, 1)) = (1, 0, 1) \begin{pmatrix} 1 & 0 & 0 & 1 & 1 & 0 \\ 0 & 1 & 0 & 1 & 0 & 1 \\ 0 & 0 & 1 & 0 & 1 & 1 \end{pmatrix} =$$

$$(1, 0, 1, 1, 0, 1) \in \mathbf{Z}_2^6,$$

若取 $(a_1, a_2, a_3) \in \mathbf{Z}_2^3$,

$$\boldsymbol{u} = E((a_1, a_2, a_3)) = (a_1, a_2, a_3) \begin{pmatrix} 1 & 0 & 0 & 1 & 1 & 0 \\ 0 & 1 & 0 & 1 & 0 & 1 \\ 0 & 0 & 1 & 0 & 1 & 1 \end{pmatrix} =$$

$$(a_1, a_2, a_3, a_1 + a_2, a_1 + a_3, a_2 + a_3) \in \mathbf{Z}_2^6.$$

这时 $\boldsymbol{u}$ 的前 3 位就是信息位。从上面的例子可以看出:码长 6,信息位 3 的码(简写(6,3))中,任何信息向量 $\boldsymbol{r} = (a_1, a_2, a_3)$ 都能够通过 $\boldsymbol{r}G$ 编码。

例 以下的矩阵 $\boldsymbol{G}_1$、$\boldsymbol{G}_2$ 的行向量组是等价的,它们是同一个(6,3)码的生成矩阵。其所对应的编码规则如表 2-5 所示。

$$\boldsymbol{G}_1 = \begin{pmatrix} 1 & 0 & 1 & 0 & 1 & 1 \\ 1 & 1 & 0 & 1 & 0 & 1 \\ 1 & 1 & 1 & 0 & 0 & 0 \end{pmatrix}, \qquad \boldsymbol{G}_2 = \begin{pmatrix} 1 & 0 & 0 & 1 & 1 & 0 \\ 0 & 1 & 0 & 0 & 1 & 1 \\ 0 & 0 & 1 & 1 & 0 & 1 \end{pmatrix}$$

表 2-5 同一个(6,3)码的不同生成矩阵对应的编码规则

消息	由 $\boldsymbol{G}_1$ 得到的(6,3)码	由 $\boldsymbol{G}_2$ 得到的(6,3)码
0 0 0	0 0 0 0 0 0	0 0 0 0 0 0
0 0 1	1 1 1 0 0 0	0 0 1 1 0 1
0 1 0	1 1 0 1 0 1	0 1 0 0 1 1
0 1 1	0 0 1 1 0 1	0 1 1 1 1 0
1 0 0	1 0 1 0 1 1	1 0 0 1 1 0
1 0 1	0 1 0 0 1 1	1 0 1 0 1 1
1 1 0	0 1 1 1 1 0	1 1 0 1 0 1
1 1 1	1 0 0 1 1 0	1 1 1 0 0 0

值得注意的是由 $\boldsymbol{G}_2$ 生成的码,其前 3 位与消息完全相同。称这样的码为系统码。一般地,系统码的编码器仅需存储 $k \times (n-k)$ 个数字即可。而非系统码需存储 $k \times n$ 个数字。系统码的译码仅需对前 k 个信息位进行纠错即可恢复消息。由于系统码的编码和译码比较简单,而性能与非系统码一样,所以,系统码有着广泛的应用。

设 C 是一个二元 (n, k) 线性码,$\boldsymbol{G}$ 是它的一个生成矩阵,令

$$C^* = \{\boldsymbol{u} \mid \boldsymbol{u} \in \mathbf{Z}_2^n, \ \text{而} \ \boldsymbol{v}\boldsymbol{u}^{\mathrm{T}} = 0, \ \forall \boldsymbol{v} \in C\},$$

这里 $\boldsymbol{u}^{\mathrm{T}}$ 是 $\boldsymbol{u}$ 的转置。不难证明,C^* 是 $\mathbf{Z}_2^n$ 的一个 $n-k$ 维子空间。C^* 可以看作是一个二元 $(n, n-k)$ 线性码。我们称 C^* 为 C 的对偶码。

设 $u_1, u_2, \cdots, u_{n-k}$ 是 C^* 在 $\mathbf{Z}_2$ 上的一组基,令

$$\boldsymbol{H} = \begin{pmatrix} u_1 \\ u_2 \\ \vdots \\ u_{n-k} \end{pmatrix}.$$

于是 $\boldsymbol{H}$ 是 C^* 的一个生成矩阵,它是 $\mathbf{Z}_2$ 上的一个秩为 $n-k$ 的 $(n-k) \times n$ 矩阵。显然,对

于任何 $x \in \mathbf{Z}_2^n$，$x \in C$ 当且仅当 $Hx^T = 0^T$。因此，H 可用来判断 $\mathbf{Z}_2^n$ 中的字是否是 C 中的码字，所以 H 称为 C 的一个校验矩阵。

$$设 \quad G = \begin{pmatrix} 1 & 0 & 0 & \cdots & 0 & p_{11} & p_{12} & \cdots & p_{1,n-k} \\ 0 & 1 & 0 & \cdots & 0 & p_{21} & p_{22} & \cdots & p_{2,n-k} \\ \vdots & \vdots & \vdots & & \vdots & \vdots & \vdots & & \vdots \\ 0 & 0 & 0 & \cdots & 1 & p_{k1} & p_{k2} & \cdots & p_{k,n-k} \end{pmatrix} = (I_k, P)$$

由 $GH^T = 0$。即：G 的每一个行向量与 H 的每一个行向量是正交的。则有：

$$H = \begin{pmatrix} p_{11} & p_{21} & \cdots & p_{k1} & 1 & 0 & 0 & \cdots & 0 \\ p_{12} & p_{22} & \cdots & p_{k2} & 0 & 1 & 0 & \cdots & 0 \\ \vdots & \vdots & & \vdots & \vdots & \vdots & \vdots & & \vdots \\ p_{1,n-k} & p_{2,n-k} & \cdots & p_{k,n-k} & 0 & 0 & 0 & \cdots & 1 \end{pmatrix} = (P^T, I_{n-k})$$

设 $x \in \mathbf{Z}_2^n$，我们把 $n-k$ 维列向量 Hx^T 称为 x 的校验子。因此，x 是 C 的一个码字，当且仅当 x 的校验子等于零向量，即 $Hx^T = 0^T$。由于 G 的每一行都是 C 的码字，于是 $HG^T = 0$。由上述分析知，若取 $G = (I_k P_{k \times (n-k)})$，那么 $H = (P^T_{k \times (n-k)} I_{n-k})$，这里 $P^T_{k \times (n-k)}$ 是 $P_{k \times (n-k)}$ 的转置。

当校验矩阵 H 没有零列，也没有两列相等时，可以利用校验矩阵来纠正一个差错。设信息源发送一个码字 $u = (a_1, a_2, \cdots, a_n)$，并且传送是错了第 i 个码元，结果收到 $v = u + e$，这里 $e = (0, \cdots, 0, 1, 0, \cdots, 0)$，第 i 个为 1，其他 $n-1$ 个都为 0。则有

$$Hv^T = H(u+e)^T = H(u^T + e^T) = Hu^T + He^T = 0^T + He^T = He^T,$$

这里 He^T 是 H 的第 i 列。这就是说：当接收字为 v 时，Hv^T 为 0^T，则 v 是码字；Hv^T 不为 0^T，而是 H 的第 i 列时，则传送时第 i 个码元出差错。

例 一个二元 $(6,3)$ 线性码 C，它的生成矩阵为

$$G = \begin{pmatrix} 1 & 0 & 0 & 1 & 1 & 0 \\ 0 & 1 & 0 & 1 & 0 & 1 \\ 0 & 0 & 1 & 0 & 1 & 1 \end{pmatrix}。$$

设需要传送数字信息 $(1, 0, 1)$，于是

$$E((1,0,1)) = (1,0,1) \begin{pmatrix} 1 & 0 & 0 & 1 & 1 & 0 \\ 0 & 1 & 0 & 1 & 0 & 1 \\ 0 & 0 & 1 & 0 & 1 & 1 \end{pmatrix} =$$

$$(1,0,1,1,0,1),$$

即发送码字 $u = (1,0,1,1,0,1)$。如果收到字 $v = (1,0,0,1,0,1)$，那么计算校验子 Hv^T，由于 G 可求出 H 为

$$H = \begin{pmatrix} 1 & 1 & 0 & 1 & 0 & 0 \\ 1 & 0 & 1 & 0 & 1 & 0 \\ 0 & 1 & 1 & 0 & 0 & 1 \end{pmatrix}。$$

因此

$$\boldsymbol{H}\boldsymbol{v}^{\mathrm{T}}=\begin{pmatrix}1&1&0&1&0&0\\1&0&1&0&1&0\\0&1&1&0&0&1\end{pmatrix}\begin{pmatrix}1\\0\\0\\1\\0\\1\end{pmatrix}=\begin{pmatrix}0\\1\\1\end{pmatrix}.$$

由于$(0,1,1)^{\mathrm{T}}$是$\boldsymbol{H}$的第3列,这说明收到的字$\boldsymbol{v}$第3位有差错,所以应译成$(1,0,1,1,0,1)$。

2.6.3　陪集与译码方法

二元线性码对于向量的加法构成一个群$(C,+)$。即编码函数$E:\boldsymbol{Z}_2^k\to\boldsymbol{Z}_2^n$,当$(\mathrm{Im}\,E,+)$是群$(\boldsymbol{Z}_2^n,+)$的子群时,码$\mathrm{Im}\,E$就是群码。

定理　设矩阵$\boldsymbol{G}=(\boldsymbol{I}_k\boldsymbol{P}_{k\times(n-k)})$,这里$\boldsymbol{I}_k$为$\boldsymbol{Z}_2$上的$k$阶单位矩阵,$\boldsymbol{P}_{k\times(n-k)}$为$\boldsymbol{Z}_2$上的任一$k\times(n-k)$矩阵,由$\boldsymbol{G}$给出的编码函数$E:\boldsymbol{Z}_2^k\to\boldsymbol{Z}_2^n$为$E(\boldsymbol{x})=\boldsymbol{x}\boldsymbol{G},\forall\,\boldsymbol{x}\in\boldsymbol{Z}_2^k$,则$E$是$\boldsymbol{Z}_2^k\to\boldsymbol{Z}_2^n$的群同态。

证　$(\boldsymbol{Z}_2^k,+)$和$(\boldsymbol{Z}_2^n,+)$都是群,对于任何$\boldsymbol{x}=(a_1,a_2,\cdots,a_k)\in\boldsymbol{Z}_2^k$,$E(\boldsymbol{x})=\boldsymbol{x}\boldsymbol{G}$。对于任何$\boldsymbol{x}_1,\boldsymbol{x}_2\in\boldsymbol{Z}_2^k$,

$$E(\boldsymbol{x}_1+\boldsymbol{x}_2)=(\boldsymbol{x}_1+\boldsymbol{x}_2)\boldsymbol{G}=\boldsymbol{x}_1\boldsymbol{G}+\boldsymbol{x}_2\boldsymbol{G}=E(\boldsymbol{x}_1)+E(\boldsymbol{x}_2),$$

因此,E是$\boldsymbol{Z}_2^k\to\boldsymbol{Z}_2^n$的同态映射。

定理　由$\boldsymbol{G}=(\boldsymbol{I}_k\boldsymbol{P}_{k\times(n-k)})$给出的编码函数$E:\boldsymbol{Z}_2^k\to\boldsymbol{Z}_2^n$为$E(\boldsymbol{x})=\boldsymbol{x}\boldsymbol{G},\forall\,\boldsymbol{x}\in\boldsymbol{Z}_2^k$,得到的码是群码。

证　设由$\boldsymbol{G}$得到的编码函数$E:\boldsymbol{Z}_2^k\to\boldsymbol{Z}_2^n$,由上述定理,$E$是$\boldsymbol{Z}_2^k\to\boldsymbol{Z}_2^n$的同态映射。故$\mathrm{Im}\,E$是$\boldsymbol{Z}_2^n$的子群。因此,码$\mathrm{Im}\,E$是群码。

设群码C,即$(C,+)$是$(\boldsymbol{Z}_2^n,+)$的子群,由于$(\boldsymbol{Z}_2^n,+)$是交换群,所以$(C,+)$是$(\boldsymbol{Z}_2^n,+)$的正规子群。因此,C可以确定一个$\boldsymbol{Z}_2^n$上的等价关系。该等价关系可以将$\boldsymbol{Z}_2^n$划分成陪集。利用陪集,可以确定译码方法。

经过下面的分析,可以看出,$\boldsymbol{Z}_2^n$中的两个元素是否在同一陪集中与校验矩阵$\boldsymbol{H}$有关。

定理　设C是群码,$\boldsymbol{H}$是它的一个校验矩阵,则$\boldsymbol{Z}_2^n$中两个字$\boldsymbol{u},\boldsymbol{v}$属于$C$的同一陪集,当且仅当它们的校验子$\boldsymbol{H}\boldsymbol{u}^{\mathrm{T}}$和$\boldsymbol{H}\boldsymbol{v}^{\mathrm{T}}$相等。

证　$\boldsymbol{Z}_2^n$中两个元素$\boldsymbol{u},\boldsymbol{v}$属于$C$的同一陪集,当且仅当$\boldsymbol{u}-\boldsymbol{v}\in C$,当且仅当$\boldsymbol{H}(\boldsymbol{u}-\boldsymbol{v})^{\mathrm{T}}=\boldsymbol{0}^{\mathrm{T}}$。因此,$\boldsymbol{u},\boldsymbol{v}$属于$C$的同一陪集当且仅当$\boldsymbol{H}\boldsymbol{u}^{\mathrm{T}}-\boldsymbol{H}\boldsymbol{v}^{\mathrm{T}}=\boldsymbol{0}^{\mathrm{T}}$,即$\boldsymbol{H}\boldsymbol{u}^{\mathrm{T}}=\boldsymbol{H}\boldsymbol{v}^{\mathrm{T}}$。

利用上面结果,可以作群码C的译码表。利用该译码表,可以确定译码方案。译码表的作法如下:

(1) 把C的所有码字排在第一行,并使$\boldsymbol{0}=(0,0,\cdots,0)$排在第一行的最左一个。如表2-6所示。

(2) 把C的同一陪集的字排在同一行中,而用这一陪集中的字的校验子作为这一陪集的标记,并标在这一行的左端。

（3）如果在一个陪集中，重量最小的字只有一个 x，x 称为这一陪集的陪集首项。把 x 排在该行的最左一个，即在 0 的下面，而在任一个码字 u 的下面排上 $x+u$。

（4）如果在一个陪集中，重量最小的字多于 1 个，可以在其中任选一个 x_1，同样排在 0 的下面，而在任一码字 u 的下面排上 x_1+u。这个陪集中的字都排在虚线下面。

表 2-6　线性码的标准阵列

码字　　校验子	0	…	u	…
⋮	⋮		⋮	
Hx^{T}	x		$x+u$	
⋮	⋮		⋮	
Hx^{T}	x_1		x_1+u	
⋮	⋮		⋮	

有了这个译码表，当收到字 r 时，就译成 r 所在列中上面的码字。可以证明：这种译码表的排法是符合最小距离译码准则的。事实上，如果在一个陪集中，只有一个重量最小的字 x 时，设 v 是任意一个码字，而且 $v\neq u$，于是 $d(x+u,u)=W(x+u+u)=W(x)$。由于 $u,v\in C$，所以 $u+v\in C$，而已知 $W(x)<W(x+u+v)$。因此 $d(x+u,u)=W(x)<W(x+u+v)=d(x+u,v)$，于是根据最小距离译码准则，当收到 $x+u$ 时应译成 u，所以 $x+u$ 应排在 u 的下面。如表 2-7 所示。

表 2-7　译码时满足最小距离译码

码字　　校验子	0	…	u	…	v	…	$u+v$	…
⋮	⋮		⋮		⋮		⋮	
Hx^{T}	x		$x+u$		⋮		$x+u+v$	
⋮	⋮		⋮		⋮		⋮	

如果在一个陪集中有多于 1 个的重量为最小的字，如 $x,x+u_1,x+u_2,\cdots,x+u_{m-1}$ 的重量相等，这里 $0,u_1,u_2,\cdots,u_{m-1}\in C$，而对于任何 $u\in C$，且 $u\notin\{0,u_1,u_2,\cdots,u_{m-1}\}$，有 $W(x)<W(x+u)$。在这种情况下，不难证明：在这个陪集中任一字 $x+u$ 与 m 个码字 u，$u+u_1,u+u_2,\cdots,u+u_{m-1}$ 的距离相等，而与其余的 v 的距离 $d(x+u,v)>d(x+u,u)$。根据最小距离译码准则，这时陪集中任一字 $x+u$ 应译成哪个码字不能确定。因此，这时这个陪集中的字排在虚线下面。

例　写出具有校验矩阵

$$H=\begin{bmatrix}1&1&0&1&0&0\\1&0&1&0&1&0\\0&1&1&0&0&1\end{bmatrix}$$

的 $(6,3)$ 群码的译码表。

解:由于 C 的信息位的个数是 $3,C$ 一共有 $2^3=8$ 个码字。按照上面的办法,可以将 C 的译码表排成表,如表 2-8 所示。

表 2-8 　一个 $(6,3)$ 码的标准阵列

码字／校验子	000000	100110	010101	**001011**	110011	101101	011110	111000
$(110)^T$	100000	000110	110101	101011	010011	001101	111110	011000
$(101)^T$	010000	110110	000101	011011	100011	111101	001110	101000
$(011)^T$	001000	101110	011101	000011	111011	100101	010110	110000
$(100)^T$	000100	100010	010001	001111	110111	101001	011010	111100
$(010)^T$	000010	100100	010111	001001	110001	101111	011100	111010
$(001)^T$	000001	100111	010100	**001010**	110010	101100	011111	111001
$(111)^T$	100001	000111	110100	101010	010010	001100	111111	011001

利用上面译码表来译码的步骤:

(1) 计算接收字 r 的校验子 Hr^T;

(2) 在译码表中校验子的那一列中找出 Hr^T;

(3) 在 Hr^T 所在的行中去查 r;

(4) 查处 r 这个字排在哪个码字的下面,就把 r 译成这个码字。

例如,接收字 $r=(0,0,1,0,1,0)$,于是

$$Hr^T = \begin{bmatrix} 0 \\ 0 \\ 1 \end{bmatrix}。$$

在上表中,$(0,0,1)^T$ 在第 6 行,而 $r=(0,0,1,0,1,0)$ 在这行的第 4 列,于是把 $r=(0,0,1,0,1,0)$ 译成 $(0,0,1,0,1,1)$。

下面看一下,这个译码方法何时正确译码,何时出现译码错误。设发方传送一个码字 u,而收方收到 r,令 $r=u+e$,这里 e 称为传送过程中出现的差错模式,于是

$$Hr^T=H(u+e)^T=Hu^T+He^T=He^T。$$

因此,如果 e 是 r 所属的陪集首项,那么 $r=u+e$ 在译码表中就排在 u 的下面,这时 r 就正确地译成 u。但是,如果 e 不是 r 所属的陪集首项,那么 $r=u+e$ 在译码表中就不排在 u 的下面,这时 r 就不会译成 u。因此,出现译码错误。这就是说,按上面的译码方法译码,可以正确译码当且仅当差错模式是陪集首。

由此可见,正确译码的先决条件是:凡是实际信道错误图样是属于陪集首的,译码就会正确,否则,译码就是错误的。因此,为了尽可能地使得译码正确,应该将实际信道中最频繁出现的错误图样作为陪集首。因此,要选择禁用码组中重量最小的向量作为陪集首。

在本节中,我们学习了群理论在纠错编码中的应用。一个线性分组码可以由一个生成矩阵唯一确定。利用校验矩阵,可以判断一个 n 维向量是否为一个码字。通过学习,我们知道,一个线性分组码关于向量加法构成一个群,并且是一个正规子群。利用该正规子

群,可以将 n 维向量空间划分为若干个陪集。通过选择具有最小重量的 n 维向量为陪集首项构造标准阵列,就可以得到一种译码方案。该译码方案符合最小距离译码准则。

小　结

在本章中,我们学习了群理论相关知识及其应用。学习了群的定义与性质。群的几个等价定义从不同的侧面揭示了群的相关性质。学习了子群与群的同态相关知识。要掌握判断一个非空子集构成子群的判断方法;当两个群同态时,其单位元,逆元在同态映射之下,都会保持不变。学习了循环群,变换群与置换群的相关知识。循环群是已经研究清楚的群之一,在循环群中,有一个重要的结论:同阶的循环群同构;在变换群中,一个重要的结论是凯莱定理:任何一个群都同一个变换群同构;将凯莱定理限制在有限群中:每一个有限群都与一个置换群同构。学习了正规子群与商群的知识。拉格朗日定理给出了一个有限群的阶与其子群的阶之间的关系:假定 H 是一个有限群 G 的一个子群。那么 H 的阶 n 和它在 G 里的指数 j 都能整除 G 的阶 N,并且 $N=nj$。正规子群是一类特殊的子群,要掌握正规子群的判断方法。利用正规子群,可以构造一个新的群,即商群。在群同态定理中,一个重要的结论是:一个群 G 同它的每一个商群 G/N 同态。群在数字通信中,有一个重要的应用:纠错编码。一个线性分组码关于向量加法构成 n 维向量空间的一个正规子群。利用该正规子群,通过将 n 维向量空间划分为若干个陪集,利用最小距离译码准则,就可以得到一种译码方案。

习　题

1. 设在正整数集 $\mathbf{Z}^+$ 中,∘为 $a \circ b = a + b + a \cdot b$,$\forall a, b \in \mathbf{Z}^+$,这里＋,·分别为数的加法和乘法,证明:$(\mathbf{Z}^+, \circ)$ 是半群。

2. 设在整数集 $\mathbf{Z}$ 中,规定运算∘为:$x \circ y = 6 - 2x - 2y + xy$,$\forall x, y \in \mathbf{Z}$,证明:$(\mathbf{Z}, \circ)$ 是可交换的含幺半群。

3. 证明:若群 $(G, \circ)$ 中的每一个元素都满足方程 $x^2 = e$,元素 e 表示单位元,则群 $(G, \circ)$ 是交换群。

4. 约定群 $(G, \circ)$ 的中心是集合:
$C(G) = \{x \in G \mid xg = gx, \forall g \in G\}$。证明,$(C(G), \circ)$ 是 $(G, \circ)$ 的一个交换子群。

5. 设 $A = (a^s)$,$B = (a^t)$ 是循环群 $G = (a)$ 的两个子群。证明:$A \bigcap B = (a^d)$。这里 $d = \mathrm{LCM}(s, t)$(表示 s, t 的最小公倍数)。

6. 求下面的置换

(1) $\begin{pmatrix} 1 & 2 & 3 & 4 \\ 2 & 4 & 3 & 1 \end{pmatrix} \begin{pmatrix} 1 & 2 & 3 & 4 \\ 4 & 3 & 2 & 1 \end{pmatrix}$

(2) $(3 \ 6 \ 2)(1 \ 5)(4 \ 2)$

7. 找出 $C_{12} = \{e, g, \cdots, g^{11}\}$ 关于 $H = \{e, g^4, g^8\}$ 的所有右陪集。

8. 证明：群 G 的两个正规子群的交还是正规子群。

9. 设 H 是群 G 的正规子群，K 为 G 中满足条件 $aH = Ha$ 的所有元素 a 作成的集，证明：K 是 G 的一个包含 H 的子群，并且 H 是 K 的正规子群。

10. 验证下面的 f 是同态映射吗？如果是，求出同态核和同态像。

（1）$f:(\mathbf{Z}_{12}, +) \rightarrow (\mathbf{Z}_{12}, +)$ 为 $f([x]_{12}) = [x+1]_{12}$，$\forall x \in \mathbf{Z}$；

（2）$f: C_{12} \rightarrow C_{12}$ 为 $f(y) = y^3$，$\forall y \in C_{12}$；

（3）$f: \mathbf{Z} \rightarrow \mathbf{Z}_2 \times \mathbf{Z}_4$ 为 $f(x) = ([x]_2, [x]_4)$，$\forall x \in \mathbf{Z}$。

第 3 章 环

Niels Henrik Abel (5 August 1802-6 April 1829) was a Norway mathematician。

At age 19, he showed there is no general algebraic solution for the roots of a quintic equation, or any general polynomial equation of degree greater than four, in terms of explicit algebraic operations. To do this, he invented (independently of Galois) an extremely important branch of mathematics known as group theory, which is invaluable not only in many areas of mathematics, but for much of physics as well. However, this paper was in an abstruse and difficult form, in part because he had restricted himself to only six pages, in order to save money on printing. Among his other accomplishments, Abel wrote a fundamental work on the theory of elliptic integrals, containing the foundations of the theory of elliptic functions. When asked how he developed his mathematical abilities so rapidly, he replied "By studying the masters, not their pupils."

While in Paris, Abel had contracted tuberculosis. For Christmas 1828, he traveled by sled to visit again his fiancée. He became seriously ill on the journey and died just two days before a letter arrived from his friend Crelle. All this time, Crelle had been searching for a new job for Abel in Berlin, and had actually managed to have him appointed a professor at a university. Crelle wrote to Abel on 8 April 1829 to tell him the good news, but it came too late.

On 5 June 2002, four Norwegian stamps were issued in honour of Abel two months before the bicentenary of his birth. There is also a 20-kroner coin issued by Norway in his honour. A statue of Abel stands in Oslo, and crater Abel on the Moon was named after him. In 2002, the Abel Prize was established in his memory.

阿贝尔(1802.8.5—1829.4.6)是一个挪威数学家。

在 19 岁时,他证明了 5 次及以上多项式方程没有公式解。在证明这个结论的过程中,他发明了一个重要的数学分支"群论"。群论在数学及工程的许多领域中都有着重要价值。但是,他写的这篇论文很难被读懂,一个原因是他为了省钱,将论文压缩至了 6 页。阿贝尔在椭圆积分的研究上做了奠基性的工作,包括椭圆函数的基本理论。当问及为何在数学研究中如此高产时,阿贝尔说:"要想在数学上取得进展,就应该阅读大师的而不是他们的门徒的著作"。

在巴黎访学期间,他染上了肺结核。1828 年圣诞节期间,他坐雪橇约会女友,途中病情加重。死后 2 天,朋友 Crelle 的一封信寄到。Crelle 一直帮助阿贝尔在柏林找工作,最终找到一个大学教授的职务。他于 1829 年 4 月 8 日写信告诉阿贝尔,已经为时已晚。

2002 年 6 月 5 日,为了纪念阿贝尔,在其诞辰 200 年前 2 个月,挪威政府发行 4 枚邮票,发行面值 20 分的纪念币。奥斯陆有阿贝尔的塑像,月球上有以他的名字命名的阿贝尔环形山。2002 年挪威政府设立了阿贝尔数学奖。

——Simmons, George Finlay. Calculus Gems. New York：McGraw Hill. 1992, ISBN 0-88385-561-5.

环是具有两个运算的代数系统。在本章中,我们将学习环的一些知识。内容包括环的定义与性质、子环与环同态、一些特殊的环、理想与环同态基本定理、环理论在密码学中的应用等知识。

3.1 环的定义及其性质

一个群$(G, \cdot)$是具有一个运算的代数系统,其运算满足结合律、有单位元、有逆元。环是具有两个运算的代数系统。在本节中,我们将学习环的概念与性质,同时,还将学习整环、除环、域的基本知识。

3.1.1 环的定义

与群不同,一个环$(R, +, \cdot)$是具有两个运算的代数系统。其定义如下。

定义 有两个二元运算(分别称之为加法、乘法)的代数系统$(R, +, \cdot)$,称为一个环。假如满足以下条件:

1. $(a+b)+c=a+(b+c), \forall a,b,c \in R$(加法结合律)
2. $a+b=b+a, \forall a,b \in R$(加法交换律)
3. 在 R 中存在零元 0,使 $a+0=a, \forall a \in R$(加法零元存在,加法单位元叫零元)
4. 对于 R 中任意元 a 存在负元 $-a \in R$,使 $a+(-a)=0$(加法逆元存在)
5. $(a \cdot b) \cdot c=a \cdot (b \cdot c), \forall a,b,c \in R$(乘法结合律)
6. $a \cdot (b+c)=a \cdot b+a \cdot c, (b+c) \cdot a=b \cdot a+c \cdot a, \forall a,b,c \in R$ 左右分配律成立。

归纳:环$(R, +, \cdot)$要求$(R, +)$构成加群(加群要求是交换群),$(R, \cdot)$构成半群,并且运算满足两个分配律。

当环$(R, +, \cdot)$的乘法运算"$\cdot$"满足交换律时,称环$(R, +, \cdot)$为交换环。

当环$(R, +, \cdot)$关于其乘法运算"$\cdot$"具有单位元时,称环$(R, +, \cdot)$为具有单位元的环。

需要注意的是,环中的运算顺序为:有括号先算括号,无括号的先算乘法后算加法。

例 $(\mathbf{Z},+,\cdot)$,整数集合对于整数中普通的加法、数乘法运算构成有单位元的交换环。

因为:$(\mathbf{Z},\cdot)$,整数集合对乘法构成含幺半群。

同理,$(\mathbf{R},+,\cdot)$,实数集合对数的普通加法、数乘法构成有单位元的交换环。

整数环、有理数环、实数环、复数环都是由数组成,故称为数环。

例 全体偶数的集合 $2\mathbf{Z}=\{0,\pm2,\pm4,\cdots\}$,关于数的加法与乘法,构成一个交换环,记作 $(2\mathbf{Z},+,\cdot)$。该环对于乘法运算没有单位元。

例 $\mathbf{Z}[i]=\{a+bi\mid\forall a,b\in\mathbf{Z}\}$,按数的加法和乘法构成环,称之为高斯整环。

例 数环 F 上一切 x 的多项式组成的集合

$$F[x]=\{a_nx^n+a_{n-1}x^{n-1}+\cdots+a_1x+a_0\mid a_i\in F,n=0,1,2,3,\cdots\},$$

关于多项式通常的加法与乘法,构成环 $(F[x],+,\cdot)$,单位元为数 1,称为一元多项式环。

例 所有元素为实数的 n 阶方阵的集合 $M(n\times n;\mathbf{R})$,

对于矩阵加法$+$,矩阵乘法$\cdot$,构成环 $(M(n\times n;\mathbf{R}),+,\cdot)$。

因为:$(M(n\times n;\mathbf{R}),+)$是加群。

加法单位元为:

$$\begin{pmatrix} 0 & 0 & \cdots & 0 \\ 0 & 0 & \cdots & 0 \\ \vdots & \vdots & & \vdots \\ 0 & 0 & \cdots & 0 \end{pmatrix}$$

矩阵 $\mathbf{A}$ 的逆元(负元)$-\mathbf{A}$

$$\mathbf{A}=\begin{pmatrix} a_{11} & a_{12} & \cdots & a_{1n} \\ a_{21} & a_{22} & \cdots & a_{2n} \\ \vdots & \vdots & & \vdots \\ a_{n1} & a_{n2} & \cdots & a_{nn} \end{pmatrix}, \quad -\mathbf{A}=\begin{pmatrix} -a_{11} & -a_{12} & \cdots & -a_{1n} \\ -a_{21} & -a_{22} & \cdots & -a_{2n} \\ \vdots & \vdots & & \vdots \\ -a_{n1} & -a_{n2} & \cdots & -a_{nn} \end{pmatrix}$$

一般地,$(M(n\times n),+,\cdot)$是非交换环。

例 求证$(\mathbf{Z}_n,+,\cdot)$是交换环,这里$+,\cdot$分别为 $\forall [x],[y]\in\mathbf{Z}_n [x]+[y]=[x+y],[x]\cdot[y]=[x\cdot y]$。

证 由前例,知$(\mathbf{Z}_n,+)$是加群。

要证明对于 $\mathbf{Z}_n$,规定的乘法是二元运算。

即:需要证明该运算的结果与代表的选取无关。

即证:若$[x_1]=[x],[y_1]=[y]$,有$[x_1\cdot y_1]=[x\cdot y]$

由于 $x_1=x(\bmod n)\quad y_1=y(\bmod n)$

$x_1=x+kn,y_1=y+ln$,其中 k,l 为整数

$$x_1\cdot y_1=(x+kn)(y+ln)=x\cdot y+(ky+lx)n+k\cdot l\cdot n^2$$

所以 $x_1\cdot y_1=x\cdot y\pmod n$

即:$[x_1y_1]=[xy]$即规定的乘法是二元运算。

$$\forall [x],[y],[z]\in\mathbf{Z}_n$$

$$([x] \cdot [y]) \cdot [z] = [x \cdot y] \cdot [z] = [(x \cdot y) \cdot z] =$$
$$[x \cdot (y \cdot z)] = [x][y \cdot z] = [x]([y] \cdot [z])$$

即 $(\mathbf{Z}_n, \cdot)$ 是半群。

$$[x]([y]+[z]) = [x][y+z] = [x \cdot (y+z)] = [xy+xz] = [x] \cdot [y] + [x] \cdot [z]$$

分配律成立。

又 $[x] \cdot [y] = [xy] = [yx] = [y] \cdot [x]$ 交换律，

所以 $(\mathbf{Z}_n, +, \cdot)$ 是交换环，称之为模 n 剩余类环。

如：$n=5$，$(\mathbf{Z}_5, +, \cdot)$ 的加法，乘法如表 3-1、表 3-2 所示。此时，用 x 表示 $[x]$。

表 3-1 $(\mathbf{Z}_5, +, \cdot)$ 中的加法运算

+	0	1	2	3	4
0	0	1	2	3	4
1	1	2	3	4	0
2	2	3	4	0	1
3	3	4	0	1	2
4	4	0	1	2	3

表 3-2 $(\mathbf{Z}_5, +, \cdot)$ 中的乘法运算

·	0	1	2	3	4
0	0	0	0	0	0
1	0	1	2	3	4
2	0	2	4	1	3
3	0	3	1	4	2
4	0	4	3	2	1

如：$[4] \cdot [3] = [12] = [2]$，$[4] \cdot [4] = [16] = [1]$。

例 $2\mathbf{Z} = \{0, \pm 1, \pm 2, \cdots\} = \{$所有偶数$\}$，则 $2\mathbf{Z}$ 对于数的普通加法和乘法来说作成一个环，但 $2\mathbf{Z}$ 关于乘法没有单位元。

具有单位元的环中的单位元总是惟一存在的。在具有单位元的环 R 中，规定 $a^0 = 1$，$\forall a \in R$。

3.1.2 环的性质

在环 $(R, +, \cdot)$ 中，$(R, +)$ 是加群，故对加群运算的相关性质它均满足。

即对于 $\forall x, a, b, c \in R$，有：

1. 若 $x + a = a$ 则 $x = 0$（加法单位元）；

2. 若 $a + x = 0$ 则 $x = -a$（a 的负元，或对于加法运算 a 的逆元）；

3. 若 $a + b = a + c$，则 $b = c$（加法消去律）；

4. $n \cdot (a+b) = na + nb$（n 是整数）；

5. $(m+n)a=ma+na(m,n$ 为整数$)$；

6. $(m \cdot n)a=m(na)(m,n$ 为整数$)$；

7. $-(a+b)=-a-b($此时，$-a$ 表示 a 的负元，$-a-b$ 表示 $-a+(-b))$；

8. $-(a-b)=-a+b$。

定理　设$(R,+,\cdot)$是环，则对于任意的 $a,b\in R$，有：

1. $a \cdot 0=0 \cdot a=0$；

2. $a \cdot (-b)=(-a) \cdot b=-(a \cdot b)$；

3. $(-a) \cdot (-b)=a \cdot b$；

4. $a \cdot (b-c)=a \cdot b-a \cdot c$；$(b-c) \cdot a=b \cdot a-c \cdot a$。

证

1. 由 $a \cdot 0=a \cdot (0+0)=a \cdot 0+a \cdot 0$，

因此，$a \cdot 0=0$。

同理，$0a=0$。

注意，这里的 0 是 R 的零元。

2. 由分配律，负元的定义及上式，有：

$$a \cdot b+(-a) \cdot b=(a-a) \cdot b=0,$$
$$a \cdot b+a \cdot (-b)=a \cdot (b-b)=0$$

因此，　　　　　　$(-a) \cdot b=a \cdot (-b)=-(a \cdot b)$

3. 由上式很容易推出：

$$(-a) \cdot (-b)=-[a \cdot (-b)]=-[-a \cdot b]=a \cdot b$$

4. 由于两个分配律以及负元的定义，有：

$$a \cdot (b-c)=a \cdot [b+(-c)]=a \cdot b+a \cdot (-c)=$$
$$a \cdot b+[-(a \cdot c)]=a \cdot b-a \cdot c$$
$$(b-c) \cdot a=[b+(-c)] \cdot a=b \cdot a+(-c) \cdot a=$$
$$b \cdot a+[-(c \cdot a)]=b \cdot a-c \cdot a$$

定义　一个有单位元环的一个元 b 叫做元 a 的一个逆元，假如 $ab=ba=1$，此时也称 a 是一个可逆元。

易知，若 b 是 a 的一个逆元，则 a 也是 b 的一个逆元。需要注意的是，在一般的环中，逆元未必存在。如非零环中的零元。但逆元若存在，则必是惟一存在的。

若 u 可逆，则　　　　　　$a^{-n}=(a^{-1})^n,\forall n\in \mathbf{Z}$。

定理　在环$(R,+,\cdot)$中，$\forall a_1,\cdots,a_m,b_1,\cdots,b_n\in R$，

有：

$$\left(\sum_{i=1}^{m}a_i\right) \cdot \left(\sum_{j=1}^{n}b_j\right)=\sum_{i=1}^{m}\sum_{j=1}^{n}a_i \cdot b_j$$

证　因为两个分配律成立，而加法又适合结合律，所以有：

$$a(b_1+b_2+\cdots+b_n)=ab_1+ab_2+\cdots+ab_n$$
$$(b_1+b_2+\cdots+b_n)a=b_1a+b_2a+\cdots+b_na$$

由以上两式得：

$$(a_1 + \cdots + a_m)(b_1 + \cdots + b_n) =$$
$$a_1(b_1 + \cdots + b_n) + a_2(b_1 + \cdots + b_n) + \cdots + a_m(b_1 + \cdots + b_n) =$$
$$a_1 b_1 + \cdots + a_1 b_n + \cdots + a_m b_1 + \cdots + a_m b_n。$$

以上等式的右端我们有时也可以写作 $\sum\limits_{i=1}^{m} \sum\limits_{j=1}^{n} a_i b_j$，则：$\left(\sum\limits_{i=1}^{m} a_i\right)\left(\sum\limits_{j=1}^{n} b_j\right) = \sum\limits_{i=1}^{m} \sum\limits_{j=1}^{n} a_i b_j$。

推论　在环 $(R, +, \cdot)$ 中，对于任意的 $a, b \in R$，

n 为整数，满足：$(na) \cdot b = a \cdot (nb) = n(a \cdot b)$

定理　有单位元的交换环 $(R, +, \cdot)$，$a, b \in R$，n 为正整数，

则有二项式定理成立：

$$(a+b)^n = a^n + \binom{n}{1} a^{n-1} b + \cdots + \binom{n}{k} a^{n-k} b^k + \cdots + b^n$$

因为乘法适合结合律，n 个元的乘法有意义。与群论中的描述一样，n 个 a 的乘法我们用符号 a^n 来表示，并且把它叫做 a 的 n 次乘方（简称 n 次方）。

即：$a^n = \overbrace{aa\cdots a}^{n\text{个}}$，（$n$ 是正整数）。

有了这样的规定以后，对于任何正整数 m, n，对于 R 的任何元 a 来说，存在着运算律：

$$a^m a^n = a^{m+n}$$
$$(a^m)^n = a^{mn}$$

由以上环 $(R, +, \cdot)$ 中的运算性质，我们可以看出，环的一些运算性质，类似于普通的加法、乘法运算的一些性质。中学代数的计算法则在一个环里差不多都可以适用。只有很少的几种普通计算法在一个环里不一定对。下面，就简单举例说明一下这些不同。

例　在环 $(R, +, \cdot)$ 中，设 $a \neq 0$，$a \in R$，$n \neq 0$，$n \in \mathbf{Z}$，不能够推出 $na \neq 0$。

如：考虑环 $(R, +, \cdot) = (\mathbf{Z}_6, +, \cdot)$，$[2] \neq 0$，$3 \neq 0$，但 $3[2] = [6] = [0] = 0$。

在环 $(R, +, \cdot)$ 中，令 $R^* = R - \{0\}$，设 $a, b \in R^*$，即：$a \neq 0$、$b \neq 0$，不能够推出 $ab \neq 0$，$a^n \neq 0$。

如：考虑环 $(R, +, \cdot) = M(2 \times 2, R)$，$a = \begin{pmatrix} 1 & 0 \\ 0 & 0 \end{pmatrix} \neq 0$，$b = \begin{pmatrix} 0 & 1 \\ 0 & 0 \end{pmatrix} \neq 0$，但

$$ab = \begin{pmatrix} 1 & 0 \\ 0 & 0 \end{pmatrix}\begin{pmatrix} 0 & 1 \\ 0 & 0 \end{pmatrix} = \begin{pmatrix} 0 & 0 \\ 0 & 0 \end{pmatrix} = 0, \quad b^2 = \begin{pmatrix} 0 & 1 \\ 0 & 0 \end{pmatrix}\begin{pmatrix} 0 & 1 \\ 0 & 0 \end{pmatrix} = \begin{pmatrix} 0 & 0 \\ 0 & 0 \end{pmatrix} = 0。$$

3.1.3　整环

在实数的乘法运算中，有下面的性质成立：若 $a \cdot b = 0$，则 $a = 0$ 或 $b = 0$。即：允许消去非零的数。同时，也满足消去律。即：允许消去非零的数。若 $ab = ac$ 且 $a \neq 0$，则 $b = c$

但是，这个性质不是对所有的环都成立。

例　环 $(\mathbf{Z}_6, +, \cdot)$ $n = 6$。有 $[2] \cdot [3] = [6] = [0]$（加法单位元）。

但不能得出 $[2] = [0]$ 或 $[3] = [0]$。

此时，$[2] = \{\cdots, -4, 2, 8, \cdots\}$，$[0] = \{\cdots, -6, 0, 6, \cdots\}$

且消去律不满足。如：

$n=6$ 中，$(\mathbf{Z}_6,+,\cdot)$。有：$[2]\cdot[1]=[2]\cdot[4]=[8]=[2]$，但是，$[1]\neq[4]$。

此时，$[1]=\{\cdots,-5,1,7,13,\cdots\}$，$[4]=\{\cdots,-2,4,10,\cdots\}$

定义　如果在一个环里，$a\neq0,b\neq0$，但 $ab=0$，则称 a 是这个环的一个左零因子，b 是一个右零因子。

由上述定义知，在一个交换环中，左零因子、右零因子的概念是一致的。即：如果一个元素 a 是左零因子，它也一定是右零因子。乘法可逆元一定不是左、右零因子。

例　元素为整数的所有 2 阶矩阵的集合 $M(2\times2;\mathbf{Z})$，对于矩阵的加法和乘法构成环 $(M(2\times2;\mathbf{Z}),+,\cdot)$。问，此环中是否有零因子。

解：

$(M,+,\cdot)$ 对于加法 $+$ 的单位元为 $\begin{pmatrix}0&0\\0&0\end{pmatrix}$。

考虑到：
$$\begin{pmatrix}0&1\\0&0\end{pmatrix}\begin{pmatrix}1&0\\0&0\end{pmatrix}=\begin{pmatrix}0&0\\0&0\end{pmatrix}$$

所以 $\begin{pmatrix}0&1\\0&0\end{pmatrix}$ 为左零因子，$\begin{pmatrix}1&0\\0&0\end{pmatrix}$ 为右零因子。

定义　只含有一个元素的环 R 称为平凡环。若一个环 R 没有左零因子（也就没有右零因子），则称环 R 为无零因子环。

可以证明：R 是无零因子环 $\Leftrightarrow''\forall a,b\in R,ab=0\Rightarrow a=0$ 或 $b=0''\Leftrightarrow R$ 中非零元素之积仍非零。

定理　在一个没有零因子的环里两个消去律都成立。即：
$$a\neq0,ab=ac\Rightarrow b=c$$
$$a\neq0,ba=ca\Rightarrow b=c$$

反过来，在一个环里如果有一个消去律成立，那么这个环没有零因子。

证明　假定环 R 没有零因子。

若：$a\neq0,ab=ac$，则有 $a(b-c)=0$。

由于环 R 没有零因子，故：　　　$b-c=0\Rightarrow b=c$。

同样可证，　　　　　　　　$a\neq0,ba=ca\Rightarrow b=c$

这样，在 R 里两个消去律都成立。

反过来，假定在环 R 里左消去律成立。

即：当 $a\neq0$ 时，有 $ab=ac\Rightarrow b=c$。

则：$ab=0\Rightarrow ab=a0$，可推出 $b=0$。

综上：$a\neq0,ab=0\Rightarrow b=0$。

这就是说，R 没有零因子。

当右消去律成立的时候，情形一样。

推论　在一个环里如果有一个消去律成立，那么另一个消去律也成立。

证明　环 R 的乘法满足左消去律 $\Leftrightarrow R$ 是无零因子环 $\Leftrightarrow R$ 的乘法满足右消去律。

通过以上论述，我们认识到：一个环可能适合的 3 种附加条件。第一个是乘法适合交换律,第二个是单位元的存在,第三个是零因子的不存在。一个环当然可以同时适合一种以上的附加条件。同时适合以上第一个与第三个附加条件的环特别重要。

定义 一个非平凡的环 R 叫做一个整环,假如满足以下要求:

1. 乘法适合交换律,$ab=ba$;

2. R 没有零因子,$ab=0 \Rightarrow a=0$ 或 $b=0$,这里,a,b 可以是 R 的任意元。

换句话说,一个无零因子的非平凡交换环称为整环。整数环显然是一个整环。

3.1.4 除环

现在我们来讨论一个环可能适合的另一个附加条件。此前,我们已经在群理论中学过了逆元的定义,并且知道群中任意一个元素一定有唯一的一个逆元。我们问,在一个环里会不会每一个元都有一个逆元? 实际上,在某些特殊的情形下这是可能的。

例 集合 **R** 只包括一个元素 a,其上的加法和乘法是这样定义的:$a+a=a,aa=a$。易知,**R** 是一个环。

这个环 **R** 的唯一的元 a 有一个逆元,就是 a 的本身。

但是,当环 **R** 中至少有两个元素的时候,情形就不同了。这时,**R** 至少有一个不等于零的元 a,因此 $0a=0 \neq a$。

这就是说,不管 b 是 **R** 的哪一个元素,一定有:$0b=0$。由此知道,环 **R** 中的元素 0 不会有逆元。

现在考虑至少有两个元素的环。由上述讨论知:环的零元不会有逆元。我们进一步问,除了零元以外,其他的元会不会有一个逆元? 事实上,这是可能的。

例 全体有理数作成的集合,对于普通加法和乘法来说显然是一个环。这个环的一个任意非零元素 $a \neq 0$,都有逆元 $\dfrac{1}{a}$。

定义 一个环 R 叫做一个除环。假如满足以下条件:

1. R 至少包含一个不等于零的元;

2. R 有一个单位元;

3. R 的每一个不等于零的元有一个逆元。

定义 一个交换除环叫做一个域。

元素个数为有限的域,称之为有限域;元素个数为无限的域,称之为无限域。

在上例中,全体有理数的集合,对于普通加法和乘法来说构成一个域。同样,全体实数或全体复数的集合,对于普通加法和乘法来说也构成域。

除环具有如下一些重要的性质。

1. 一个除环没有零因子。

因为: $$a \neq 0, ab=0 \Rightarrow a^{-1}ab=b=0$$

2. 一个除环 R 的全体不等于零的元素,对于乘法运算·来说作成一个群$(R^*,\cdot)$。

因为:由于除环没有零因子,故 R^* 对于乘法来说是闭的。由环的定义,乘法适合结合律;R^* 有单位元。由于除环的定义,R^* 的每一个元有一个逆元。

此时,$(R^*,\cdot)$ 叫做除环 R 的乘群。

这样，一个除环是由两个群，加群和乘群，共同构成；分配律好象是一座桥，使得这两个群中元素在运算上有着一种联系。

推论 域没有零因子，因此，一个域是一个整环。

在一个除环 R 里，方程：$ax=b$ 和 $ya=b(a,b\in R,a\neq 0)$，各有一个唯一的解，就是 $a^{-1}b$ 和 ba^{-1}。

在普通数的计算里，我们把以上两个方程的相等的解用 $\dfrac{b}{a}$ 来表示，并且说，$\dfrac{b}{a}$ 是用 a 除 b 所得的结果。因此，在除环的计算里，我们说，$a^{-1}b$ 是用 a 从左边去除 b，ba^{-1} 是用 a 从右边去除 b 的结果。这样，在一个除环里，只要元素 $a\neq 0$，我们就可以用 a 从左除或从右除一个任意元 b。这就是除环这个名字的来源。我们有区分从左除和从右除的必要，因为在一个除环里，$a^{-1}b$ 未必等于 ba^{-1}。

域具有一些重要的性质。在一个域里，$a^{-1}b=ba^{-1}$。因此我们不妨把这两个相等的元又用 $\dfrac{b}{a}$ 来表示。这时我们就可以得到普通计算法：

1. $\dfrac{a}{b}=\dfrac{c}{d}$，当且仅当 $ad=bc$；

2. $\dfrac{a}{b}+\dfrac{c}{d}=\dfrac{ad+bc}{bd}$；

3. $\dfrac{a}{b}\dfrac{c}{d}=\dfrac{ac}{bd}$。

我们只证明 1：

$$\frac{a}{b}=\frac{c}{d}\Rightarrow bd\,\frac{a}{b}=bd\,\frac{c}{d}\Rightarrow ad=bc。$$

反之，因为消去律在一个域内成立（域无零因子），

则有：
$$\frac{a}{b}\neq\frac{c}{d}\Rightarrow bd\,\frac{a}{b}\neq bd\,\frac{c}{d}\Rightarrow ad\neq bc$$

其余两个式子的证明，只需在等式两边乘以 bd 即可。

利用结论"满足左、右消去律的有限半群是群"可知：

定理 一个至少含有两个元素的无零因子的有限环是除环。

推论 有限整环是除环。

例 设集合 $\mathbf{Q}(\sqrt{2})=\{a+b\sqrt{2}\,|\,a,b\in\mathbf{Q}\}$。证明：$(\mathbf{Q}(\sqrt{2}),+,\cdot)$ 是域。

证 易知，$(\mathbf{Q}(\sqrt{2}),+,\cdot)$ 是交换环。

单位元是 1。

若非零元 $a+b\sqrt{2}\in\mathbf{Q}(\sqrt{2})$，其中 a,b 中至少有 1 个不是 0。则 $a+b\sqrt{2}$ 的逆元为：

$$\frac{1}{a+b\sqrt{2}}=\frac{a-b\sqrt{2}}{(a+b\sqrt{2})(a-b\sqrt{2})}=\frac{a}{a^2-2b^2}-\frac{b\sqrt{2}}{a^2-2b^2}\in\mathbf{Q}(\sqrt{2})。$$

因此，$(\mathbf{Q}(\sqrt{2}),+,\cdot)$ 是域。

定理 一个有限整环是一个域。

证 设 $(R,+,\cdot)$ 是一个有限整环，则：$(R,+,\cdot)$ 没有零因子。则：半群 $(R^*,\cdot)$ 也

满足消去律。由前述定理，$(R^*,\cdot)$ 是一个群。因此，$(R,+,\cdot)$ 是一个有限域。

例　证明：$(\mathbf{Z}_p,+,\cdot)$ 是一个域，当且仅当 p 是素数。

证　充分性。设 p 是素数。由前面的知识可知：$(\mathbf{Z}_p,+,\cdot)$ 是一个交换环。

以下证明，$(\mathbf{Z}_p,+,\cdot)$ 没有零因子。

假设，$[a]$ 是 $(\mathbf{Z}_p,+,\cdot)$ 的一个零因子。则存在 $[b]\neq[0]$，满足 $[a][b]=[0]$。

由于 $[b]\neq[0]$，则：p 不能够整除 b。

又：$[a][b]=[0]$，则 $p\mid ab$。

因此：$p\mid a$。即：$[a]=[0]$。

这与"$[a]$ 是 $(\mathbf{Z}_p,+,\cdot)$ 的一个零因子"的假设相矛盾。

因此，$(\mathbf{Z}_p,+,\cdot)$ 没有零因子，$(\mathbf{Z}_p,+,\cdot)$ 中元素个数为 p。由上述定理，$(\mathbf{Z}_p,+,\cdot)$ 是一个域。

必要性。设 p 不是素数。不妨设 $p=ab$。这里 p 不为 a,b 的因子。即：$[p]=[a][b]=[0]$，但 $[a]\neq[0]$，$[b]\neq[0]$，这说明 $(\mathbf{Z}_p,+,\cdot)$ 中有零因子，与 $(\mathbf{Z}_p,+,\cdot)$ 是一个域矛盾。

我们现在给一个非交换除环的例子。

例　R 表示所有复数对 (α,β) 的集合。即：$R=\{(\alpha,\beta)\mid\alpha,\beta\in\mathbf{C}\}$。这里约定：$(\alpha_1,\beta_1)=(\alpha_2,\beta_2)$，当且仅当 $\alpha_1=\alpha_2$，$\beta_1=\beta_2$。

规定 R 的加法和乘法：

$$(\alpha_1,\beta_1)+(\alpha_2,\beta_2)=(\alpha_1+\alpha_2,\beta_1+\beta_2)$$

$$(\alpha_1,\beta_1)(\alpha_2,\beta_2)=(\alpha_1\alpha_2-\beta_1\bar{\beta_2},\alpha_1\beta_2+\beta_1\bar{\alpha_2})$$

这里 $\bar{\alpha}$ 表示的是 α 共轭复数。即：

$$\alpha=a_1+a_2i,\bar{\alpha}=a_1-a_2i(a_1,a_2\text{ 是实数})$$

问：$(R,+,\cdot)$ 是否为一个除环，是否为一个域？

解：对于加法来说，R 显然作成一个加群。

可以验证，乘法适合结合律，并且两个分配律都成立。因此 R 作成一个环。

$(R,+,\cdot)$ 有一个单位元，就是 $(1,0)$。我们看 R 的一个元，$(\alpha,\beta)=(a_1+a_2i,b_1+b_2i)$，$(a_1,a_2,b_1,b_2$ 是实数$)$。

这里，$\qquad\qquad\qquad\alpha=a_1+ia_2,\beta=b_1+ib_2$。

由于 $\qquad\qquad(\alpha,\beta)(\bar{\alpha},-\beta)=(\bar{\alpha},-\beta)(\alpha,\beta)=(\alpha\bar{\alpha}+\beta\bar{\beta},0)$

而 $\alpha\bar{\alpha}+\beta\bar{\beta}=a_1^2+a_2^2+b_1^2+b_2^2\neq0$，除非 $\alpha=\beta=0$

所以只要 (α,β) 不是 R 的零元 $(0,0)$，它就有一个逆元：

$$\left(\frac{\bar{\alpha}}{\alpha\bar{\alpha}+\beta\bar{\beta}},\frac{-\beta}{\alpha\bar{\alpha}+\beta\bar{\beta}}\right)$$

因此，$(R,+,\cdot)$ 是一个除环。

$(R,+,\cdot)$ 不是交换环。我们算一个例子：

$$(i,0)(0,1)=(0,1),\quad(0,1)(i,0)=(0,-i)$$

即：$\qquad\qquad\qquad(i,0)(0,1)\neq(0,1)(i,0)$。

在环的定义中，没有提到以下因素：乘法交换律、乘法单位元、乘法逆元、零因子。通过以上的学习,我们知道,如果一个非平凡环满足上述因素中的几个,就可以构成一些特殊的环。其之间的关系可以如图 3-1 所示。需要注意的是,在目前的教材体系中,整环的定义并没有完全统一。

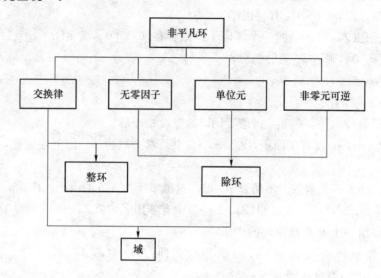

图 3-1　几种特殊环之间的关系

在本节中,我们学习了环的一些知识。环$(R,+,\cdot)$要求$(R,+)$构成加群(加群要求是交换群),$(R,\cdot)$构成半群,并且运算满足两个分配律。在一个有单位元的交换环中,二项式定理成立。同时,我们还学习了无零因子环、整环、除环、域的概念。需要注意的是,在目前的教材体系中,整环的定义并没有完全统一。一个除环是由两个群,加群和乘群共同构成。分配律好象是一座桥,使得这两个群中元素在运算上有着一种联系。我们还学习了一个非交换除环的例子。这个例子表明,存在着这样的代数系统,它是除环,但不是域。

3.2　子环、环同态基本定理

在前面一节中,我们学习了一些不同类型的环的定义,并且讨论了一下在环里的计算。现在要谈一谈环的子集以及同态映射。这些概念对于研究环来说是很重要的。群与环有很多类似的概念与性质。与群中的不变子群概念类似,在环中有理想的概念。类似与群同态定理,在环中,也有环同态定理。在本节中,我们将学习理想与环同态的相关知识。

3.2.1　子环

定义　一个环 R 的一个子集 S 叫做 R 的一个子环,假如 S 本身对于 R 的代数运算来说作成一个环。则称 S 是 R 的一个子环,也称 R 是 S 的一个扩环,记做 $S \leqslant R$。

设 $S \leqslant R$ 且 $S \neq R$,则称 S 是 R 的一个真子环。

一个除环 R 的一个子集 S 叫做 R 的一个子除环,假如 S 本身对于 R 的代数运算来说作成一个除环。

同样,我们可以规定子整环,子域的概念。

由子环的定义可知。

一个环的非空子集 S 作成一个子环的充要条件是:$a, b \in S \Rightarrow a - b \in S, ab \in S$。

一个除环的一个子集 S 作成一个子除环的充要条件是:

1. S 包含一个不等于零的元;

2. $a, b \in S \Rightarrow a - b \in S$;

3. $a, b \in S, b \neq 0, ab^{-1} \in S$。

例　对环 R,易知:零环 $\{0\}$ 和 R 必是 R 的子环,称之为 R 的平凡子环。

例　对于数的普通加法"$+$"与乘法"$\cdot$"运算,偶数环 $(2\mathbf{Z}, +, \cdot)$ 是整数环 $(\mathbf{Z}, +, \cdot)$ 的子环。需要注意的是,对于乘法运算"$\cdot$"而言,整数环 $(\mathbf{Z}, +, \cdot)$ 有单位元 1,偶数环 $(2\mathbf{Z}, +, \cdot)$ 没有单位元。

例　$\mathbf{Z}_6$ 为模 6 剩余类环,$S_1 = \{[0], [3]\}, S_2 = \{[0], [2], [4]\}$ 都是 $\mathbf{Z}_6$ 的子环。

需要注意的是,对于剩余类乘法而言,$\mathbf{Z}_6$ 的单位元为 $[1]$,$\mathbf{Z}_6$ 不是域。

子环 $S_1 = \{[0], [3]\}$ 是域,单位元为 $[3]$。

子环 $S_2 = \{[0], [2], [4]\}$ 是域,单位元为 $[4]$,$[2]^{-1} = [2]$。

该例表明:子环的单位元未必是扩环的单位元。

例　$\mathbf{C}_{2 \times 2}$ 表示复数域上全体 2 阶方阵的集合。知 $(\mathbf{C}_{2 \times 2}, +, \cdot)$ 构成环。考虑:

$$\boldsymbol{R}_1 = \left\{ \begin{pmatrix} a & 0 \\ b & 0 \end{pmatrix} \Big| a, b \in \mathbf{C} \right\}, \quad \boldsymbol{R}_2 = \left\{ \begin{pmatrix} a & 0 \\ 0 & 0 \end{pmatrix} \Big| a \in \mathbf{C} \right\}.$$

知 $(\boldsymbol{R}_1, +, \cdot)$、$(\boldsymbol{R}_2, +, \cdot)$ 均为 $(\mathbf{C}_{2 \times 2}, +, \cdot)$ 的子环,且满足:$\boldsymbol{R}_2 \subset \boldsymbol{R}_1 \subset \mathbf{C}_{2 \times 2}$。

需要注意的是:对于矩阵乘法运算而言,$(\mathbf{C}_{2 \times 2}, +, \cdot)$ 的单位元为 $\begin{pmatrix} 1 & 0 \\ 0 & 1 \end{pmatrix}$,$(\boldsymbol{R}_2, +, \cdot)$ 的单位元为 $\begin{pmatrix} 1 & 0 \\ 0 & 0 \end{pmatrix}$,$(\boldsymbol{R}_1, +, \cdot)$ 没有单位元。

例　设数域 P 上多项式环为 $P[x]$。易知,$P \subset P[x]$,且 P 为 $P[x]$ 的子环,对于乘法而言,它们都有单位元。需要注意的是 $P[x]$ 不是域,其子环 P 是域。

由上述若干例子,可以看出,子环中的单位元与扩环中的单位元之间的关系是很复杂的。

例　证明:$\mathbf{Q}(\sqrt{2}) = \{a + b\sqrt{2} \mid a, b \in \mathbf{Q}\}$ 是 $(\mathbf{R}, +, \cdot)$ 的一个子环。

证　易知集合 $\mathbf{Q}(\sqrt{2}) = \{a + b\sqrt{2} \mid a, b \in \mathbf{Q}\}$ 是一个非空集合。

$$\forall a_1 + b_1\sqrt{2}, a_2 + b_2\sqrt{2} \in \mathbf{Q}(\sqrt{2})$$

$$(a_1 + b_1\sqrt{2}) - (a_2 + b_2\sqrt{2}) = (a_1 - a_2) + (b_1 - b_2)\sqrt{2} \in \mathbf{Q}(\sqrt{2})$$

$$(a_1 + b_1\sqrt{2})(a_2 + b_2\sqrt{2}) = (a_1a_2 + 2b_1b_2) + (a_1b_2 + a_2b_1)\sqrt{2} \in \mathbf{Q}(\sqrt{2})$$

因此,$(\mathbf{Q}(\sqrt{2}), +, \cdot)$ 是 $(\mathbf{R}, +, \cdot)$ 的一个子环。

例　求模 12 的剩余类环 $\mathbf{Z}_{12}$ 的所有子环？

解：由于 $\mathbf{Z}_{12}$ 的加法群是一个循环群，故剩余类环 $\mathbf{Z}_{12}$ 的子环关于加法是 $(\mathbf{Z}_{12}, +)$ 的子循环群，共有下面 6 个：

$S_1 = ([1]) = R;$ $\qquad\qquad\qquad$ $S_2 = ([2]) = \{[0], [2], [4], [6], [8], [10]\};$

$S_3 = ([3]) = \{[0], [3], [6], [9]\};$ $S_4 = ([4]) = \{[0], [4], [8]\};$

$S_5 = ([6]) = \{[0], [6]\};$ $\qquad\qquad$ $S_6 = ([0]) = \{[0]\} = 0。$

经检验，它们都是 $\mathbf{Z}_{12}$ 的子环，从而 $\mathbf{Z}_{12}$ 有上面的 6 个子环。

可以看出，设环 $S \leqslant R$，有下面一些事实：

1. 在交换性上

(1) 若 R 是交换环，则 S 也是交换环；

(2) 若 S 是交换环，则 R 未必是交换环。

2. 在有无零因子上

(1) 若 R 无零因子，则 S 也无零因子；

(2) 若 S 无零因子，则 R 未必无零因子。

3. 在有无单位元上

(1) 若 R 有单位元，则 S 未必有单位元；

(2) 若 S 有单位元，则 R 未必有单位元。

3.2.2　环的同态

定义　环 $(R, +, \cdot)$ 到环 $(S, \vee, \wedge)$ 的映射 f。如果保持运算：$\forall a, b \in R, f(a + b) = f(a) \vee f(b), f(a \cdot b) = f(a) \wedge f(b)$，则称 f 是 $R \rightarrow S$ 的环同态映射。

如果 f 是满射（单射、双射），称 f 为 $R \rightarrow S$ 满同态（单一同态，同构）。如果环 R 到 S 存在同构映射，称 R 与 S 同构，记 $R \cong S$。

设 f 是 $(R, +, \cdot)$ 到 $(S, \vee, \wedge)$ 的环同态，那么 f 是 $(R, +)$ 到 $(S, \vee)$ 的群同态。则在该映射之下，零元（负元）的像必是像的零元（负元）。即：$f(0_R) = 0_S, f(-a) = -f(a)$，$\forall a \in R$。

定理　假定 R 和 $\overline{R}$ 是两个环，并且 R 与 $\overline{R}$ 同态。那么，R 的零元的像是 $\overline{R}$ 的零元，R 的元 a 的负元像是 a 的像的负元。并且，假如 R 是交换环那么 $\overline{R}$ 也是交换环；假如 R 有单位元 1，那么 $\overline{R}$ 也有单位元 $\overline{1}$，而且 $\overline{1}$ 是 1 的像。

设 f 为 $R \rightarrow S$ 满同态，则环 R 与 S 在很多性质上有一定的联系，但并不完全一致。例如有如下几条：

1. 在交换性上

(1) 若 R 是交换环，则 S 也是交换环；

(2) 若 S 是交换环，则 R 未必是交换环。

2. 在有无零因子上

(1) 若 R 无零因子，则 S 未必无零因子；

(2) 若 S 无零因子，则 R 未必无零因子。

3. 在有无单位元上

（1）若 R 有单位元 1，则 S 有单位元 $f(1)$；

（2）若 S 有单位元，则 R 未必有单位元。

下面举例说明，一个环有没有零因子这个性质经过了一个同态满射是不一定能够保持的。

例　设 $\phi:\mathbf{Z}\to\mathbf{Z}_6$ 是环同态满射，其中：$\phi(n)=[n]$。如：$\phi(2)=[2]$。显然 $\mathbf{Z}$ 是整环，$\mathbf{Z}$ 中没有零因子。但在 $\mathbf{Z}_6$ 中，$[2]$ 和 $[3]$、$[4]$ 都是零因子。

这说明：非零因子的像可能会是零因子。

例　设 $R=\{(a,b)\mid\forall a,b\in\mathbf{Z}\}$，在 R 中定义运算：
$$(a_1,b_1)+(a_2,b_2)=(a_1+a_2,b_1+b_2);$$
$$(a_1,b_1)(a_2,b_2)=(a_1a_2,b_1b_2)。$$

可验证：R 是环。

构造一个映射，$\phi:R\to\mathbf{Z},\phi(a,b)=a$。

可验证，ϕ 是环满同态。

由于 $(0,0)$ 是 R 中的零元，当 $a\neq0$ 且 $b\neq0$ 时，有 $(a,0)(0,b)=(0,0)$。

这说明，R 中有零因子，而 $\mathbf{Z}$ 中没有零因子。

即：零因子的像可能不是零因子。

如果两个环 R 与 $\overline{R}$ 之间有一个同构映射存在，那么，这两个环的代数性质没有什么区别。即有：

定理　假定 R 同 $\overline{R}$ 是两个环，并且 $R\cong\overline{R}$。那么，若 R 是整环，$\overline{R}$ 也是整环；R 是除环，$\overline{R}$ 也是除环；R 是域，$\overline{R}$ 也是域。

3.2.3　理想与商环

环中的理想类似与群中的正规子群。我们首先学习理想的概念。

定义　环 R 的一个非空子集 I 叫做一个理想子环，简称理想。假如：

1. $a,b\in I\Rightarrow a-b\in I$，

2. $a\in I,r\in R\Rightarrow ra,ar\in I$。

由理想的定义可知，理想一定是子环，反之未必。

若 R 是有单位元的环，I 是 R 的理想，则：$I=R\Leftrightarrow1\in I$。

对于任意环 R，$\{0\}$ 和 R 都是理想，分别称之为零理想和单位理想。

任意多个理想的交集仍为理想，但其并集则未必是理想。

定义　只有零理想和单位理想的环称为单环。

定理　除环是单环。即：除环 R 只有 $\{0\}$ 和本身是它的理想。

证明　思路：只要证明任意一个非零理想都是单位理想。

设 I 是除环 R 的非零理想，那么 $\forall 0\neq a\in I$

因为 R 的元素必可逆 $\Rightarrow\exists a^{-1}\in R$。

由理想的定义 $\Rightarrow a^{-1}a=1\in I$。

于是 $\forall r\in R,r=r*1\in I$，由 r 的任意性 $\Rightarrow R\subseteq I$，所以 $R=I$。

这表明 R 是单位理想。

推论 域是单环。

例 设 $\mathbf{Z}$ 是整数环,对于取定的 $n\in\mathbf{Z}$,则 n 的所有倍数之集 $A=\{nk\,|\,k\in\mathbf{Z}\}$ 构成 $\mathbf{Z}$ 的一个理想。

例 设 $R[x]$ 环 R 上的一元多项式环,则所有如下形式的常数项为零的多项式:$a_1x+a_2x^2+\cdots+a_nx^n(n\geqslant1)$,构成的集合作成 $R[x]$ 的一个理想。

定理 设 a 是交换环 R 中一个固定的元素,则集合 $I=\{ar+na\,|\,r\in R,n\in\mathbf{Z}\}$ 是 R 的理想。

证明 思路:只要验证 $I=\{ar+na\,|\,r\in R,n\in\mathbf{Z}\}$ 满足理想的定义。

$$\forall ar_1+n_1a,ar_2+n_2a\in I,r_1,r_2\in R,n_1,n_2\in\mathbf{Z},$$
$$(ar_1+n_1a)-(ar_2+n_2a)=a(r_1-r_2)+(n_1-n_2)a\in I,$$
$$\forall t\in R,(ar_1+n_1a)t=ar_1t+n_1at=a(r_1t+n_1t)\in I.$$

故 I 是 R 的理想。

定义 设 R 是一个环,T 是 R 的一个非空子集,则称 R 中所有包含 T 的理想的交为由 T 生成的理想,记为 (T),即 $(T)=\bigcap\limits_{T\subseteq I}I$。这里,$I$ 为 R 中包含 T 的理想。特别地,若 $T=\{a\}$,则简记 (T) 为 (a),称之为由 a 生成的主理想。

定理 (T) 是 R 中包含 T 的最小的理想。

证明 设 S 是包含 T 的最小的理想。下面证明 $S=(T)$。

因为 $(T)=\bigcap\limits_{T\subseteq I}I$ 是一个包含 T 的理想,因此,$S\subseteq(T)$。

又,S 是包含 T 的一个理想,在表达式 $\bigcap\limits_{T\subseteq I}I$ 中,S 为其中的一项。因此,$S\supseteq(T)$。得证。

下面我们来看看主理想 (a) 中元素的形式。

定理 设 R 是环,$\forall a\in R$。则:

$$(a)=\{(x_1ay_1+\cdots+x_may_m)+sa+at+na\,|\,x_i,y_is,t\in R,n,m\in\mathbf{Z}\}$$

证 设 $I=\{(x_1ay_1+\cdots+x_may_m)+sa+at+na\,|\,x_i,y_is,t\in R,n,m\in\mathbf{Z}\}$,下面证明 $(a)=I$。

利用理想的定义可以直接验证 I 是一个理想。又 $a\in I$,而 (a) 是包含元素 a 的最小理想。故:$(a)\subseteq I$。

由于 (a) 是包含元素 a 的理想,由理想的定义知 $x_iay_i,sa,at,na\in(a)$,故 $(a)\supseteq I$。得证。

推论 设 R 是环,$\forall a\in R$。则

1. 当 R 是交换环时,$(a)=\{sa+na\,|\,\forall s\in R,\forall n\in\mathbf{Z}\}$;

2. 当 R 有单位元时,$(a)=\{x_1ay_1+\cdots x_may_m\,|\,\forall x_i,y_i\in R\}$;

3. 当 R 是有单位元的交换环时,$(a)=Ra=\{ra\,|\,\forall r\in R\}=aR$。

定义 设 a 是交换环 R 的元素,称理想 $I=\{ar+na\,|\,r\in R,n\in\mathbf{Z}\}$ 为由交换环 R 中元素 a 生成的主理想,记为 (a),即:$(a)=I=\{ar+na\,|\,r\in R,n\in\mathbf{Z}\}$

特别地,当 R 是有单位元的交换环时,(a) 是由所有 a 的倍元组成,即:$(a)=\{ar|r\in R\}$

主理想的概念可以按照如下形式加以推广。

在环 R 里任意取出 m 个元素 $a_1,a_2,\cdots,a_m$,利用这 m 个元素,构造一个集合 $\mathfrak{A}$,使 $\mathfrak{A}$ 包含所有可以写成

$s_1+s_2+\cdots+s_m\,(s_i\in(a_i))$ 形式的 R 的元。

我们说 $\mathfrak{A}$ 是 R 的一个理想。证明如下:

看 $\mathfrak{A}$ 的任意两个元 a 和 a'。

$$a=s_1+s_2+\cdots+s_m \quad (s_i\in(a_i))$$
$$a'=s_1'+s_2'+\cdots+s_m' \quad (s_i'\in(a_i))$$

由于:

$$s_i-s_i'\in(a_i),$$
$$a-a'=(s_1-s_1')+(s_2-s_2')+\cdots+(s_m-s_m')\in\mathfrak{A}$$

并且对于 R 的一个任意元 r,

由于 $rs_i,s_ir\in(a_i)$,

故:

$$ra=rs_1+rs_2+\cdots+rs_m\in\mathfrak{A}$$
$$ar=s_1r+s_2r+\cdots+s_mr\in\mathfrak{A}$$

可知,$\mathfrak{A}$ 是包含 $a_1,a_2,\cdots,a_m$ 的最小理想。

定义 $\mathfrak{A}$ 叫做 $a_1,a_2,\cdots,a_m$ 生成的理想。这个理想我们用符号 $(a_1,a_2,\cdots,a_m)$ 来表示。

推论 设 R 是环,$T=\{a_1,\cdots,a_n\}\subseteq R$。则:
$$(T)=\{x_1+\cdots+x_n\,|\,x_i\in(a_i),i=1,\cdots,n\}=(a_1)+\cdots+(a_n),$$
此时记 (T) 为 $(a_1,\cdots,a_n)$。

例 设 $R[x]$ 是整数环 R 上的一元多项式环。我们考虑 $R[x]$ 的理想 $(2,x)$。

解:因为 $R[x]$ 是有单位元的交换环,$(2,x)$ 由所有如下形式的元素构成:
$$2p_1(x)+xp_2(x)(p_1(x),p_2(x)\in R[x])。$$

换一句话说,$(2,x)$ 刚好包含所有多项式:
$$2a_0+a_1x+\cdots+a_nx^n \quad (a_i\in R,n\geqslant 0) \tag{1}$$

我们证明,$(2,x)$ 不是一个主理想。

反证,假定 $(2,x)=(p(x))$,那么 $2\in(p(x))$,$x\in(p(x))$。

因而:
$$2=q(x)p(x),x=h(x)p(x)。$$

又:
$$2=q(x)p(x)\Rightarrow p(x)=a$$
$$x=ah(x)\Rightarrow a=\pm 1$$

这样,$\pm 1=p(x)\in(2,x)$。但它不是式(1)的形式,这是一个矛盾。

定理 设 F 是域,$0\neq a\in F$,则 $F=(a)=\{ar|r\in F\}$。

证 由域的定义知:F 是有单位元的交换环。由上推论知:F 是单环。因此,F 只有零理想与单位理想。

又 $(a)\neq(0)$。因此:$F=(a)=\{ar|r\in F\}$。

例 设 n 是整数,所有 n 的整数倍的数构成的集合 $n\mathbf{Z}=\{nr|r\in\mathbf{Z}\}$ 是 $\mathbf{Z}$ 的主理想。

其生成元为 n。即

$$(n) = \{nr \mid r \in \mathbf{Z}\}$$

例 有理数集上的多项式 $\mathbf{Q}[x]$ 中，包含因子 x^2-3 的所有多项式构成的集合 $\{(x^2-3)p(x) \mid p(x) \in \mathbf{Q}[x]\}$ 是 $\mathbf{Q}[x]$ 的主理想。其生成元为 x^2-3。即：

$$(x^2-3) = \{(x^2-3)p(x) \mid p(x) \in \mathbf{Q}[x]\}$$

例 在 $\mathbf{Q}[x]$ 中，所有常数项为零的多项式构成的集合是 $\mathbf{Q}[x]$ 的主理想，其生成元为 x。即 $(x) = \{xp(x) \mid p(x) \in \mathbf{Q}[x]\}$。

3.2.4 环同态基本定理

理想在环里所占的地位与正规子群在群论里所占的地位类似。下面，我们先分析一下，给定一个环 R，利用一个其上的等价关系，可以得到一个剩余类集合。作为一个剩余类集合，要构成一个环，其乘法运算要满足什么性质。

设 R_1 是环 $(R, +, \cdot)$ 的子环。在 R_1 中定义关系 $a \sim b \Leftrightarrow a - b \in R_1$。通过前面的学习，我们知道，关系"$\sim$"是 R 中的一个等价关系。利用该等价关系，可以得到 R 的一个等价类。在该等价类中，借助于 R 中的加法运算，可以定义一个新的加法运算，使得该等价类构成一个商群 $(R/R_1, +)$。其运算为：

设 $\qquad a+R_1, b+R_1 \in R/R_1, (a+R_1)+(b+R_1) = (a+b)+R_1$

要使得商群 $(R/R_1, +)$ 能够构成一个环，就还需要约定一个乘法运算。自然地，我们还借助于 R 中的乘法运算，定义一个新的乘法运算。如下定义一个乘法"$\cdot$"

设 $\qquad a+R_1, b+R_1 \in R/R_1, (a+R_1) \cdot (b+R_1) = (a \cdot b)+R_1$。

首先，要使得"$\cdot$"是一个运算，必须满足运算的结果与代表的选择无关。即：

设 $\qquad a_1+R_1, b_1+R_1 \in R/R_1,$

其中 $\qquad a_1+R_1 = a+R_1, b_1+R_1 = b+R_1,$

下面，考虑当运算"$\cdot$"满足什么条件时，

$$(a+R_1) \cdot (b+R_1) = (a_1+R_1) \cdot (b_1+R_1)。$$

由于， $\qquad (a_1+R_1) \cdot (b_1+R_1) = (a_1 \cdot b_1)+R_1。$

上式即为： $\qquad (a \cdot b)+R_1 = (a_1 \cdot b_1)+R_1。$

即： $\qquad a \cdot b - a_1 \cdot b_1 \in R_1。$

需要注意的是，在环 $(R, +, \cdot)$ 中，如果 R_1 仅仅是 R 的一个子环，$a \cdot b - a_1 \cdot b_1$ 并不一定是 R_1 中的元素。

计算一下，可知

$$a \cdot b - a_1 \cdot b_1 = ab - ab_1 + ab_1 - a_1 b_1 = a(b-b_1)+(a-a_1)b_1。$$

通过上式，可知，当 R_1 是 R 的一个理想子环时，$a(b-b_1) \in R_1$，$(a-a_1)b_1 \in R_1$，故 $a \cdot b - a_1 \cdot b_1 \in R_1$。此时，就得到了一个商环 $(R/R_1, +, \cdot)$。下面，我们沿着上述的思路，将构造一个商环的过程叙述一下。

给了一个环 R 和 R 的一个理想 I，若我们只就加法来看，R 作成一个群，I 作成 R 的一个正规子群。

这样 I 的陪集：$[a], [b], [c], \cdots$ 作成 R 的一个分类。我们现在把这些类叫做模 I 的

剩余类。这个分类相当于 R 的元间的一个等价关系，这个等价关系我们现在用符号 $a\equiv b$ (I) 来表示（念成 a 同余 b 模 I）。

因为上述的群是加群，一个类 $[a]$ 包含所有可以写成 $a+u(u\in I)$ 的形式的元。

而两个元同余的条件是：

$a\equiv b(I)$，当且只当 $a-b\in I$ 的时候。

我们把所有剩余类所作成的集合叫做 $\overline{R}$，并且规定以下的两个法则：

$$[a]+[b]=[a+b]$$
$$[a][b]=[ab]$$

若 I 是环 R 的理想，则 $(I,+)$ 是 $(R,+)$ 的正规子群，I 可把 R 的元素分类，$r\in R$ 所在的陪集为：$I+r=\{i+r|i\in I\}$ 同一陪集的 r_1,r_2，有 $I+r_1=I+r_2$，即 $r_1\equiv r_2(\mathrm{mod}\ I)\Leftrightarrow$ $r_1-r_2\in I$，用理想 I 划分环 R 构成以陪集为元素的集，记 $R/I=\{I+r|r\in R\}$，规定运算 $(I+r_1)+(I+r_2)=I+(r_1+r_2)$，$(I+r_1)*(I+r_2)=I+(r_1\cdot r_2)$

定理 若 I 是环 R 的理想，则 $(R/I,+,\cdot)$ 构成环。称为 R 关于 I 的商环，记为：$R/I=\{I+r|r\in R\}$。这里的运算为：

$$(I+r_1)+(I+r_2)=I+(r_1+r_2),$$
$$(I+r_1)\cdot(I+r_2)=I+(r_1\cdot r_2)$$

证 由前述定理，知 $(R/I,+)$ 是群，并且是交换群。

因为此时的乘法是用代表来规定类的乘法运算，所以需要证明：运算的结果与代表的选择无关。

令： $\qquad I+s_1=I+r_1,I+s_2=I+r_2$。

则： $\qquad s_1-r_1=i_1\in I,s_2-r_2=i_2\in I$

则： $\qquad s_1s_2=(i_1+r_1)(i_2+r_2)=i_1i_2+r_1i_2+i_1r_2+r_1r_2$

由于 I 是理想，所以 $\qquad i_1i_2,r_1i_2,i_1r_2\in I$。

则： $\qquad s_1s_2-r_1r_2\in I$。

即： $\qquad I+s_1s_2=I+r_1r_2$

设： $\qquad r_1,r_2,r_3\in R$，

$$(I+r_1)\cdot[(I+r_2)\cdot(I+r_3)]=(I+r_1)\cdot(I+r_2r_3)=$$
$$I+r_1(r_2r_3)=$$
$$I+(r_1r_2)r_3=$$
$$(I+r_1r_2)\cdot(I+r_3)=$$
$$[(I+r_1)\cdot(I+r_2)]\cdot(I+r_3)$$

上式说明乘法满足结合律。

又：

$$(I+r_1)\cdot[(I+r_2)+(I+r_3)]=(I+r_1)\cdot[I+(r_2+r_3)]=$$
$$I+r_1(r_2+r_3)=$$
$$I+(r_1r_2+r_1r_3)=$$
$$(I+r_1r_2)+(I+r_1r_3)=$$
$$[(I+r_1)\cdot(I+r_2)]+[(I+r_1)\cdot(I+r_3)]$$

即左分配律成立。

同理可证右分配律成立。

因此，$(R/I,+,\cdot)$ 是环。

定义 设 R 是环，I 是 R 理想，称 $(R/I,+,\cdot)$ 为 R 关于 I 的商环。或称为 R 关于 I 的剩余类环。

例 在 $(\mathbf{Z},+,\cdot)$ 中，n 生成的主理想 $(n)=\{nm\mid m\in\mathbf{Z}\}=n\mathbf{Z}$，则商环 $\mathbf{Z}/(n)=\{(n)+r\mid r\in\mathbf{Z}\}=\{nm+r\mid r\in\mathbf{Z},m\in\mathbf{Z}\}=\mathbf{Z}_n$ 是 r 所在的模 n 剩余类。

例 作出环 $\mathbf{Z}_6$ 关于 $(3)=\{0,3\}$ 的商环 $\mathbf{Z}_6/(3)$ 的运算表。

解：$\mathbf{Z}_6$ 关于 $(3)=\{0,3\}$ 的陪集有 3 个，分别是：

$$(3)=(3)+0=\{0,3\};(3)+1=\{1,4\};(3)+2=\{2,5\}。$$

即： $$\mathbf{Z}_6/(3)=\{(3),(3)+1,(3)+2\}$$

表 3-3、表 3-4 给出了 $\mathbf{Z}_6/(3)$ 中的加法与乘法运算。

表 3-3 $\mathbf{Z}_6/(3)$ 中的加法运算

$+$	(3)	$(3)+1$	$(3)+2$
(3)	(3)	$(3)+1$	$(3)+2$
$(3)+1$	$(3)+1$	$(3)+2$	(3)
$(3)+2$	(3)	(3)	$(3)+1$

表 3-4 $\mathbf{Z}_6/(3)$ 中的乘法运算

$\cdot$	(3)	$(3)+1$	$(3)+2$
(3)	(3)	(3)	(3)
$(3)+1$	(3)	$(3)+1$	$(3)+2$
$(3)+2$	(3)	$(3)+2$	$(3)+1$

例 商环 $\mathbf{Z}_6/(2)$，$(\mathbf{Z}_6,+,\cdot)$ 是有单位元的交换环。记 $[1]=1,\mathbf{Z}_6=\{0,1,2,3,4,5\}$，2 生成的主理想 $(2)=\{2m\mid m\in\mathbf{Z}_6\}=\{0,2,4\}$，则 $\mathbf{Z}_6/(2)=\{(2)+r\mid r\in\mathbf{Z}_6\}=\{(2)+0,(2)+1\}$，零元 (2)，单位元 $(2)+1$。

例 考虑高斯整环 $\mathbf{Z}[i]=\{a+bi\mid a,b\in\mathbf{Z}\}$，它是具有单位元的交换环。$I=\{2(a+bi)\mid a,b\in\mathbf{Z}\}$，知 I 是 $\mathbf{Z}[i]$ 的理想。试写出商环 $\mathbf{Z}[i]/I$ 中的所有元素。

解：商环 $\mathbf{Z}[i]/I$ 中的元素形式为 $(a+bi)+I,a,b\in\mathbf{Z}$。

作带余除法：$a=q_a2+a_1,0\leqslant a_1<2;b=q_b2+b_1,0\leqslant b_1<2$。

则： $$(a+bi)+I=(q_a2+a_1)+(q_b2+b_1)i=(a_1+b_1i)+I。$$

若 $$(a_1+b_1i)+I=(a_2+b_2i)+I,0\leqslant a_1,a_2,b_1,b_2<2$$

则： $$(a_1+b_1i)-(a_2+b_2i)\in I。$$

则： $$a_1-a_2=0,b_1-b_2=0。$$

故： $$a_1=a_2,b_1=b_2。$$

经过以上的分析，知 $\mathbf{Z}[i]/I=\{0+I,1+I,i+I.(1+i)+I\}$。

在群理论中，我们学习过群同态定理。

定理 设 f 是 $G \rightarrow H$ 的一个群同态映射,则

(1) $\mathrm{Ker} f = \{g \in G \mid f(g) = e_H\}$ 是 G 的正规子群;

(2) $\mathrm{Im} f$ 是 H 的子群;且商群 $G/\mathrm{Ker} f \cong \mathrm{Im} f$

在环理论中,也有一个类似的结论。

定理 假定 R 同 $\overline{R}$ 是两个环,并且 R 与 $\overline{R}$ 满同态,那么这个同态满射的核 $\mathfrak{A}$ 是 R 的一个理想,并且:$R/\mathfrak{A} \cong \overline{R}$。

证明 我们先证明 $\mathfrak{A}$ 是 R 的一个理想。

易知,集合 A 不是空集。

假定: $\qquad\qquad\qquad\qquad a \in \mathfrak{A}, b \in \mathfrak{A}$

由 $\mathfrak{A}$ 的定义,在给的同态满射 ϕ 之下,

$$a \rightarrow \overline{0}, b \rightarrow \overline{0} \quad (\overline{0} \text{是} \overline{R} \text{的零元})$$

这样: $\qquad\qquad a - b \rightarrow \overline{0} - \overline{0} = \overline{0}, a - b \in \mathfrak{A}$

假定 r 是 R 的任意元,而且在 ϕ 之下,$r \rightarrow \overline{r}$。那么:

$$ra \rightarrow \overline{r} \ \overline{0} = \overline{0}, ar \rightarrow \overline{0} \ \overline{r} = \overline{0}$$

即: $\qquad\qquad\qquad\qquad ra \in \mathfrak{A}, ra \in \mathfrak{A}。$

以上说明 $\mathfrak{A}$ 是 R 的一个理想。

现在我们证明 $\qquad\qquad\qquad R/\mathfrak{A} \cong \overline{R}。$

规定一个映射: $\qquad\qquad \varphi: [a] \rightarrow \overline{a} = \phi(a)。$

我们说,这是一个 $R/\mathfrak{A}$ 与 $\overline{R}$ 间的同构映射。因为:

$$[a] = [b] \Rightarrow a - b \in \mathfrak{A} \Rightarrow \overline{a-b} = \overline{a} - \overline{b} = \overline{0} \Rightarrow \overline{a} = \overline{b}。$$

即:φ 是一个 $R/\mathfrak{A}$ 与 $\overline{R}$ 的映射。

φ 显然是一个满射。

以下说明 φ 也是一个单射。

即证:当 $[a] \neq [b]$ 时,有 $\overline{a} \neq \overline{b}$。

反证:设 $\overline{a} = \overline{b}$,即:$\overline{a} - \overline{b} = \overline{0}$。

有:$\overline{a-b} = \overline{a} - \overline{b} = \overline{0}$。即:$a - b \in \mathfrak{A}$。则:$[a] = [b]$,与已知矛盾。

故:φ 是一个 $R/\mathfrak{A}$ 与 $\overline{R}$ 间的一一映射。由于

$$[a] + [b] = [a+b] \rightarrow \overline{a+b} = \overline{a} + \overline{b}$$
$$[a][b] = [ab] \rightarrow \overline{ab} = \overline{a}\,\overline{b}$$

φ 是同构映射。

定理 环同态基本定理

设 f 是 $R \rightarrow S$ 的环同态映射,则 $R/\mathrm{Ker} f \cong \mathrm{Im} f$,

当 f 是 $R \rightarrow S$ 的满同态,则 $R/\mathrm{Ker} f \cong S$

以上定理充分地说明了理想与正规子群的平行地位。

例 证明 $\mathbf{R}[x]/(x^2+1) \cong \mathbf{C}$,这里,$(x^2+1)$ 表示 $\mathbf{R}[x]$ 中由 x^2+1 生成的主理想。

即: $\qquad\qquad (x^2+1) = \{(x^2+1)g(x) \mid g(x) \in \mathbf{R}[x]\}$

证 规定 $\varphi: \mathbf{R}[x] \rightarrow \mathbf{C}$ 为

$$\varphi(f(x)) = f(i), i = \sqrt{-1}, \forall f(x) \in \mathbf{R}[x],$$

因为 φ 是映射,满射,保持加、乘运算,即:

$$\varphi(f+g)=\varphi(f)+\varphi(g);\varphi(f \cdot g)=\varphi(f) \cdot \varphi(g)$$

所以 φ 是 $\mathbf{R}[x]\rightarrow\mathbf{C}$ 的满同态。

再证:
$$\mathrm{Ker}\, \varphi=(x^2+1),$$
$$\forall f(x)\in\mathrm{Ker}\, \varphi,\varphi(f(x))=f(i)=0$$

可知:i 是多项式 $f(x)$ 的根,从而 $-i$ 也是 $f(x)$ 的根。

因此,$f(x)$ 包含 $(x-i)(x+i)=(x^2+1)$ 的因子。

则:
$$f(x)\in(x^2+1)$$

反之,$\forall g(x)\in(x^2+1),g(x)=(x^2+1)h(x),g(i)=0,g(x)\in\mathrm{Ker}\, \varphi$

所以:
$$\mathrm{Ker}(\varphi)=\{(x^2+1)p(x)\,|\,p(x)\in\mathbf{R}[x]\}=(x^2+1)$$

由环同态基本定理,知:
$$\mathbf{R}[x]/(x^2+1)\cong\mathbf{C}。$$

现在让我们回过去看一看整数的剩余类环。整数的剩余类环是利用一个整数 n 同整数环 R 的元素间的等价关系 $a\equiv b(\mathrm{mod}\, n)$ 来作成的。

这个等价关系与利用 R 的主理想 (n) 来规定的等价关系 $a\equiv b(n)$ 一样。

因为,第一个等价关系是利用条件 $n\,|\,a-b$,第二个等价关系是利用条件 $a-b\in(n)$ 来规定的。而这两个条件没有什么区别,这样,模 n 的整数的剩余类环正是 $R/(n)$。

实际上,一般的剩余类环正是整数的剩余类环的推广,连名称以及以上两种等价关系的符号都相同。

最后我们说明一点。我们知道,子群同正规子群经过一个同态映射是不变的。子环同理想也是这样。

定理 在环 R 到环 $\overline{R}$ 的一个同态满射之下,

(1) R 的一个子环 S 的像 $\overline{S}$ 是 $\overline{R}$ 的一个子环;

(2) R 的一个理想 $\mathfrak{A}$ 的像 $\overline{\mathfrak{A}}$ 是 $\overline{R}$ 的一个理想;

(3) $\overline{R}$ 的一个子环 $\overline{S}$ 的逆像 S 是 R 的一个子环;

(4) $\overline{R}$ 的一个理想 $\overline{\mathfrak{A}}$ 的逆像 $\mathfrak{A}$ 是 R 的一个理想。

这个定理的证明同群论里的相应定理的证明完全类似,我们把它省去。

定理 设 f 是环 R 到 $\overline{R}$ 的满同态,$\overline{I}$ 是 $\overline{R}$ 的一个理想,I 为 $\overline{I}$ 的原像,即:

$$I=f^{-1}(\overline{I})=\{a\in R\,|\,f(a)\in\overline{I}\},$$

则
$$R/I\cong\overline{R}/\overline{I}。$$

证明 设 π 为 $\overline{R}$ 到 $\overline{R}/\overline{I}$ 的自然同态。几个环之间的映射关系如图 3-2 所示。

考虑复合映射 $R \xrightarrow{f} \overline{R} \xrightarrow{\pi} \overline{R}/\overline{I}$。

则:$\pi\circ f$ 是 R 到 $\overline{R}/\overline{I}$ 的满同态。由于

$$a\in\mathrm{Ker}(\pi\circ f)\Leftrightarrow(\pi\circ f)(a)=\overline{0}+\overline{I}$$
$$\Leftrightarrow\pi(f(a))=\overline{f(a)}+\overline{I}=\overline{0}+\overline{I}$$
$$\Leftrightarrow f(a)\in\overline{I}\Leftrightarrow a\in I。$$

以上推到说明,$\mathrm{Ker}(\pi\circ f)=I$。

由环同态基本定理,知 $R/I=R/\mathrm{Ker}(\pi\circ f)\cong\overline{R}/\overline{I}。$

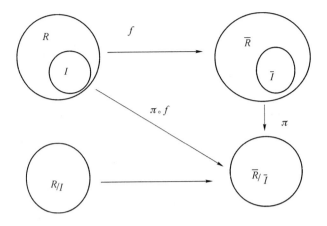

图 3-2　环与商环之间的映射关系

定理　设 I 与 J 为环 R 的理想，则 $I+J$，$I\cap J$ 也是 R 的理想，并且 $(I+J)/J\cong I/(I\cap J)$。

证明　由理想的定义，可以证明 $I+J$，$I\cap J$ 都是 R 的理想，并且，J 为 $I+J$ 的理想，$I\cap J$ 为 I 的理想。对于任一的 $x\in I+J$，存在 $a\in I,b\in J$，使得 $x=a+b$。定义映射 f：$I+J\to I/(I\cap J)$ 为：$f(x)=a+(I\cap J)$。理想与映射的关系如图 3-3 所示。

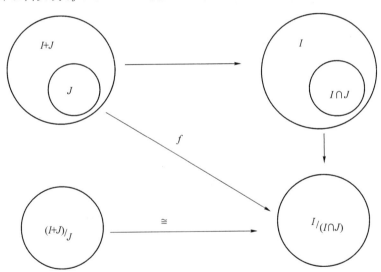

图 3-3　图示理想与映射的关系

首先说明以上规定的 f 是一个映射。如果 $x=a+b=a_1+b_1$，其中 $a,a_1\in I,b,b_1\in J$，则有 $a-a_1=b_1-b\in I\cap J$。故 $f(a)=f(a_1)$。因此 f 是一个映射。

下证 f 是一个满射。对于任一 $a+(I\cap J)\in I/(I\cap J)$，任取 $b\in I$，令 $x=a+b$。则：$x\in I+J$，且 $f(x)=a+(I\cap J)$。

下证 f 是一个同态映射。对任意的 $x,y\in I+J$，存在 $a_1,a_2\in I,b_1,b_2\in J$，使得 $x=a_1+b_1y=a_2+b_2$。则 $f(x)=a_1+(I\cap J),f(y)=a_2+(I\cap J)$。由理想的性质可知：

$$f(x+y)=(a_1+a_2)+(I\cap J)=[a_1+(I\cap J)]+[a_2+(I\cap J)]=$$
$$f(x)+f(y);$$
$$f(xy)=(a_1a_2)+(I\cap J)=[a_1+(I\cap J)][a_2+(I\cap J)]=f(x)f(y).$$

因此，映射 f 是 $I+J\rightarrow I/(I\cap J)$ 的满同态映射。

最后说明 $\text{Ker}(f)=J$。一方面，对于任一 $x\in J$，有 $x=0+x\in I+J$。由 f 的定义可知，$f(x)=0+(I\cap J)$，因此，$x\in\text{Ker}(f)$。此即 $J\subseteq\text{Ker}(f)$。另一方面，对于任一 $x\in\text{Ker}(f)$，存在 $a\in I,b\in J$ 使得 $x=a+b$，由 $f(x)=a+(I\cap J)=0+(I\cap J)$，可知 $a\in(I\cap J)$，从而 $a\in J$。于是 $x=a+b\in J$。此即 $J\supseteq\text{Ker}(f)$。故有 $\text{Ker}(f)=J$。

由环同态基本定理知：$(I+J)/J=(I+J)/\text{Ker}(f)\cong I/(I\cap J)$。

在本节中，我们学习了子环与环的同态相关知识。一个环 R 的一个子集 S 叫做 R 的一个子环，假如 S 本身对于 R 的代数运算来说作成一个环。记做 $S\leqslant R$。类似的定义可以推广至子整环、子除环、子域。一个环的非空子集 S 作成一个子环的充要条件是：$a,b\in S\Rightarrow a-b\in S,ab\in S$。环 $(R,+,\cdot)$ 到环 $(S,\vee,\wedge)$ 的映射 f。如果分别保持两个运算，则称 f 是 $R\rightarrow S$ 的环同态映射。设 f 为 $R\rightarrow S$ 满同态，则环 R 与 S 在很多性质上有一定的联系，但是，在交换性、零因子、单位元等性质并不完全一致。同时，我们还学习了理想与环同态的相关知识。环 R 的一个非空子集 I，如果满足：1. $a,b\in I\Rightarrow a-b\in I$；2. $a\in I,r\in R\Rightarrow ra,ar\in I$。则称 I 为 R 的一个理想。只有零理想和单位理想的环称为单环。除环与域都是单环。若 I 是 R 理想，则称 $(R/I,+,\cdot)$ 为 R 关于 I 的商环，或称为 R 关于 I 的剩余类环。环同态定理是：设环 R 与环 $\overline{R}$ 满同态，则这个同态满射的核 $\mathfrak{A}$ 是 R 的一个理想，并且：$R/\mathfrak{A}\cong\overline{R}$。

3.3 分式域

类似于由整数集合（整环）产生有理数集合（域）的方法，在本节中，我们将学习由一个一般的整环构造一个域的方法。

整数的商是分数，即有理数。将整数环扩充为分数的集合，在分数的加法、乘法运算之下，可以构成有理数域。这个过程可以用下面的例子说明。

例 有理数域 $\mathbf{Q}=\left\{\dfrac{a}{b}\mid a,b\in\mathbf{Z},b\neq 0\right\}$ 可以由整数环 $\mathbf{Z}$ 扩充而来。此时，$\mathbf{Q}$ 有一个子环 $\overline{\mathbf{Z}}=\left\{\dfrac{n}{1}\mid n\in\mathbf{Z}\right\}$，$\overline{\mathbf{Z}}$ 与 $\mathbf{Z}$ 同构。

在 $\mathbf{Q}$ 中，分式运算满足下面的运算律：

$$\frac{a}{b}=\frac{c}{d}\Leftrightarrow ad=bc;$$

$$\frac{a}{b}+\frac{c}{d}=\frac{ad+bc}{bd};$$

$$\frac{a}{b}\cdot\frac{c}{d}=\frac{ac}{bd}$$

在这里,我们采用整数的运算表达了分数的相等、加法与乘法运算。此时,对于乘法运算,**Z** 中的元素在 **Z** 中不一定有逆元素,但在 **Q** 中一定有逆元素。

在环 R 中,任意两个元素的加、减、乘,其结果还是 R 中的一个元素,然而,R 中的元素在 R 中不一定存在逆元。是否能够存在 R 的一个扩环 A,使得 A 的每一个非零元都有逆元素存在? 即:是否能够存在 R 的一个扩环 A 是域?

如果环 R 是有零因子环或非交换环,则 R 不可能是某一个域的子环。因为,域不能含有零因子。对于域中的乘法,交换律成立。因此,环 R 中不能包含非可交换的元素对。

由上例知,当 **Z** 是整数环时,**Z** 可以扩展成有理数域 $\mathbf{Q}=\left\{\dfrac{a}{b}\,\middle|\,a,b\in\mathbf{Z},b\neq0\right\}$。此时,称有理数域 **Q** 是整数环 **Z** 的分式域。

设 F 是一个域,$F[x]$ 是 F 上的多项式环,x 为 F 上的一个不定元。F 上的有理函数集合为:$F\{x\}=\left\{\dfrac{f(x)}{g(x)}\,\middle|\,f(x),g(x)\in F[x],g(x)\neq0\right\}$。可知,关于有理函数的加法与乘法运算,$(F\{x\},+,\cdot)$ 构成一个域。同时,$F[x]$ 是 $F\{x\}$ 中的一个子环。此时,称域 $F\{x\}$ 是环 $F[x]$ 的分式域。

对于一般的整环,也可以仿照整数环扩展成有理数域的方法扩展成一个域。

定理 设 R 是整环,则:可以构造一个域 F,使得 R 同构于 F 的一个子环 $\overline{R}$。

证 通过以下 4 个步骤来完成证明。

第一步:构造 $R\times R^{*}=\{(a,b)\,|\,a,b\in R,b\neq0\}$。规定集合 $R\times R^{*}$ 上的一个二元关系 $\sim$:

$(a,b)\sim(c,d)$,当且仅当 $ad=bc$。

下面证明,$\sim$ 是 $R\times R^{*}$ 上的一个等价关系。

1. 验证自反性。由于 $ab=ba$,于是 $(a,b)\sim(a,b)$;

2. 验证对称性。若 $(a,b)\sim(c,d)$,即 $ad=bc$,则 $cb=da$,即 $(c,d)\sim(a,b)$;

3. 验证传递性。若 $(a,b)\sim(c,d)$,且 $(c,d)\sim(e,f)$。

即:
$$ad=bc,\text{且 } cf=de。$$

则:
$$(af-be)d=(ad)f-b(ed)=bcf-bcf=0。$$

由于 R 中没有零因子,且 $d\neq0$。则:$af=be$。即:$(a,b)\sim(e,f)$。

因此,$\sim$ 是 $R\times R^{*}$ 上的一个等价关系。

该等价关系将集合 $R\times R^{*}$ 分成了若干的等价类。用符号 $\dfrac{a}{b}$ 表示元素 (a,b) 所在的等价类。令 F 表示所有等价类的集合。

即:
$$F=\left\{\dfrac{a}{b}\,\middle|\,a,b\in R,b\neq0\right\}$$

第二步:在集合 F 规定加法运算"$+$"与乘法运算"$\cdot$":

$$\frac{a}{b}+\frac{c}{d}=\frac{ad+bc}{bd},\ \frac{a}{b}\cdot\frac{c}{d}=\frac{ac}{bd}$$

因为 R 中没有零因子,因此,由 $b\neq0,d\neq0$,可以得出 $bd\neq0$。则 $\dfrac{a}{b}+\dfrac{c}{d}$、$\dfrac{a}{b}\cdot\dfrac{c}{d}\in F$。

如果 $\dfrac{a}{b}=\dfrac{a_1}{b_1}$, $\dfrac{c}{d}=\dfrac{c_1}{d_1}$, 即: $\qquad ab_1=a_1b$, $cd_1=c_1d$。

则:

$$(ad+bc)(b_1d_1)=(ab_1)dd_1+bb_1(cd_1)=(a_1d_1+b_1c_1)bd。$$

因此:

$$\frac{ad+bc}{bd}=\frac{a_1d_1+b_1c_1}{b_1d_1}。$$

又: $ab_1cd_1=a_1bc_1d$, 则 $(ac)(b_1d_1)=(a_1c_1)(bd)$,

即

$$\frac{ac}{bd}=\frac{a_1c_1}{b_1d_1}。$$

以上推导说明,所规定的加法与乘法运算,其运算结果与代表的选择无关。即:规定的加法运算"$+$"与乘法运算"$\cdot$"是集合 F 上的二元运算。

第三步:下面证明,集合 F 对于所规定的加法运算"$+$"构成加群。

1. 易知: $\dfrac{a}{b}+\dfrac{c}{d}=\dfrac{c}{d}+\dfrac{a}{b}$。

2. 计算可得:

$$\frac{a}{b}+\left(\frac{c}{d}+\frac{e}{f}\right)=\frac{a}{b}+\frac{cf+de}{df}=\frac{adf+bcf+bde}{bdf},$$

$$\left(\frac{a}{b}+\frac{c}{d}\right)+\frac{e}{f}=\frac{ad+bc}{bd}+\frac{e}{f}=\frac{adf+bcf+bde}{bdf}。$$

知:加法满足结合律。

3. 加法的零元为 $\dfrac{0}{b}$。因为: $\dfrac{0}{b}+\dfrac{c}{d}=\dfrac{bc}{bd}=\dfrac{c}{d}$。

4. 对于任意一个元素 $\dfrac{a}{b}$, 其负元为 $\dfrac{-a}{b}$。因为: $\dfrac{a}{b}+\dfrac{-a}{b}=\dfrac{0}{b}$。

因此,集合 F 对于所规定的加法运算"$+$"构成加群。

以下证明:集合 F 中的不等于零的元素对于所规定的乘法运算"$\cdot$"构成交换群。

易知:乘法满足交换律、结合律。乘法单位元为 $\dfrac{a}{a}$。元素 $\dfrac{a}{b}$ 的逆元为 $\dfrac{b}{a}$。可以证明,乘法对于加法满足分配律。

因此, $(F,+,\cdot)$ 构成域。

第四步:构造域 $(F,+,\cdot)$ 的子环 $\overline{R}=\{\dfrac{qa}{q}|q,a\in R,q\neq 0\}$, 这里, q 是某固定元素, a 是环 R 中的任意元素。

规定映射: $f:R\to\overline{R}$, 为 $\qquad f(a)=\dfrac{qa}{q}$, $\forall a\in R$。

下面证明, f 为 $R\to\overline{R}$ 的同构映射。即: $R\cong\overline{R}$。

由 f 的定义,知 f 是满射。

$f(a)=f(b)$, 即 $\dfrac{qa}{q}=\dfrac{qb}{q}$, 那么, $(qa,q)\sim(qb,q)$, 则有: $aq^2=bq^2$, 由消去律得 $a=b$。知 f 是单射。

再证 f 保持运算。因为 $\dfrac{qa}{q}+\dfrac{qb}{q}=\dfrac{q^2(a+b)}{q^2}=\dfrac{q(a+b)}{q}$;

$$\frac{qa}{q} \cdot \frac{qb}{q} = \frac{q^2(ab)}{q^2} = \frac{q(ab)}{q} \text{。}$$

因此，

$$f(a+b) = \frac{q(a+b)}{q} = \frac{qa}{q} + \frac{qb}{q} = f(a) + f(b);$$

$$f(ab) = \frac{q(ab)}{q} = \frac{qa}{q} \cdot \frac{qb}{q} = f(a)f(b) \text{。}$$

因此，f 为 $R \rightarrow \bar{R}$ 的同构映射。即：$R \cong \bar{R}$。

此时，称将整环 R 嵌入至域 F 中。如图 3-4 所示。

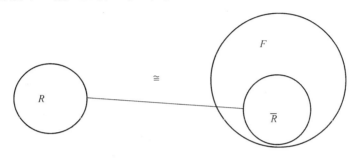

图 3-4　图示整环 R 嵌入至域 F 中

定理　设 R 是整环，可以构造一个域 F，使得 R 同构于 F 的一个子环 $\bar{R}$。这里，$F = \left\{ \frac{a}{b} \mid a, b \in R, b \neq 0 \right\}$，$\bar{R} = \left\{ \frac{qa}{q} \mid q, a \in R, q \neq 0 \right\}$，其中，$q$ 是某固定元素，a 是环 R 中的任意元素。则：域 F 恰好由所有 $st^{-1}(s, t \in \bar{R})$ 形式的元素构成。

证　对于任何 $\frac{a}{b} \in F$，有 $\frac{a}{b} = \left(\frac{qa}{q}\right)\left(\frac{qb}{q}\right)^{-1}$，这里，$\frac{qa}{q}, \frac{qb}{q} \in \bar{R}$。

令：$s = \frac{qa}{q}, t = \frac{qb}{q}$，则 $\frac{a}{b} = st^{-1}, (s, t \in \bar{R})$。

另一方面，易知：对于每一对 $s, t \in \bar{R}, st^{-1} \in F$。

定义　设 R 是整环，按照上述定理中的方法构造的域 F 称为 R 的分式域。

由上述定理，可知，分式域也可以如下叙述：如果一个整环 R 是一个域 F 的子环，且 $\forall a \in F$，存在 $b, c \in R, c \neq 0$，使得 $a = bc^{-1}$，则称 F 为 R 的分式域。

例　设
$\mathbf{Q}[x] = \{a_0 + a_1 x + a_2 x^2 + \cdots + a_n x^n \mid a_i \in \mathbf{Q}, i = 1, 2, \cdots, n\}$。求 $\mathbf{Q}[x]$ 的分式域。

解：$(\mathbf{Q}[x], +, \cdot)$ 是整环。$\mathbf{Q}[x]$ 的分式域为：

$$\left\{ \frac{f(x)}{g(x)} \mid f(x), g(x) \in \mathbf{Q}[x], g(x) \neq 0 \right\}。$$

例　证明，高斯整环 $\mathbf{Z}[i] = \{a + bi \mid a, b \in \mathbf{Z}\}$ 的分式域为 $\mathbf{Q}[i] = \{a + bi \mid a, b \in \mathbf{Q}\}$。这里，$\mathbf{Z}$ 表示整数集，$\mathbf{Q}$ 表示有理数集。

证明　由上述定理，知：高斯整环 $\mathbf{Z}[i] = \{a + bi \mid a, b \in \mathbf{Z}\}$ 的分式域为 $F = \{st^{-1} \mid s, t \in \mathbf{Z}[i]\}$。下面证明：$\mathbf{Q}[i] = F$。

由复数运算的性质，知 $F \subseteq \mathbf{Q}[i]$。

$\forall \alpha = a+bi \in \mathbf{Q}[i]$，设 $a=\dfrac{a_1}{r}, b=\dfrac{b_1}{r}$，这里，$a_1, b_1, r \in \mathbf{Z}, r \neq 0$。

则：$\alpha = \dfrac{a_1+b_1 i}{r} = (a_1+b_1 i) r^{-1}$，这里，$(a_1+b_1 i), r \in \mathbf{Z}[i]$。

即：$\mathbf{Q}[i] \subseteq F$。得证。

定理 设整环 R_1 与 R_2 同构，他们分别有分式域 F_1、F_2，则 F_1 与 F_2 是同构的域。

证明 因为整环 R_1 与 R_2 同构，故存在映射 f，设 $a \in R_1$，记 $a'=f(a)$，则 $R_2 = \{a' \mid a' = f(a), a \in R_1\}$。于是：

$$F_1 = \left\{ \frac{a}{b} \mid a, b \in R_1, b \neq 0 \right\}, \quad F_2 = \left\{ \frac{a'}{b'} \mid a', b' \in R_2, b' \neq 0 \right\}.$$

规定一个映射 $\qquad \varphi: F_1 \rightarrow F_2, \dfrac{a}{b} \rightarrow \dfrac{f(a)}{f(b)} = \dfrac{a'}{b'}$。

首先要说明这是一个映射，即说明结果与代表的选择无关。

设 $\dfrac{a}{b} = \dfrac{c}{d}$，则有 $ad=bc$，则有 $f(ad)=f(bc)$，由于映射 f 是一个同构映射，故有 $f(a)f(d)=f(b)f(c)$，即 $a'd'=b'c'$，则有：$\dfrac{a'}{b'} = \dfrac{c'}{d'}$。故 φ 是一个 $F_1 \rightarrow F_2$ 的映射。

可以证明，φ 是一个满射、单射。又：

$$\varphi\left(\frac{a}{b}+\frac{c}{d}\right) = \varphi\left(\frac{ad+bc}{bd}\right) = \frac{f(ad+bc)}{f(bd)} =$$

$$\frac{f(a)f(d)+f(b)f(c)}{f(b)f(d)} = \frac{a'd'+b'c'}{b'd'} =$$

$$\frac{a'}{b'} + \frac{c'}{d'} = \varphi\left(\frac{a}{b}\right) + \varphi\left(\frac{c}{d}\right).$$

$$\varphi\left(\frac{a}{b} \cdot \frac{c}{d}\right) = \varphi\left(\frac{ac}{bd}\right) = \frac{f(ac)}{f(bd)} = \frac{f(a)f(c)}{f(b)f(d)} =$$

$$\frac{a'c'}{b'd'} = \frac{a'}{b'} \cdot \frac{c'}{d'} = \varphi\left(\frac{a}{b}\right) \cdot \varphi\left(\frac{c}{d}\right).$$

故 φ 是一个 $F_1 \rightarrow F_2$ 的同构映射。

例 设 D 是一个整环，$m, n \in \mathbf{Z}^+$，且 $(m,n)=1, a, b \in D$，则：

$a^m = b^m, a^n = b^n$，当且仅当 $a=b$。

证明，充分性易证。

将整环 D 扩充为其分式域 F，下面，在域 F 中进行分析。此时，$a, b \in D \subseteq F$。

若 a, b 中有零元素，设 $a=0$，由 $a^m = b^m$，域 F 中无零因子，知 $b=0$。故 $a=b$。

当 a, b 均不为零元素时。因为 $(m,n)=1$，故存在整数 $u, v \in \mathbf{Z}$，使得 $um+vn=1$。则有：$a = a^1 = a^{um+vn} = (a^m)^u (a^n)^v = (b^m)^u (b^n)^v = b^{um+vn} = b$。得证。

需要注意的是，在上述证明过程中，通过将整环 D 扩充为其分式域 F，我们将讨论的范围扩展至域 F。这个过程不可缺少。因为，在整环 D 中，不能够保证元素 (a^m) 有逆元素。当整数 u 为负数时，$(a^m)^u$ 在整环 D 中没有意义。

在本节中，我们学习了由一个环来得到域的一种方法。这种方法类似于由普通整数集合产生有理数集合的方法。即在给定环 R 的基础上构造一个域。由域的概念知，这个环 R 是有条件的，它不能有零因子，也不能是非交换环。经过分析，我们得到结论：设 R

是整环,则可以构造一个域 F,使得 R 同构于 F 的一个子环 $\overline{R}$。此时,称将整环 R 嵌入至域 F 中。在同构的意义之下,F 是唯一的。同时,我们知道,域 F 恰好由所有 $st^{-1}(s,t\in\overline{R})$ 形式的元素构成。

3.4　环的直积、矩阵环、多项式环、序列环

在一个或几个环的基础上,可以构造一个新的环。在本节中,我们将学习环的直积、矩阵环、多项式环、序列环的知识。这些环都是在一些已知环的基础上构造出来的新的环。

3.4.1　环的直积与矩阵环

我们首先学习两个环的直积的概念。

定义　环 $(R,+,\cdot)$ 与环 $(S,\vee,\wedge)$ 的直积记为:$(R\times S,\circ,*)$。运算 $\circ$,$*$ 有如下规定:

$$(r_1,s_1)\circ(r_2,s_2)=(r_1+r_2,s_1\vee s_2),$$
$$(r_1,s_1)*(r_2,s_2)=(r_1\cdot r_2,s_1\wedge s_2)。$$

以下结论表明,代数系统 $(R\times S,\circ,*)$ 构成一个环。

定理　环 $(R,+,\cdot)$ 与环 $(S,\vee,\wedge)$ 的直积,按照上述定义的运算,$(R\times S,\circ,*)$ 也是环。

证　因为 $(R,+,\cdot)$ 与 $(S,\vee,\wedge)$ 是两个环。可以证明环 $(R,+,\cdot)$ 与环 $(S,\vee,\wedge)$ 的直积也满足环的条件。其零元为 $(0_R,0_S)$。这里,0_R,0_S 分别为环 $(R,+,\cdot)$ 与环 $(S,\vee,\wedge)$ 的零元。

例　设 X 是一个元素的集合,X 的幂集记作 $P(X)$。写出环 $(P(X),\oplus,\bigcap)$ 与环 $(\mathbf{Z}_3,+,\cdot)$ 的直积的加法与乘法运算表。这里,$\oplus$ 表示集合的对称差,即:$A\oplus B=(A\bigcup B)-(A\bigcap B)$。

解:$P(X)=\{\phi,X\}$,$\mathbf{Z}_3=\{0,1,2\}$。则:

$$P(X)\times\mathbf{Z}_3=\{(\phi,0),(\phi,1),(\phi,2),(X,0),(X,1),(X,2)\}。$$

关于 $P(X)\times\mathbf{Z}_3$ 的加法 $\circ$ 与乘法 $*$ 运算如表 3-5、表 3-6 所示。

表 3-5　$P(X)\times\mathbf{Z}_3$ 加法 $\circ$ 运算表

$\circ$	$(\phi,0)$	$(\phi,1)$	$(\phi,2)$	$(X,0)$	$(X,1)$	$(X,2)$
$(\phi,0)$	$(\phi,0)$	$(\phi,1)$	$(\phi,2)$	$(X,0)$	$(X,1)$	$(X,2)$
$(\phi,1)$	$(\phi,1)$	$(\phi,2)$	$(\phi,0)$	$(X,1)$	$(X,2)$	$(X,0)$
$(\phi,2)$	$(\phi,2)$	$(\phi,0)$	$(\phi,1)$	$(X,2)$	$(X,0)$	$(X,1)$
$(X,0)$	$(X,0)$	$(X,1)$	$(X,2)$	$(\phi,0)$	$(\phi,1)$	$(\phi,2)$
$(X,1)$	$(X,1)$	$(X,2)$	$(X,0)$	$(\phi,1)$	$(\phi,2)$	$(\phi,0)$
$(X,2)$	$(X,2)$	$(X,0)$	$(X,1)$	$(\phi,2)$	$(\phi,0)$	$(\phi,1)$

表 3-6 $P(X) \times Z_3$ 乘法 $*$ 运算表

$*$	$(\phi,0)$	$(\phi,1)$	$(\phi,2)$	$(X,0)$	$(X,1)$	$(X,2)$
$(\phi,0)$	$(\phi,0)$	$(\phi,0)$	$(\phi,0)$	$(\phi,0)$	$(\phi,0)$	$(\phi,0)$
$(\phi,1)$	$(\phi,0)$	$(\phi,1)$	$(\phi,2)$	$(\phi,0)$	$(\phi,1)$	$(\phi,2)$
$(\phi,2)$	$(\phi,0)$	$(\phi,2)$	$(\phi,1)$	$(\phi,0)$	$(\phi,2)$	$(\phi,1)$
$(X,0)$	$(\phi,0)$	$(\phi,0)$	$(\phi,0)$	$(X,0)$	$(X,0)$	$(X,0)$
$(X,1)$	$(\phi,0)$	$(\phi,1)$	$(\phi,2)$	$(X,0)$	$(X,1)$	$(X,2)$
$(X,2)$	$(\phi,0)$	$(\phi,2)$	$(\phi,1)$	$(X,0)$	$(X,2)$	$(X,1)$

定理   设 R 是具有单位元的交换环,则元素属于 R 的 n 阶矩阵集合:$M(n \times n;R)$,关于矩阵加法 $+$、矩阵的乘法 $\cdot$,构成有单位元的环 $(M(n \times n;R),+,\cdot)$。

证   可以证明 $(M(n \times n;R),+,\cdot)$ 满足环的相关定义。其单位元为 n 阶单位矩阵。

定义   设 R 是具有单位元的交换环,环 $(M(n \times n;R),+,\cdot)$ 称为 R 上的 n 阶矩阵环。如:环 $(M(n \times n;\mathbf{Z}),+,\cdot)$ 是整数环上的 n 阶矩阵环。

3.4.2 多项式环

假定 R_0 是一个有单位的交换环,R 是 R_0 的子环,并且包含 R_0 的单位元。我们在 R_0 里取出一个元 α 来,那么,如下表达式有意义。

$$a_0\alpha^0 + a_1\alpha^1 + \cdots + a_n\alpha^n = a_0 + a_1\alpha + \cdots + a_n\alpha^n \ (a_i \in R)。$$

该表达式的结果是 R_0 的一个元。如图 3-5 所示。

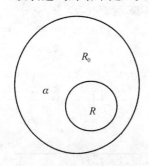

图 3-5 环 R 上的多项式环

值得注意的是,可能存在不全为零的元素 $a_0,a_1,\cdots,a_m \in R$,使得:$a_0 + a_1\alpha + \cdots + a_m\alpha^m = 0$。例如,$R \subset C$,有 $i \in C$,但 $1 + 1i^2 = 0$。又如,若 $\alpha \in R$,则 $1\alpha + (-1)\alpha = 0$。于是有下面的概念。

定义   设 $x \in R_0$,若不存在不全为零的元素 $a_0,a_1,\cdots,a_m \in R$,使得 $a_0 + a_1x + \cdots + a_mx^m = 0$,$\forall m \in \mathbf{Z}$,则称 x 是环 R 上的一个不定元(超越元),称 R 上关于 x 的多项式是 R 上的一元多项式。

自然会问:环 R 上的不定元是否存在?

一般而言,对于给定的环 R_0,R_0 中未必含有环 R 上的不定元。例如,环 $\mathbf{Z}[i]$ 中就不含有 $\mathbf{Z}$ 上的不定元。但是有:

定理   假设 R 是一个有单位元的交换环,则一定存在环 R 上的不定元 x,因此 R 上的一元多项式环 $R[x]$ 是存在的。

证明   令 $R_0 = \{(a_0,a_1,\cdots,a_n,\cdots) \mid a_0,a_1,\cdots \in R,$ 且只有有限个 $a_i \neq 0\}$。

在集合 R_0 上引入加法与乘法运算:

$$(a_0,a_1,\cdots,a_n,\cdots) + (b_0,b_1,\cdots,b_n,\cdots) = (a_0+b_0,a_1+b_1,\cdots,a_n+b_n,\cdots)$$

$$(a_0,a_1,\cdots,a_n,\cdots)(b_0,b_1,\cdots,b_n,\cdots) = (c_0,c_1,\cdots,c_n,\cdots)$$

这里，
$$c_k = \sum_{i+j=k} a_i b_j, k = 0,1,2,\cdots$$

可以验证,这样规定的加法、乘法运算是 R_0 上的代数运算。可以看出, R_0 关于加法构成交换群,其零元为 $(0,0,\cdots,0,\cdots)$,记作 0。

乘法适合交换律。下面验证乘法适合结合律。

令:

$$\left[(a_0,a_1,\cdots,a_n,\cdots)(b_0,b_1,\cdots,b_n,\cdots)\right](c_0,c_1,\cdots,c_n,\cdots) = (d_0,d_1,\cdots,d_n,\cdots)$$
$$(a_0,a_1,\cdots,a_n,\cdots)\left[(b_0,b_1,\cdots,b_n,\cdots)(c_0,c_1,\cdots,c_n,\cdots)\right] = (e_0,e_1,\cdots,e_n,\cdots)$$

计算可知:

$$d_n = \sum_{m+k=n}\left(\sum_{i+j=m} a_i b_j\right)c_k = \sum_{i+j+k=n} a_i b_j c_k,$$
$$e_n = \sum_{i+m=n} a_i\left(\sum_{j+k=m} b_j c_k\right) = \sum_{i+j+k=n} a_i b_j c_k,$$

故两者成立,即乘法满足结合律。

又令:

$$(a_0,a_1,\cdots,a_n,\cdots)\left[(b_0,b_1,\cdots,b_n,\cdots)+(c_0,c_1,\cdots,c_n,\cdots)\right]=$$
$$(d_0,d_1,\cdots,d_n,\cdots)$$
$$(a_0,a_1,\cdots,a_n,\cdots)(b_0,b_1,\cdots,b_n,\cdots)+(a_0,a_1,\cdots,a_n,\cdots)(c_0,c_1,\cdots,c_n,\cdots)=$$
$$(e_0,e_1,\cdots,e_n,\cdots)$$

则:

$$d_k = \sum_{i+j=k} a_i(b_j+c_j) = \sum_{i+j=k} a_i b_j + \sum_{i+j=k} a_i c_j = e_k,$$

故乘法对加法有分配律。

可知, R_0 中有乘法单位元 $1=(1,0,\cdots,0,\cdots)$。

故 $(R_0,+,\cdot)$ 是交换环。R_0 的子集 $R'=\{a,0,\cdots,0,\cdots)\,|\,a\in R\}$ 构成 R_0 的子环,并且与 R 同构。此时,可以将 R' 等同于 R。将 R' 中的元 $\{a,0,\cdots,0,\cdots)$ 记作 a。则 R_0 就是 R 的扩环。如图 3-6 所示。

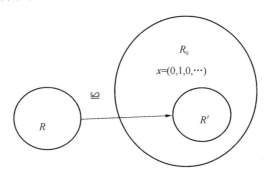

图 3-6　图示多项式环

再令 R_0 中的元 $x=(0,1,0,0,\cdots)$,按照规定的乘法,有:
$$x^2=(0,0,1,0,0,\cdots);x^3=(0,0,0,1,0,0,\cdots),\cdots;x^k=(\underbrace{0,0,\cdots,0}_{k个},1,0,0,\cdots),\cdots$$

可以验证，对任何的正整数 n，若有：
$$a_n x^n + a_{n-1} x^{n-1} + \cdots + a_0 = 0, a_0, a_1, \cdots, a_n \in R。$$
其左端等于 $(a_0, a_1, \cdots, a_n, 0, 0, \cdots)$，右端为：$(0, 0, 0, 0, \cdots)$。
故：
$$a_0 = a_1 = \cdots = a_n = 0。$$
这说明，$x = (0, 1, 0, 0, \cdots)$ 是 R 的不定元。

R_0 中任一个元素 $(a_0, a_1, \cdots, a_k, \cdots)$ 只有有限个 $a_i \neq 0$。设非零的 a_i 中下标最大者为 a_n。则该元素可以表示为 $(a_0, a_1, \cdots, a_n, 0, 0, 0, \cdots)$。它就等于 $a_n x^n + a_{n-1} x^{n-1} + \cdots + a_0$。

根据以上的分析，我们给出下面定义。

定义　设 α 是具有单位元的交换环 R 上的一个不定元。一个可以写成 $a_0 + a_1 \alpha + \cdots + a_n \alpha^n$ 的形式 R_0 的元叫做 R 上的 α 的一个多项式。a_i 叫做多项式的系数。（$a_i \in R, n$ 是 ≥ 0 的整数）。

现在，我们把所有 R 上的 α 的多项式放在一起，作成一个集合，这个集合我们用 $R[\alpha]$ 来表示。

这里，当 $m < n$ 时，
$$a_0 + \cdots + a_m \alpha^m = a_0 + \cdots + a_m \alpha^m + 0 \alpha^{m+1} + \cdots + 0 \alpha^n$$
所以，当我们考虑 $R[\alpha]$ 中的多项式的时候，可以假定这些多项式的项数都是一样的。

此时，$R[\alpha]$ 的两个元相加相乘适合以下公式：
$$(a_0 + \cdots + a_n \alpha^n) + (b_0 + \cdots + b_n \alpha^n) = (a_0 + b_0) + \cdots + (a_n + b_n) \alpha^n$$
$$(a_0 + \cdots + a_n \alpha^n)(b_0 + \cdots + b_n \alpha^n) = c_0 + \cdots + c_{m+n} \alpha^{m+n}$$
这里
$$c_k = a_0 b_k + a_1 b_{k-1} + \cdots + a_k b_0 = \sum_{i+j=k} a_i b_j$$

这两个式子告诉我们，$R[\alpha]$ 对于加法和乘法来说都是封闭的。

由于：
$$-(a_0 + \cdots + a_n \alpha^n) = -a_0 - \cdots - a_n \alpha^n \in R[\alpha]$$
所以 $R[\alpha]$ 是一个环。$R[\alpha]$ 显然是包括 R 和 α 的最小子环。

在讨论多项式环 $(R[x], +, \cdot)$ 时，一般地，R 均为有单位元的交换环。

定理　设 R 是有单位元的交换环，记：
$$R[x] = \{a_0 + a_1 x + \cdots + a_n x^n \mid a_0, \cdots, a_n \in R, n \text{ 非负整数}\},$$
则：$(R[x], +, \cdot)$ 构成有单位元的交换环。称之为 R 上多项式环。

运算规则为：

对于任意的 R 上多项式
$$f(x) = \sum_{i=0}^{m} a_i x^i, g(x) = \sum_{j=0}^{n} b_j x^j,$$
$$f(x) + g(x) = \sum_{i=0}^{\max(m,n)} (a_i + b_i) x^i,$$
$$f(x) \cdot g(x) = \sum_{k=0}^{m+n} \left(\sum_{i+j=k} a_i b_j \right) x^k$$

证　可知 $f(x) + g(x), -f(x), f(x) \cdot g(x) \in R[x]$，零元为零多项式 0，单位元为多项式 1。

定义　设 R 是具有单位元的交换环,称 $(R[x],+,\cdot)$ 为 R 上的多项式环。

推论　设 R 是具有单位元的交换环。规定映射 $f:R\to R[x]$ 为

$$f(r)=r+0x+0x^2+\cdots+0x^n=r,\forall\,r\in R。$$

则:f 是 $R\to R[x]$ 的一个单一同态。这样,环 R 可以看成是环 $R[x]$ 的一个子环。

设 R 是一个有单位元的交换环,R_0 是 R 的交换扩环。对任一元 $u\in R_0$,及 $R[x]$ 中的多项式 $f(x)=a_nx^n+a_{n-1}x^{n-1}+\cdots+a_0$。令 $f(u)=a_nu^n+a_{n-1}u^{n-1}+\cdots+a_0$。这即是以前学过的将值 u 代入 $f(x)$。易知,这种代入有性质:

设　　　　　　　　　　　　$f(x),g(x)\in R[x]$,

令　　　　　　　　　　　　$f(x)+g(x)=h(x),f(x)g(x)=i(x)。$

则有:

$$f(u)+g(u)=h(u),f(u)g(u)=i(u)。$$

上述结果可以推广到多个不定元时的情形。有了一元多项式就可以作出多元多项式。这可以采用逐步作出的方法。设 R 是有单位元的交换环,按照上面的知识,就可以作出 $R[x_1]$,此时 x_1 是 R 上的不定元,且 $R[x_1]$ 是有单位元的交换环。设 x_2 是 $R[x_1]$ 上的不定元,即可作出 $R[x_1][x_2]$。以此类推,对于任意的 k,可以作出 $R[x_1][x_2]\cdots[x_k]$。有时,将 $R[x_1][x_2]\cdots[x_k]$ 也记为:$R[x_1,x_2,\cdots,x_k]$。我们有如下结论。

定理　假设 R 是一个有单位元的交换环,n 为任意正整数,则一定存在环 R 上的 n 个无关的不定元 $x_1,\cdots,x_n$,因此 R 上的多元多项式环 $R[x_1,\cdots,x_n]$ 是存在的。其中,无关的意思是指:

$$\sum_{i_1\cdots i_n}a_{i_1\cdots i_n}{x_1}^{i_1}\cdots{x_n}^{i_n}=0\Leftrightarrow a_{i_1\cdots i_n}=0,\forall\,a_{i_1\cdots i_n}\in R。$$

例　在 $(\mathbf{Z}_5[x],+,\cdot)$ 中,$f(x)=2x^3+2x^2+3,g(x)=3x^2+4x+4\in\mathbf{Z}_5[x]$

则有:　　　　　　　　　　$f(x)+g(x)=2x^3+4x+2$,

$$f(x)\cdot g(x)=x^5+4x^4+x^3+2x^2+2x+2$$

例　$\mathbf{Z}[x]$ 表示整数环 $\mathbf{Z}$ 上的多项式环,$\mathbf{Z}[i]$ 是高斯整环。即:$\mathbf{Z}[i]=\{a+bi\mid a,b\in\mathbf{Z}\}$。证明:从 $\mathbf{Z}[i]$ 到 $\mathbf{Z}[x]$ 的同态映射只有零同态。

证　设 f 是环 $\mathbf{Z}[i]$ 到环 $\mathbf{Z}[x]$ 的任一同态映射,则有:$f(0)=0$。

思路:对映射 $f(1)$ 的值是否为 0 作讨论。

(1) 如果 $f(1)=0$,则:$\forall\,a+bi\in\mathbf{Z}[i]$,有:

$$f(a+bi)=f[(a+bi)\cdot 1]=f(a+bi)f(1)=0。$$

则:f 为环 $\mathbf{Z}[i]$ 到环 $\mathbf{Z}[x]$ 的零同态。

(2) 如果 $f(1)=h(x)\in\mathbf{Z}[x]$,且 $h(x)\neq0$。

则:　　　　　　　　$f(1)=f(1\cdot 1)=f(1)f(1)=[f(1)]^2=[h(x)]^2。$

即:　　　　　　　　　　　$h(x)=[h(x)]^2。$

由于环 $\mathbf{Z}[x]$ 没有零因子,因此,$h(x)=1$。即:$f(1)=1$。

则有:

$$0=f(0)=f(1-1)=f(1+i^2)=f(1)+f(i^2)=1+[f(i)]^2。$$

即:　　　　　　　　　　　$[f(i)]^2=-1。$

这说明 $f(i) \notin \mathbf{Z}[x]$，即 $:i \in \mathbf{Z}[i]$ 在 $\mathbf{Z}[x]$ 中没有像。

这与 f 是环 $\mathbf{Z}[i]$ 到环 $\mathbf{Z}[x]$ 的同态映射矛盾。

因此，只有 $f(1)=0$。即：从 $\mathbf{Z}[i]$ 到 $\mathbf{Z}[x]$ 的同态映射只有零同态。

定理　设 R 是具有单位元的整环，则 $R[x]$ 也是具有单位元的整环。

证　因为 R 是具有单位元的交换环，由上述定理，$R[x]$ 也是具有单位元的交换环。

要证 $R[x]$ 是整环，只要证明环 $R[x]$ 没有零因子。

设　　　　　　　　$f(x),g(x) \in R[x]$，且 $f(x) \neq 0, g(x) \neq 0$。

令：

$$f(x) = \sum_{i=0}^{n} a_i x^i, a_n \neq 0;$$

$$g(x) = \sum_{j=0}^{m} b_j x^j, b_m \neq 0。$$

则：
$$f(x) \cdot g(x) = \sum_{k=0}^{m+n} \left(\sum_{i+j=k} a_i b_j \right) x^k。$$

由于 R 为整环，故环 R 中没有零因子。

又 $a_n \neq 0, b_m \neq 0$ 则 $a_n b_m \neq 0$，故 $f(x) \cdot g(x) \neq 0$。

因此 $R[x]$ 是整环。

3.4.3　序列环

定理　设 R 是有单位元的交换环，记：

$R^N = \{\langle a_0, a_1, a_2, \cdots \rangle | a_0, a_1, \cdots \in R, n$ 非负整数$\}$，且用记号 $\langle a_i \rangle$ 表示无穷序列 $\langle a_0, a_1, a_2, \cdots \rangle$。则：$R^N$ 关于以下定义的加法 "$+$" 和卷积 "$*$" 构成具有单位元的交换环 $(R^N, +, *)$。称环 $(R^N, +, *)$ 为 R 上的序列环。

通项的运算规则为：

$$\langle a_0, a_1, a_2, \cdots \rangle + \langle b_0, b_1, b_2, \cdots \rangle = \langle a_0+b_0, a_1+b_1, a_2+b_2, \cdots \rangle \langle a_0, a_1, a_2, \cdots \rangle * \langle b_0, b_1, b_2, \cdots \rangle =$$
$$\langle a_0 b_0, a_0 b_1 + a_1 b_0, a_0 b_2 + a_1 b_1 + a_2 b_0, a_0 b_3 + a_1 b_2 + a_2 b_1 + a_3 b_0, \cdots \rangle$$

或写成：

$$\langle a_i \rangle + \langle b_i \rangle = \langle a_i + b_i \rangle, \quad \langle a_i \rangle * \langle b_i \rangle = \left\langle \sum_{j+k=i} a_j b_k \right\rangle = \left\langle \sum_{t=0}^{i} a_t b_{i-t} \right\rangle。$$

更进一步，如果 R 是具有单位元的整环，则 $(R^N, +, *)$ 也是具有单位元的整环。

证　R^N 中关于规定的加法满足结合律与交换律，零元是零序列 $\langle 0 \rangle = \langle 0, 0, 0, \cdots \rangle$。元素 $\langle a_i \rangle$ 的负元是 $\langle -a_i \rangle$。因此，$(R^N, +)$ 构成群。

易知，卷积满足交换律。又：

$$(\langle a_i \rangle * \langle b_i \rangle) * \langle c_i \rangle = \left\langle \sum_{j+k=i} a_j b_k \right\rangle * \langle c_i \rangle = \left\langle \sum_{l+m=i} \left(\sum_{j+k=m} a_j b_k \right) c_l \right\rangle = \left\langle \sum_{j+k+l=i} a_j b_k c_l \right\rangle$$

同理可证：

$$\langle a_i \rangle * (\langle b_i \rangle * \langle c_i \rangle) = \left\langle \sum_{j+k+l=i} a_j b_k c_l \right\rangle$$

即:卷积满足结合律。

又

$$\langle a_i \rangle * (\langle b_i \rangle + \langle c_i \rangle) = \left\langle \sum_{j+k=i} a_j(b_k + c_k) \right\rangle = \left\langle \sum_{j+k=i} a_j b_k \right\rangle + \left\langle \sum_{j+k=i} a_j c_k \right\rangle =$$
$$\langle a_i \rangle * \langle b_i \rangle + \langle a_i \rangle * \langle c_i \rangle$$

即:卷积满足分配律。

单位元为:$\langle 1,0,0,\cdots \rangle$。因为:

$$\langle 1,0,0,\cdots \rangle * \langle a_0,a_1,a_2,\cdots \rangle =$$
$$\langle 1a_0,1a_1+0a_0,1a_2+0a_1+0a_2,\cdots \rangle = \langle a_0,a_1,a_2,\cdots \rangle$$

因此,$(R^N,+,*)$ 是具有单位元的交换环。

如果 R 是具有单位元的整环,设非零序列 $\langle a_i \rangle$ 与 $\langle b_i \rangle$ 中,a_s 与 b_r 分别是这两个序列中的第一个非零元。则 $\langle a_i \rangle * \langle b_i \rangle$ 的第 $(s+r)$ 位置是:

$$\sum_{j+k=s+r} a_j b_k = a_0 b_{s+r} + a_1 b_{s+r-1} + \cdots + a_s b_r + a_{s+1} b_{r-1} + \cdots + a_{s+r} b_0 =$$
$$0 + 0 + \cdots + a_s b_r + 0 + \cdots + 0 = a_s b_r$$

由于 R 是整环,R 中没有零因子。则:$a_s b_r \neq 0$。因此,$(R^N,+,*)$ 也没有零因子。即:$(R^N,+,*)$ 是具有单位元的整环。

注:R 上的序列环不是域。因为:元素 $\langle 0,1,0,0,\cdots \rangle$ 没有逆元素。对于任意序列 $\langle b_i \rangle = \langle b_0,b_1,b_2,\cdots \rangle$,

$\langle 0,1,0,0,\cdots \rangle * \langle b_0,b_1,b_2,\cdots \rangle = \langle 0,b_0,b_1,b_2,\cdots \rangle$。其结果不是环的单位元。

定理　设 R 是有单位元的交换环,$\langle a_0,a_1,a_2,\cdots \rangle \in R^N$,则 $\langle a_0,a_1,a_2,\cdots \rangle$ 在 R^N 中有逆元素,当且仅当 a_0 在 R 中有逆元素。

证　必要性。

若 $\langle a_0,a_1,a_2,\cdots \rangle$ 在 R^N 中有逆元素,则存在 $\langle b_0,b_1,b_2,\cdots \rangle \in R^N$,满足:

$$\langle a_0,a_1,a_2,\cdots \rangle * \langle b_0,b_1,b_2,\cdots \rangle = \langle 1,0,0,\cdots \rangle。$$

此时,$\langle 1,0,0,\cdots \rangle$ 是 R^N 中的单位元,1 是 R 中的单位元。

则:
$$a_0 b_0 = b_0 a_0 = 1。$$

即:a_0 在 R 中有逆元 b_0。

$$\langle a_0,a_1,a_2,\cdots \rangle * \langle b_0,b_1,b_2,\cdots \rangle = \langle 1,0,0,\cdots \rangle。$$

再证充分性。

假设 a_0 在 R 中有逆元素。

若存在 $\langle b_0,b_1,b_2,\cdots \rangle \in R^N$,满足:

$$\langle a_0,a_1,a_2,\cdots \rangle * \langle b_0,b_1,b_2,\cdots \rangle = \langle 1,0,0,\cdots \rangle。$$

上式中的 $\langle b_0,b_1,b_2,\cdots \rangle$ 应该满足下列方程组:

$$\begin{cases} a_0 b_0 = 1 \\ a_0 b_1 + a_1 b_0 = 0 \\ a_0 b_2 + a_1 b_1 + a_2 b_0 = 0 \\ \vdots \\ a_0 b_n + a_1 b_{n-1} + \cdots + a_n b_0 = 0 \\ \vdots \end{cases}$$

若上述方程组有解$\langle b_0, b_1, b_2, \cdots \rangle$，则解$\langle b_0, b_1, b_2, \cdots \rangle \in R^N$满足$\langle a_0, a_1, a_2, \cdots \rangle *$ $\langle b_0, b_1, b_2, \cdots \rangle = \langle 1, 0, 0, \cdots \rangle$。

由于a_0^{-1}存在，故从上式中的第一个方程中可以解出$b_0 = a_0^{-1}$。

再由第二个方程解出：$b_1 = a_0^{-1}(-a_1 b_0) = a_0^{-1}(-a_1 a_0^{-1})$。

继续下去，可以求出：　$b_n = a_0^{-1}(-a_1 b_{n-1} - \cdots - a_n b_0)$。

即：若a_0在R中有逆元素，则上述方程组有解。

从而存在$\langle b_0, b_1, b_2, \cdots \rangle \in R^N$使得：

$$\langle a_0, a_1, a_2, \cdots \rangle * \langle b_0, b_1, b_2, \cdots \rangle = \langle 1, 0, 0, \cdots \rangle 。$$

又，由于R是交换环，R^N也是交换环。故：

$$\langle a_0, a_1, a_2, \cdots \rangle * \langle b_0, b_1, b_2, \cdots \rangle = \langle b_0, b_1, b_2, \cdots \rangle * \langle a_0, a_1, a_2, \cdots \rangle = \langle 1, 0, 0, \cdots \rangle$$

即：$\langle b_0, b_1, b_2, \cdots \rangle$是$\langle a_0, a_1, a_2, \cdots \rangle$在$R^N$中的逆元。

推论　设R是域，则$\langle a_0, a_1, a_2, \cdots \rangle \in R^N$有逆元素，当且仅当$a_0 \neq 0$。

证　因为域R上的非零元素都有逆元素，且可逆元素为非零元。由上述定理知，结论成立。

在本节中，我们学习了一些由已知的环构造新环的方法。利用环$(R, +, \cdot)$与环$(S, \vee, \wedge)$的直积，可以构造直积环。设R是一个有单位元的交换环，则一定存在环R上的不定元x，因此R上的一元多项式环$R[x]$是存在的。即：通过引入是环R上的一个不定元x，可以构造出R上多项式环。通过引入无穷序列$\langle a_0, a_1, a_2, \cdots \rangle$中的加法"$+$"和卷积"$*$"运算，可以构成序列环$(R^N, +, *)$。

3.5　素理想与极大理想

素理想与极大理想是两类重要的理想。在本节中，我们将学习这方面的知识。

3.5.1　素理想

在整数中，给定两个整数a, b，当$a \mid b$时，称为a是b的因子。主理想之间的包含关系与"因子"关系有关。因为$a \mid b$当且仅当$(b) \subseteq (a)$。

首先，看一个交换环及其商环中的理想之间的对应关系。

定理　设I是交换环R中的一个真理想，则在包含I的一切中间理想J（$I \subseteq J \subseteq R$）的集合到包含商环$R/I$中的一切理想的集合之间，存在保持包含关系的双射$\varphi$。该双射由下式给出：

$$\varphi: J \rightarrow \pi(J) = J/I = \{a + I \mid a \in J\} 。$$

其中：$\pi: R \rightarrow R/I$为自然同态。

证明　如果忽略交换环R中的乘法运算，可以将R看做一个交换群。R中的理想I是一个正规子群。由前述定理，可以给出一个保持包含关系的双射。

$$\Phi: \{R \text{中包含} I \text{的一切子群}\} \rightarrow \{R/I \text{的一切子群}\} 。$$

其中，$\Phi(J)=\pi(J)=J/I$。

如果 J 是 R 中的理想，则 $\Phi(J)=\pi(J)=J/I$ 也是 R/I 中的理想。这是因为，若
$$r\in R、a\in J\Rightarrow ra\in J；$$
则：
$$r+I\in R/I、a+I\in J/I\Rightarrow(r+I)(a+I)=ra+I\in J/I。$$

令 φ 是 Φ 在中间理想集合中的限制。因为 Φ 是双射，故 φ 为单射。下面证明 φ 也是满射。设 J^* 是 R/I 中的任一理想，有 $\pi^{-1}(J^*)$ 是 R 中的中间理想，该中间理想包含 $I=\pi^{-1}\{(0)\}$，此时，$\varphi(\pi^{-1}(J^*))=\pi(\pi^{-1}(J^*))=J^*$。故得证。

由此定理知，可以将商环 R/I 中的每一个理想都写成 J/I 的形式，其中 J 是满足 $I\subseteq J\subseteq R$ 的某个唯一确定的理想。如图 3-7 所示。

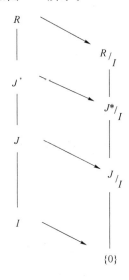

图 3-7　交换环 R 中的包含 I 的中间理想 J 与商环 R/I 中的理想之间的对应

定义　如果 R 是交换环，I 是 R 的真理想，即 $I\neq R$，且 $\forall a,b\in R$，当 $ab\in I$，可推出 $a\in I$ 或 $b\in I$，则称 I 是 R 的素理想。

例　在整数环 $(\mathbf{Z},+,\cdot)$ 中，0 生成的主理想 $(0)=\{0\}$ 是 $\mathbf{Z}$ 的素理想。

因为，对于任意的 $a,b\in\mathbf{Z}$，若 $a\cdot b\in\{0\}$，即：$a\cdot b=0$。

可以推出：$a=0$，或 $b=0$。即：$a\in\{0\}$，或 $b\in\{0\}$。

例　素数 p 生成的主理想 $(p)=\{pr\mid r\in\mathbf{Z}\}$ 是 $\mathbf{Z}$ 的素理想。

因为，$\forall a,b\in\mathbf{Z}$，当 $ab\in(p)$ 时，有：$p\mid ab$。

则：
$$p\mid a，\quad\text{或}\quad p\mid b。$$
则：
$$a\in(p)\quad\text{或}\quad b\in(p)。$$

例　F 是域，$F[x]$ 的主理想 (x) 是 $F[x]$ 的素理想。

因为，对于任意的 $f(x),g(x)\in F[x]$，若 $f(x)g(x)\in(x)$，

则：
$$x\mid f(x)g(x)。$$
则：
$$x\mid f(x)，\quad\text{或}\quad x\mid g(x)。$$
即：
$$f(x)\in(x)，\quad\text{或}\quad g(x)\in(x)$$

定理　设 R 是交换环，I 是交换环 R 的理想。

则：I 是 R 的素理想 $\Leftrightarrow R/I$ 是整环（无零因子，交换）。

证　"$\Leftarrow$"，设 R/I 是整环。

$\forall a, b \in R$，当 $ab \in I$，由：$(I+a)(I+b)=I+ab=I$，I 是 R/I 的零元。

则有：$I+a=I$，或 $I+b=I$。

即：$a \in I$ 或 $b \in I$。

因此，I 是 R 的素理想。

"$\Rightarrow$"设 I 是 R 的素理想，在 R/I 中，设：$(I+a)(I+b)=I$。

则：$(I+a)(I+b)=I+ab=I$。即：$ab \in I$。

则：$a \in I$，或 $b \in I$。即：$I+a=I$，或 $I+b=I$。

因此，R/I 是无零因子环。

因为 R 是交换环，所以，R/I 也是交换环。

故：R/I 是整环。

例　F 是域，由前例知：(x) 是 $F[x]$ 的素理想，由上述定理知：$F[x]/(x)$ 是整环。

3.5.2　极大理想

定义　环 R 的一个不等于 R 的理想 $I(I \neq R)$，称为 R 的极大理想，假如除 R 和 I 外，R 中没有包含 I 的其他理想。

例　在整数环 $(\mathbf{Z}, +, \cdot)$ 中，素数 p 生成的主理想 $(p)=\{pr \mid r \in \mathbf{Z}\}$ 是 $\mathbf{Z}$ 的极大理想。

证　设 I 是 $\mathbf{Z}$ 的理想，且 $I \supset (p)$，（只需证明：$I=\mathbf{Z}$。）

因为 I 必包含一个不能被 p 整除的数 $q \Rightarrow p$ 与 q 互素，$\Rightarrow \exists s, t \in \mathbf{Z}$，使 $sp+tq=1$，因为 p 与 $q \in I$，所以 $sp, tq \in I$，所以 $1 \in I$，所以 $\forall r \in \mathbf{Z}, 1 \cdot r \in I$。所以 $I=\mathbf{Z}$

利用极大理想，可以由一个环来得到一个域。

定理　设 R 是有单位元的交换环，I 是 R 的理想，I 是 R 的极大理想 $\Leftrightarrow R/I$ 是域。

证　必要性。

设 I 是 R 的极大理想，并且 $I+a$ 是 R/I 的非零元。

以下证明：$I+a$ 在 R/I 中有逆元。

令 $I'=\{ax+i \mid i \in I, x \in R\}$。易知：$I'$ 是 R 的理想，并且 $I' \supseteq I$。又：$a \notin I$，而 $a \in I'$。故 $I \neq I'$。

由于 I 是 R 的极大理想，所以 $I'=R$，则：$1 \in I'$。故存在 $i \in I, x \in R$，使得 $1=ax+i$。因此，$I+1=I+(ax+i)=I+ax=(I+a)(I+x)$。即：$(I+a)$ 的逆元是 $(I+x)$。又 R/I 是交换环，故 R/I 是域。

再证充分性。

设 R/I 是域。令 M 是包含 I 的理想，且 $M \neq I$。

只要证 $M=R$。

存在 $a \in M, a \notin I$。则：$I+a$ 是 R/I 中的非零元。因为 R/I 是域，故 $I+a$ 存在逆元。即存在 $x \in R$，使得：$(I+a)(I+x)=I+1$。则：$I+ax=I+1$。

由：$a \in M, I \subseteq M$，故 $ax \in M$。则：$I + ax \subseteq M$。故：$1 \in M$。即：$M = R$。

这就证明了 I 是 R 的极大理想。

推论　在整数环 $(\mathbf{Z}, +, \cdot)$ 中，素数 p 生成的主理想 (p)，则：$\mathbf{Z}/(p)$ 是域。

证　由前例知 $(p) = \{pr \mid r \in \mathbf{Z}\}$ 是 $\mathbf{Z}$ 的一个极大理想。由上定理知：$\mathbf{Z}/(p)$ 是域。

推论　设 R 是有单位元的交换环，I 是 R 的极大理想，则 I 是 R 的素理想。

证　设 I 是 R 的极大理想，由上定理知 R/I 是域，则 R/I 是整环。又前定理知：I 是 R 的素理想。

在本节中，我们进一步学习了理想的知识。首先学习了交换环 R 中包含真理想 I 的一切中间理想 $J(I \subseteq J \subseteq R)$ 的集合到包含商环 R/I 中的一切理想的集合之间，存在保持包含关系的双射 φ。素理想与极大理想都是真理想。如果 R 是交换环，I 是 R 的真理想，即 $I \neq R$，且 $\forall a, b \in R$，当 $ab \in I$，可推出 $a \in I$ 或 $b \in I$，则称 I 是 R 的素理想。交换环 R 的理想 I 是素理想，当且仅当商环 R/I 是整环。对应交换环 R，真理想 I 称为 R 的极大理想，指的是，除了 R 与 I 之外，没有包含 I 的其他理想。对于具有单位元的交换环 R，真理想 I 是 R 的极大理想，当且仅当商环 R/I 是域，在这样的环中，极大理想也是素理想。

3.6　唯一分解环

整数环 $\mathbf{Z}$ 是整环的一个特例。我们知道，在整数环 $\mathbf{Z}$ 中，每一个不等于 ± 1 的非零整数，都能分解成素数（包括素数的负数）的乘积，并且除了因子的次序和 ± 1 的因子差别外，分解是唯一的。有理数域上多项式环 $\mathbf{Q}[x]$ 也是一个整环，在 $\mathbf{Q}[x]$ 中，每一个 $n(n > 0)$ 次多项式 $f(x)$ 都可以分解成 $\mathbf{Q}[x]$ 中的不可约多项式的乘积。是否每一个整环中的元素，都可以类似于 $\mathbf{Z}$ 和 $\mathbf{Q}[x]$ 中的元素一样，可以"唯一分解"呢？如果不是的话，哪些类似的整环可以做到这一点？在本节中，我们讨论在一般具有单位元的整环中，元素的分解问题。

3.6.1　既约元与素元

定义　设 R 是具有单位元的交换环，$a, b \in R$，若存在 $c \in R$，使 $a = bc$，则称 b 整除 a，或称 b 是 a 的一个因子，a 是 b 的倍元。记为 $b \mid a$。b 不是 a 的因子记为 $b \nmid a$。

定义　设 R 是具有单位元的交换环，R 的一个元素 u，称为 R 的可逆元（或单位），假如 u 是有逆元的元，即：存在 $v \in R$，使得 $uv = 1$。

若 $b \mid a$，并且 $a \mid b$，则称 a 与 b 相伴；若 $b \mid a$，但 b 不与 a 相伴，且 b 不是可逆元，则称 b 是 a 的真因子。

易知，u 为 R 的可逆元，当且仅当 $u \mid 1$。

可以看出，环 R 中的可逆元是 R 中任意元素的因子。若 u 为 R 的可逆元，对于任意 R 中的元素 a，ua 必定为 a 的因子。

例如，整数环 $\mathbf{Z}$ 中，可逆元为 ± 1，与整数 n 相伴的元素只有 n 与 $-n$；域 F 上多项式环 $F[x]$ 中，可逆元为零次多项式；高斯整环 $\mathbf{Z}[i]$ 中，可逆元为 $\pm 1, \pm i$。

定理 设 R 是具有单位元的整环，$a,b \in R$，a,b 均不为 R 中的零元。则：b 与 a 相伴当且仅当 $b=ua$，这里 u 为 R 的可逆元。

证 充分性。设 $b=ua$，由于 u 为可逆元，$a=u^{-1}b$，于是 $a|b, b|a$。因此，b 与 a 相伴。

必要性。反之，设 b 与 a 相伴，由于 $a|b$，即 $b=ua$，对于某个 $u \in R$。由于 $b|a$，即 $a=vb$，对于某个 $v \in R$。因此，$b=ua=uvb$，于是 $b(uv-1)=0$。由于 R 为整环，没有零因子，故：$uv-1=0$，于是 $uv=1$，即 u 为 R 的可逆元。

定义 设 R 是具有单位元的整环，对于 R 中的元素 a，可逆元及 a 的相伴元，称为元素 a 的平凡因子。元素 a 的其他因子（如果还有的话）称为 a 的真因子。

例 设 $f(x)=x^2-3x-4$，$f(x) \in \mathbf{Q}[x]$。这里，$\mathbf{Q}[x]$ 表示有理数域 $\mathbf{Q}$ 上的多项式环。则：

$$f(x)=3\left(\frac{1}{3}x^2-x-\frac{4}{3}\right)=(x-4)(x+1).$$

此时，3 不是 $f(x)$ 的真因子。因为有理数域 $\mathbf{Q}$ 上的数都是可逆元。$(x-4)$ 与 $(x+1)$ 都是 $f(x)$ 的真因子。

设 $g(x)=3x^2-6x+3$，$g(x) \in \mathbf{Z}[x]$。$\mathbf{Z}[x]$ 表示整数环 $\mathbf{Z}$ 上的多项式环。由 $g(x)=3(x^2-2x+1)=3(x-1)(x-1)$，知：3，$x^2-2x+1$，$x-1$ 均为 $g(x)$ 的真因子。

该例表明，一个元素的真因子与其所在的环 R 有关。

定理 设 R 是具有单位元的交换环，R 中的所有可逆元的集合记为 U。即：$U=\{x|x$ 为 R 中的可逆元$\}$。则 U 在乘法下构成交换群。

证 首先说明集合 U 在乘法运算下封闭。对于任何 $u_1, u_2 \in U$，由于 u_1, u_2 为可逆元，故存在 $v_1, v_2 \in U$，使得：$u_1 v_1=1, u_2 v_2=1$。由于 R 为交换环，有：$(u_1 u_2)(v_1 v_2)=(u_1 v_1) \cdot (u_2 v_2)=1$，故：$u_1 u_2 \in U$。

因为 $u_1, u_2 \in U$，由于在 R 中满足乘法结合律，从而，在 U 中也满足乘法结合率。

R 的单位元 1 是可逆元，于是，$1 \in U$。

由可逆元的定义，U 中每个元素都存在可逆元。因此 $(U, \cdot)$ 为群。

定义 设 R 是具有单位元的整环，R 中所有可逆元的集为 U。设 $p \in R$，且 $p \neq 0$，$p \notin U$，$a,b \in R$。

如果 $p=ab$ 可推出 $a \in U$ 或者 $b \in U$，则称 p 是 R 的既约元（不可约元）；

如果 $p|ab$，可推出 $p|a$ 或者 $p|b$，则称 p 是 R 的素元。

由上述定义知，既约元与素元均不能为零元与可逆元。既约元没有真因子。

如，整数环中的素数，既是既约元又是素元；具有单位元的整环 R 上多项式环 $R[x]$ 上的既约元称为既约多项式。

定理 设 R 是具有单位元的整环，R 中的可逆元 u 与既约元 p 的乘积 up 还是既约元。

证 首先要说明，乘积 up 即不是零元，也不是可逆元。由于 $u \neq 0, p \neq 0$，整环 R 中没有零因子，于是 $up \neq 0$。up 也不是可逆元；否则，设 up 的可逆元为 v，即 $1=v(up)=(vu)p$，从而 p 是可逆元，这与假定不符合。

若 $up=bc$，这里 $b,c \in R$，设 b 不是可逆元，由于 $p=u^{-1}(bc)=b(u^{-1}c)$，已知 p 是既约

132

元,所以 $u^{-1}c$ 为可逆元,从而 c 是可逆元。因此,up 是既约元。

定理 在具有单位元的整环 R 中,每一个素元都是既约元。

证 设 p 是 R 的素元,并设 $p=ab$,于是 $p\mid ab$。由素元的定义,$p\mid a$ 或 $p\mid b$。

若 $p\mid a$,由 $p=ab$,可得 $a\mid p$,于是 a 与 p 相伴,故 b 是可逆元;

若 $p\mid b$,同理可得:a 是可逆元。

即,由 $p=ab$ 可推出 a 是可逆元或 b 是可逆元。因此 p 是既约元。

对于整数环来说,每个既约元也是素元,但对一般整环来说,既约元就不一定是素元。

例 设 $R=\mathbf{Z}[\sqrt{3}i]=\{a+\sqrt{3}bi\mid a,b\in\mathbf{Z}\}$,有 $\mathbf{Z}[\sqrt{3}i]$ 关于数的加法和乘法构成具有单位元的整环。下面证明:$2\in\mathbf{Z}[\sqrt{3}i]$ 是既约元,但不是素元。

设
$$2=(a+\sqrt{3}bi)(c+\sqrt{3}di),$$

于是
$$2=(ac-3bd)+(ad+bc)\sqrt{3}i,$$

得
$$\begin{cases} ac-3bd=2, \\ ba+ad=0, \end{cases}$$

即:
$$c=\frac{2a}{a^2+3b^2},\quad d=\frac{-2b}{a^2+3b^2}。$$

因为 c,d 是整数,故:$\begin{cases} a=\pm 2 \\ b=0 \end{cases}$,或 $\begin{cases} a=\pm 1 \\ b=0 \end{cases}$。

当 $b=0,a=\pm 2$ 时,2 与 $a+\sqrt{3}bi$ 相伴,故 $c+\sqrt{3}di$ 为可逆元;

当 $b=0,a=\pm 1$ 时,$a+\sqrt{3}bi$ 是可逆元。因此 2 是既约元。

但 2 不是 $\mathbf{Z}[\sqrt{3}i]$ 的素元,因为 $2\mid(1+\sqrt{3}i)(1-\sqrt{3}i)$,但 $2\nmid 1+\sqrt{3}i$,$2\nmid 1+\sqrt{3}i$。

例 设 $D=\{a+\sqrt{5}bi\mid a,b\in\mathbf{Z}\}$。可以证明,$D$ 关于复数的加法与乘法构成一个整环。

首先考虑环 D 中的可逆元有哪些。设 $u=a+\sqrt{5}bi$ 是 D 中的可逆元,则存在 $v\in D$,使得 $uv=1$。两边取模,有:$|u|^2=a^2+5b^2=1$。故:$a=\pm 1,b=0$。即环 D 中的可逆元只有 ± 1。

下面说明,3 是环 D 中的既约元。设 $3=uv$,两边取模,有:$9=|u|^2|v|^2$。若 u,v 均不为可逆元,只能有 $|u|^2=3$。设 $u=a+\sqrt{5}bi$,则 $|u|^2=a^2+5b^2=3$。该方程在整数环 $\mathbf{Z}$ 中无解。故 3 是环 D 中的既约元。

又 $3\mid 9$,即 $3\mid(2+\sqrt{5}i)(2-\sqrt{5}i)$。但是,$3\nmid(2+\sqrt{5}i)$,$3\nmid(2-\sqrt{5}i)$。故 3 不是素元。

在后面的学习中,我们可以看到,整数中的最大公因数与数域上多项式环中的最大公因式的概念可以推广到一般的整环中。

3.6.2 唯一分解环

定义 设 R 是具有单位元的整环。称 R 的元 a 在 R 中有唯一分解,假如满足下面条件:

(1) $a=p_1 p_2\cdots p_r$,这里 $p_i(i=1,2,\cdots,r)$ 为 R 的既约元;

（2）若同时还有 $a=q_1q_2\cdots q_s$，这里 $q_i(i=1,2,\cdots,s)$ 为 R 的既约元，则 $r=s$，并且可以把 q_i 的次序掉换一下，使 $q_i=u_ip_i$，这里 u_i 是 R 的可逆元。

显然，R 的零元与可逆元不能唯一分解，因为条件（1）不满足。

定义　具有单位元的整环 R 称为唯一分解环，假如 R 中除了零元与可逆元外的所有元素都有唯一分解。

例　整数环是一个具有单位元的整环，也是一个唯一分解环。

由前述知识，我们知道，在一个具有单位元的整环中，素元也是既约元。反之并不成立。但是，在唯一分解环中，既约元也是素元。

定理　唯一分解环 R 中，每一个既约元也是素元。

证　设 p 是 R 的既约元，并设 $p\mid ab$，于是 $ab=pc$。

若 a，b 之中有一个是零元或可逆元时，例如 $a=0$ 或 a 是可逆元。如果 $a=0$ 则 $p\mid a$；如果 a 是可逆元，于是 $b=a^{-1}pc=p(a^{-1}c)$，则 $p\mid b$。因此，如果 a，b 之中有一个是零元或可逆元时，p 为 R 的素元。

若 a 和 b 均不为零元，也不为可逆元时，此时，由于 R 为整环，故 c 不是零元。c 也不是可逆元，否则由前述定理，知 pc 是既约元。由于 $ab=pc$，这表明既约元可以分解成非可逆元的乘积，这与既约元的定义矛盾。

由唯一分解环的定义，元素 a、b、c 可以写成既约元的乘积。不妨设：$c=p_1p_2\cdots p_n$，$a=q_1q_2\cdots q_r$，$b=q_1'q_2'\cdots q_s'$。此时，p_i、q_i、q_i' 都是既约元。从而由 $ab=pc$，得：
$$q_1q_2\cdots q_rq_1'q_2'\cdots q_s'=pp_1p_2\cdots p_n,$$
由唯一分解的定义，p 一定是某个 q_i 或 q_i' 的相伴元。

若 p 是某个元素 q_i 的相伴元，即 $pu=q_i$，这里 u 为可逆元，从而，$a=q_1q_2\cdots q_{i-1}(pu)q_{i+1}\cdots q_r$，于是 $p\mid a$。

同理可证：若 p 是某个 q_i' 的相伴元，则 $p\mid b$。因此，$p\mid a$ 或 $p\mid b$。即 p 为素元。

下面的定理给出了判断一个具有单位元的整环是唯一分解环的方法。

定理　设 R 是具有单位元的整环，且有下面的性质：

（1）R 中的元素，除了零元和可逆元外，每一个元素 a 都有一个分解，$a=p_1p_2\cdots p_r$，这里 p_i 是 R 的既约元；

（2）R 中每一个既约元都是素元。

则 R 是唯一分解环。

证明　设元素 a 是 R 中不是零元也不是可逆元的任一元素，由（1）知，a 有一个分解，设 $a=p_1p_2\cdots p_r$，这里 p_i 为既约元。下面证明：a 有唯一分解。

假定还有 $a=q_1q_2\cdots q_s$，这里 q_i 为既约元。

对 r 作归纳法，当 $r=1$ 时，$a=p_1=q_1q_2\cdots q_s$，若 $s\neq 1$，于是 $p_1=q_1(q_2\cdots q_s)$。因为 q_1 不是可逆元，并且 $q_2\cdots q_s$ 作为既约元的乘积也不是可逆元，即既约元 p_1 可分解成两个非可逆元的乘积，这不可能，因此 $s=1=r$，即 $p_1=q_1$。

假定能分解成 $\leqslant r-1$ 个既约元的乘积的元都有唯一分解。下面证明，r 时的结论也成立。

设：
$$a=p_1p_2\cdots p_r=q_1q_2\cdots q_s,$$

于是 $p_1|q_1q_2\cdots q_s$，由(2)知，p_1 是素元，所以 p_1 能整除某一个 q_i。通过将各 q_i 的次序进行调换，可以假定 $p_1|q_1$。但 q_1 也是既约元，于是 $q_1=v_1p_1$，即 $p_1=u_1p_1$，这里 $u_1=v_1^{-1}$ 是可逆元，因此：$u_1q_1p_2\cdots p_r=q_1q_2\cdots q_s$。所以，$(u_1p_2)p_3\cdots p_r=q_2q_3\cdots q_s$，由归纳法假定，$r-1=s-1$。而且，通过调换 q_i 的次序，可以使 $p_2=u_2q_2,p_3=u_3q_3\cdots p_r=u_rq_r$，这里 u_i 为可逆元。因此得到 $s=r,p_1=u_1q_1,p_2=u_2q_2,\cdots,p_r=u_rq_r$。故得证。

例 考虑整环 $D=\{a+\sqrt{5}bi\,|\,a,b\in\mathbf{Z}\}$。在前例中，我们知道，$D$ 中元素 3 是既约元，但不是素元。

此时，D 中元素 9 有两种分解方式：$9=3\cdot 3=(2+\sqrt{5}i)(2-\sqrt{5}i)$。与上例一致，利用表达式 $a^2+5b^2=3$ 在整数环 $\mathbf{Z}$ 中无解，可以判断出 $2+\sqrt{5}i,2-\sqrt{5}i$ 也是既约元。

由于 D 中只有 ± 1 为可逆元，故既约元 $3,2+\sqrt{5}i,2-\sqrt{5}i$ 是互不相伴的。这表明，在整环 D 中，元素 9 有两种形式可表示为既约元的乘积。

同时，由于 $3|(2+\sqrt{5}i)(2-\sqrt{5}i),(2+\sqrt{5}i)|3\cdot 3,(2-\sqrt{5}i)|3\cdot 3$。但是，$3\nmid(2+\sqrt{5}i)$，$3\nmid(2-\sqrt{5}i),(2+\sqrt{5}i)\nmid 3,(2-\sqrt{5}i)\nmid 3$，可知 $3,2+\sqrt{5}i,2-\sqrt{5}i$ 都不是素元。

通过以上分析，结合上述定理，知整环 $D=\{a+\sqrt{5}bi\,|\,a,b\in\mathbf{Z}\}$ 不是唯一分解环。

定义 设 R 为整环，$a,b\in R$，元素 $g\in R$ 称为 a 和 b 的最大公约元(最大公因子)，假如满足：

(1) $g|a,g|b$；

(2) 对于任何 $c\in R$，若 $c|a,c|b$ 则 $c|g$。

a,b 的最大公约元记为 $\mathrm{GCD}(a,b)$。类似于两个元素，有多个元素的最大公约元的概念。

设 d,d' 皆为整环 R 中的 n 个元素 $a_1a_2,\cdots,a_n$ 的最大公约元，则：$d|d',d'|d$。即 d 与 d' 是相伴的。

唯一分解环 R 中的两个元素 a,b 一定有最大公约元。原因如下：

(1) 若 a,b 中有零元素，如 a 为零。则 $b=\mathrm{GCD}(a,b)$；

(2) 若 a,b 中有可逆元，如 a 为可逆元。则 $a=\mathrm{GCD}(a,b)$；

(3) 若 a,b 皆为非零且非可逆元的元素。在唯一分解环 R 中，可将 a,b 分解为既约元的乘积。

设：$a=p_1p_2\cdots p_r,b=q_1q_2\cdots q_s$。这里，$p_i,q_j$ 均为既约元。

在元素 $p_1,p_2,\cdots,p_r,q_1,q_2,\cdots,q_s$ 中，将互相相伴的元素各选一个代表。设其全部代表为 $r_1,r_2,\cdots,r_t$ 此时，这些 $r_1,r_2,\cdots,r_t$ 互不相伴，且元素 $p_1,p_2,\cdots,p_r,q_1,q_2,\cdots,q_s$ 皆与其中之一相伴。故元素 a,b 可以写为：

$$a=ur_1^{l_1}r_2^{l_2}\cdots r_t^{l_t},b=vr_1^{n_1}r_2^{n_2}\cdots r_t^{n_t}。$$

这里，l_i,n_j 均为非负整数，u,v 为可逆元。

此时，$\mathrm{GCD}(a,b)$ 可由以下定理得到。

定理 设 R 是唯一分解环，a,b 皆为 R 中的非零且非可逆元的元素，且有分解式：$a=ur_1^{l_1}r_2^{l_2}\cdots r_t^{l_t},b=vr_1^{n_1}r_2^{n_2}\cdots r_t^{n_t}$。则：

(1) $a|b$，当且仅当 $l_i\leqslant n_i,i=1,2,\cdots,t$。

(2) 令 $s_i=\min(l_i,n_i),i=1,2,\cdots,t,$ 则：$GCD(a,b)=r_1^{s_1}r_2^{s_2}\cdots r_t^{s_t}$。

证明 (1) 充分性。当 $l_i\leqslant n_i$ 时，$i=1,2,\cdots,t,$ 有 $a\mid b$。

必要性。若 $a\mid b,$ 设 $b=ac$。

若 c 为可逆元，由于 R 是唯一分解环，知 $l_i=n_i,i=1,2,\cdots,t$。

若 c 不为可逆元，也不为零元。令元素 c 的分解式为：$c=p_1'p_2'\cdots p_s'$。则由 $b=ac,$ 得：$vr_1^{n_1}r_2^{n_2}\cdots r_t^{n_t}=ur_1^{l_1}r_2^{l_2}\cdots r_t^{l_t}p_1'p_2'\cdots p_s'$。这是元素 b 的两种分解方式。

由于 R 是唯一分解环，知 $p_i'(i=1,2,\cdots,s)$ 与 $r_1,r_2,\cdots,r_t$ 之一相伴。于是，可设 $c=wr_1^{m_1}r_2^{m_2}\cdots r_t^{m_t}$，这里 w 为可逆元，m_i 为非负整数。则有：$vr_1^{n_1}r_2^{n_2}\cdots r_t^{n_t}=uwr_1^{l_1+m_1}r_2^{l_2+m_2}\cdots r_t^{l_t+m_t}$。再由分解的唯一性，可得 $n_i=l_i+m_i,$ 故 $l_i\leqslant n_i,i=1,2,\cdots,t$。

(2) 令 $d=r_1^{s_1}r_2^{s_2}\cdots r_t^{s_t}$，可以按照最大公约元的定义，验证 $d=GCD(a,b)$。

由于 $s_i=\min(l_i,n_i),$ 及(1)中的结论，可知：$d\mid a,d\mid b$。此即 d 是 a,b 的公约元。

设 d' 是 a,b 的一个公约元。若 d' 为非可逆元，由(1)，可设 $d'=w'r_1^{m_1'}r_2^{m_2'}\cdots r_t^{m_t'}$，则有：$m_i'=\min(l_i,n_i)$。故：$d'\mid d$。若 d' 为可逆元，必然有 $d'\mid d$。综上，$d=GCD(a,b)$。

若元素 $a_1,a_2,\cdots,a_n$ 的最大公约元为可逆元，则称元素 $a_1,a_2,\cdots,a_n$ 互素。

定理 如果在具有单位元的整环 R 中，对于任意一对互素的元 $a,b,$ 都存在元素 $u,v\in R,$ 使得 $ua+vb=1$。则整环 R 中的既约元均为素元。

证明 首先证：若 $p\mid ab,$ 且 p,b 互素，则 $p\mid a$。

实际上，对于元素 p,b 而言，由已知条件，存在元素 $u,v\in R,$ 使得 $up+vb=1$。两边同时乘以 $a,$ 得：$a=upa+vba$。由于 p 整除右边的每一项，故 $p\mid a$。

设 p 是整环 R 中的既约元，且 $p\mid ab$。令 $d=GCD(p,b),$ 设 $p=dc$。由于 p 为既约元，知 d,c 之一为可逆元。

若 c 为可逆元，则 p 与 d 相伴，故有 $p\mid d$。又 $d\mid b,$ 故有：$p\mid b$。

若 d 为可逆元，由 $d=GCD(p,b),$ 知 p 与 b 互素，由上述结论知，$p\mid a$。

至此，有：若 $p\mid ab\Rightarrow p\mid b$ 或 $p\mid a$。即 p 是素元。

以下定理也给出了一个判断具有单位元的整环 R 是唯一分解环的方法。

定理 设 R 为具有单位元的整环，且满足以下两个条件：

(1) R 中的元素，除了零元和可逆元外，每一个元素 a 都有一个分解，$a=p_1p_2\cdots p_r,$ 这里 p_i 是 R 的既约元；

(2) 对于 R 中任意一对互素的元 $a,b,$ 都存在元素 $u,v\in R,$ 使得 $ua+vb=1$。

则：R 是唯一分解环。

证明 由前述几个定理可证。

在本节中，我们讨论的范围是具有单位元的交换环 R。我们首先学习了因子、可逆元、相伴等概念。通过例题，我们知道一个元素的真因子与其所在的环 R 有关。既约元与素元是两个重要的概念，它们都不能为零元与单位元。如果 $p=ab$ 可推出 $a\in U$ 或者 $b\in U,$ 则称 p 是 R 的既约元(不可约元)；如果 $p\mid ab,$ 可推出 $p\mid a$ 或者 $p\mid b,$ 则称 p 是 R 的素元。在 R 中，每一个素元都是既约元，反之不成立。我们还学习了唯一分解环的概念，在唯一分解环 R 中，每一个既约元也是素元。同时，还学习了唯一分解环的判断定理。

3.7　主理想环与欧氏环

主理想环与欧氏环都是唯一分解环。在欧氏环中,可以实施辗转相除法。在本节中,我们将学习主理想环与欧氏环的知识。

3.7.1　主理想环

首先,介绍主理想环的定义。

定义　设一个具有单位元的整环 R,称为主理想环,假如 R 的每一个理想都是主理想。

例　整数环 $(\mathbf{Z},+,\cdot)$ 及数域 F 上的多项式环 $F[x]$ 都是主理想环。

证　设 I 是整数环 $(\mathbf{Z},+,\cdot)$ 上的任一理想。则 I 中一定存在一个最小的非负整数 a,此时 $I=(a)$。即 $(\mathbf{Z},+,\cdot)$ 是主理想环。

对于 $F[x]$,其零理想当然是一个主理想。设 I 是 $F[x]$ 上的任一理想,$f(x)$ 是 I 次数最低的一个多项式,此时 $I=(f(x))$。即 $F[x]$ 是主理想环。

定理　设 R 是主理想环,对于任意 $a,b\in R$,一定存在 $u,v\in R$,使得 $ua+vb=\mathrm{GCD}(a,b)$。

证明　对于主理想 $(a),(b)$,考虑 $(a)+(b)=\{x+y\,|\,x\in(a),y\in(b)\}$。可知 $(a)+(b)$ 是一个理想。由于设 R 是主理想环,故 $(a)+(b)$ 是一个主理想。设 $(a)+(b)=(d)$。下证 $\mathrm{GCD}(a,b)=d$。

由于 $a\in(d),b\in(d)$,因此,d 为 a,b 的公约元。

又 $d\in(a)+(b)$,故存在 $u,v\in R$,使得 $ua+vb=d$。此式表明,a,b 的公约元必为 d 的因子。

综上,d 为 a,b 的最大公约元,即:$\mathrm{GCD}(a,b)=d$。

对于主理想环,有下面的结论。

定理　设 R 是主理想环,若在序列 $a_1,a_2,a_3,\cdots$ 中,$a_i\in R(i=1,2,3,\cdots)$,每一个元是前面一个元的真因子,即:$a_{i+1}|a_i$,且 a_{i+1},a_i 不相伴 $(i=1,2,3,\cdots)$。则这个序列一定是有限序列。

证　作主理想 $(a_1),(a_2),(a_3),\cdots$,由于 a_{i+1} 是 a_i 的真因子,于是 $(a_1)\subset(a_2)\subset(a_3)\subset\cdots$。

令 $H=(a_1)\bigcup(a_2)\bigcup(a_3)\bigcup\cdots$。可证,$H$ 是 R 的一个理想。由于 R 是主理想环,于是 H 是一个主理想。令 $H=(d)$。由于 $d\in H$,从而属于某一个 (a_n)。下面证明:这个 a_n 是序列 $a_1,a_2,a_3,\cdots$ 的最后一个元。

反之,假定在 a_n 之后还有一个 a_{n+1}。由于 $d\in(a_n),a_{n+1}\in(d)$,于是 $a_n|d,d|a_{n+1}$,从而 $a_n|a_{n+1}$,即 $a_{n+1}=ua_{n+1}$,但由于假设 $a_{1n}|a_n$,即 $a_n=va_{n+1}$。因此 $a_{n+1}=uva_{n+1}$,故 $1=uv$,从而 u 是可逆元,即 a_{n+1} 是 a_n 的相伴元,这与假设矛盾。故得证。

定理　设 R 是主理想环,p 是 R 的一个既约元,则 (p) 是 R 的极大理想。

证 设 $I=(p)$，假定 H 是 R 的理想，并且 $(p)\subset H$。下面证明 $H=R$。

由于 R 是主理想环，于是 H 是主理想，设 $H=(a)$，从而 $(p)\subset(a)$。因此 $p=ra$，这里$r\in R$，即 a 是 p 的因子。但 p 是既约元，所以，或者 a 与 p 相伴，或者 a 是可逆元。

如果 a 与 p 相伴，即 $a=up$，这里 u 是可逆元。从而 $a\in(p)$。因此，$H=(a)\subseteq(p)$，这与上面 $(p)\subset H$ 不符。

因此，a 只可能是可逆元，由 $aa^{-1}=1$，于是 $1\in(a)=H$，即 $H=R$。

定理 主理想环 R 是唯一分解环。

证 由前述唯一分解环的判断定理，只要证明两点：(1)R 中的元素，除了零元和可逆元外，每一个元素 a 都有一个分解，$a=p_1p_2\cdots p_r$，这里 p_i 是 R 的既约元；(2)R 中每一个既约元都是素元。

(1) 设 a 是 R 的不是零元又不是可逆元的任意元素。采用反证法的思路证明：a 有一个分解。假定 a 不能分解成既约元的乘积，且 a 不是既约元。设 $a=a_1b_1$，这里 a_1 和 b_1是 a 的真因子。且 a_1 和 b_1 至少有一个不能分解成既约元的乘积，否则 a 就可以分解成既约元的乘积。设 a_1 不能分解成既约元的乘积。延续上面的方法对 a_1 进行处理。可得无限序列 $a,a_1,a_2,a_3,\cdots$。在这个序列中，每一个元都是前面的真因子。由前述定理，这是不可能的，于是 a 有一个分解。

(2) 下面证明：R 的每一个既约元都是素元。设 p 是 R 的既约元，且 $p|ab$，于是 $ab=rp\in(p)$，即 $ab\equiv0(\text{mod}(p))$。因此，在商环 $R/(p)$ 中 $[ab]=[a][b]=[0]$。由前述定理，知 p 是 R 的既约元 $\Rightarrow(p)$ 是 R 的极大理想 $\Rightarrow R/(p)$ 是一个域。于是 $R/(p)$ 没有零因子。因此 $[a]=[0]$ 或 $[b]=[0]$，即 $a\equiv0(\text{mod}(p))$ 或 $b\equiv0(\text{mod}(p))$。从而 $a\in(p)$或 $a\in(p)$，即 $p|a$ 或 $p|b$。故 p 是 R 的素元。因此，R 是唯一分解环。

3.7.2 欧氏环

首先，给出欧氏环的定义。

定义 具有单位元的整环 R，称为欧几里德(Euclid)环(简称欧氏环)。假如：

(1) 存在一个从 R^* 到非负整数集的一个映射 d，这里 R^* 是 R 的所有非零元的集；

(2) 设 $a\in R^*$，对于任何 $b\in R$，都存在 $q,r\in R$，使 $b=qa+r$，这里 $r=0$ 或 $d(r)<d(a)$。

例 整数环 $\mathbf{Z}$ 是一个欧氏环，因为，对于任何 $a\in\mathbf{Z}^*$，规定 $d(a)=|a|$（$|a|$ 表示 a 的绝对值）。此时，d 是 $\mathbf{Z}^*\to$ 非负整数集的映射，并且对于任何 $a,b\in\mathbf{Z},a\neq0$，存在 $q,r\in\mathbf{Z}$，使 $b=qa+r$，这里 $0\leqslant r<|a|$。

例 数域 F 上多项式环 $F[x]$ 是一个欧氏环。因为，对于任何 $f(x)\in F[x]^*$，规定$d(f(x))=\deg f(x)$（多项式 $f(x)$ 的次数）。d 是 $F[x]^*\to$ 非负整数集的映射，并且对于任何 $f(x),g(x)\in F[x],g(x)\neq0$，存在 $q(x),r(x)\in F[x]$，使 $f(x)=q(x)g(x)+r(x)$，这里 $r(x)=0$ 或 $\deg r(x)<\deg g(x)$。

例 证明：高斯整环 $(\mathbf{Z}[i],+,\cdot)$ 是欧氏环。

证 知 $(\mathbf{Z}[i],+,\cdot)$ 是具有单位元的整环。$1\in\mathbf{Z}[i]$ 是 $\mathbf{Z}[i]$ 中的单位元。对于任何$\alpha\in\mathbf{Z}[i]^*$，令 $\alpha=a+bi,(a,b\in\mathbf{Z})$。规定 $d(\alpha)=a^2+b^2$，d 是 $\mathbf{Z}[i]^*\to$ 非负整数集的映射。

设 $\alpha=a+bi,\beta=a_1+b_1 i\in\mathbf{Z}[i]$，且 $\alpha\neq0$，下面证明：在 $\mathbf{Z}[i]$ 中存在 r,δ，使 $\beta=\alpha r+\delta$，这里 $\delta=0$ 或 $d(\delta)<d(\alpha)$。

注意到，规定的 $d(\alpha)=a^2+b^2$，不但对于 $a,b\in\mathbf{Z}$，而且对于 $a,b\in R$ 都有意义，只要 $\alpha\neq0$，$d(\alpha)$ 总是正实数，并且 $d(\alpha\beta)=d(\alpha)d(\beta)$。

对于任何 $\alpha\in\mathbf{Z}[i]^*$，$\beta\in\mathbf{Z}[i]$，设 $\alpha^{-1}\beta=c+gi$，这里 c,g 是有理数，取 c',g' 分别为与 c,g 最接近的整数，于是有 $|c-c'|\leqslant\frac{1}{2},|g-g'|\leqslant\frac{1}{2}$，令 $r=c'+g'i\in\mathbf{Z}[i]$，则 $d(\alpha^{-1}\beta-r)=(c-c')^2+(g-g')^2\leqslant\frac{1}{4}+\frac{1}{4}=\frac{1}{2}$。令 $\delta=\beta-\alpha r$，则 $\delta\in\mathbf{Z}[i]$ 且 $\beta=\alpha r+\delta$，这里若 $\delta\neq0$，则：

$$d(\delta)=d(\beta-\alpha r)=d[\alpha(\alpha^{-1}\beta-r)]=d(\alpha)d(\alpha^{-1}\beta-r)\leqslant\frac{1}{2}d(\alpha)<d(\alpha)$$

因此高斯整环是欧氏环。

定理 欧氏环 R 是主理想环。

证 令 I 是 R 的任意理想，只要证明 I 是主理想。

若 $I=\{0\}$，则 $I=(0)$。

若 I 包含非零元，由欧氏环定义，存在一个 R^* 到非负整数集合的映射 d。在映射 d 下，I 的每一个不等于零的元 x 都有非负整数的像 $d(x)$。在这些非负整数之中，一定有一个最小的。设 $d(a)$ 是最小的，即 $d(a)\leqslant d(x)$，$\forall x\in I$。由欧氏环的定义，I 的每一个元 b 都可写成 $b=qa+r$，$r=0$ 或 $d(r)<d(a)$。因为 a 和 b 都属于 I，故 $r\in I$，由于 $d(a)\leqslant d(x)$，$\forall x\in I^*$，所以不可能有 $d(r)<d(a)$，因此，只有 $r=0$，即 $b=qa$，$\forall b\in I$。从而 $I=(a)$。

由前述定理知，欧氏环是唯一的分解环。

例 $\mathbf{Z}$ 是主理想环；数域 F 上多项式环 $F[x]$ 也是主理想环。因为，$\mathbf{Z}$ 与 $F[x]$ 都是欧氏环。该例从另一个侧面说明具有单位元的整环 $\mathbf{Z}$、$F[x]$ 是主理想环。

定理 设 R 是欧氏环，在 R 中任意两个元 a 和 b 存在最大公约元 g，并且存在 $s,t\in R$，使 $g=sa+tb$。

证 由于欧氏环是主理想环。在主理想环中该结论成立。

下面，我们从另一个角度证明该定理。

若 a,b 两个都是零元，则它们最大公约元为 0；

若 a,b 至少有一个是非零元。由于在欧氏环中，每一个非零元素 x 都对应一个非负整数 $d(x)$，令 g 是在集 $I=\{xa+yb\,|\,x,y\in R\}$ 中对应的非负整数最小的元素。故有：存在某个 $s,t\in R$，使得 $g=sa+tb$。因为 R 是欧氏环，所以有 $a=hg+r$，这里 $r=0$ 或 $d(r)<d(g)$。因此，$r=a-hg=a-h(sa+tb)=(1-hs)a-htb\in I$。因为 g 是在 I 中元素对应的非负整数最小的元，因此，$r=0$，即 $g|a$，同理可证 $g|b$。如果 $c|a,c|b$，于是 $a=kc,b=lc$，因此，$g=sa+tb=skc+tlc=(sk+tl)c$，于是 $c|g$，即 $g=\mathrm{GCD}(a,b)$。

在欧氏环中，找出两个元素的最大公约元的方法和在整数环中找出两个整数的最大公约数的方法相同，可以利用辗转相除法。具体过程如下。

设 R 是欧氏环，$a,b\in R$，且 $b\neq0$，利用辗转相除法，得

$$a = bq_1 + r_1，这里 d(r_1) < d(b)，$$
$$b = r_1 q_2 + r_2，这里 d(r_2) < d(r_1)，$$
$$r_1 = r_2 q_3 + r_3，这里 d(r_3) < d(r_2)，$$
$$\vdots$$
$$r_{k-3} = r_{k-2} q_{k-1} + r_{k-1}，这里 d(r_{k-1}) < d(r_{k-2})，$$
$$r_{k-2} = r_{k-1} q_k + r_k，这里 d(r_k) < d(r_{k-1})，$$
$$r_{k-1} = r_k q_{k+1} + 0$$

由上式可看出：若 $r_1 = 0$，则 $b = GCD(a, b)$，否则 $r_k = GCD(a, b)$。

这是因为，上面各式，由下往上，$r_{k-1} = r_k q_{k+1}$ 可得 $r_k = GCD(r_{k-2}, r_{k-1})$，继续逐步往上，可得 $r_k = GCD(a, b)$。并在上式中，从 $r_{k-2} = r_{k-1} q_k + r_k$ 逐步由上一式代入，整理后可找出 $GCD(a, b) = sa + tb$ 中的 $s, t \in R$。

例 设欧氏环 $\mathbf{Z}_3[x]$ 中的两个元 $a(x) = 2x^4 + 2, b(x) = x^5 + 2$，求 $GCD[a(x), b(x)] = g(x)$，并找出 $s(x), t(x) \in \mathbf{Z}_3[x]$，使 $g(x) = s(x)(2x^4 + 2) + t(x)(x^5 + 2)$。

解：
$$x^5 + 2 = (2x^4 + 2)(2x) + 2x + 2$$
$$2x^4 + 2 = (2x + 2)(x^3 + 2x^2 + x + 2) + 1$$
$$2x + 2 = (2x + 2) \times 1$$

因此，$GCD[a(x), b(x)] = 1$
$$1 = 2x^4 + 2 - (x^3 + 2x^2 + x + 2)(2x + 2) =$$
$$2x^4 + 2 - (x^2 + 2x^2 + x + 2)[x^5 + 2 - 2x(2x^4 + 2)] =$$
$$(2x^4 + x^3 + 2x^2 + x + 1)(2x^4 + 2) + (2x^3 + x^2 + 2x + 1)(x^5 + 2)$$

因此 $\qquad s(x) = 2x^4 + x^3 + 2x^2 + x + 1 \qquad t(x) = 2x^3 + x^2 + 2x + 1$

定理 设 R 是欧氏环，在 R 中，g_1 是 a, b 的最大公约元。则：元素 g_2 也是 a, b 的最大公约元，当且仅当 $g_2 = ug_1$，这里 u 是 R 的可逆元。

证 充分性。如果 $g_2 = ug_1, u$ 为可逆元。设 $uv = 1$，于是 $g_1 = vg_2$，因此，$g_1 | g_2, g_2 | g_1$，由最大公约元的定义，g_2 是 a, b 的最大公约元。

必要性。如果 g_2 是 a, b 的最大公约元，于是 $g_1 | g_2, g_2 | g_1$，即元素 g_1 与 g_2 相伴。则 $g_2 = ug_1$，这里 u 为可逆元。

定理 设 R 是欧氏环，$p \in R$，商环 $R/(p)$ 是域，当且仅当 p 是 R 的既约元。

证 充分性。设 p 是 R 的既约元，且 $(p) + a$ 是 $R/(p)$ 的非零元，于是 $a \notin (p)$。欲证商环 $R/(p)$ 是域，只需证明 $(p) + a$ 有逆元。因为 p 是既约元，从而 $GCD(p, a) = 1$。由前述定理知，存在 $s, t \in R$，使 $sp + ta = 1$。由于 $sp \in (p)$，于是 $[(p) + t][(p) + a] = (p) + 1$。因为，$(p) + 1$ 是 $R/(p)$ 的单位元，所以 $[(p) + t]$ 是 $[(p) + a]$ 在 $R/(p)$ 中的逆元。由于 R 可换，所以 $R/(p)$ 可换，因此，$R/(p)$ 是域。

必要性。设商环 $R/(p)$ 是域。采用反证法。设 p 不是 R 的既约元，于是 $p = ab$，这里 a, b 都不是可逆元。从而 $a \notin (p), b \notin (p)$，即 $(p) + a, (p) + b$ 不是零元。但是，$[(p) + a] \cdot [(p) + b] = (p) + ab = (p)$。因此，$R/(p)$ 有零因子，于是 $R/(p)$ 不是域。矛盾。故 p 是 R 的既约元。

推论 $\mathbf{Z}_p = \mathbf{Z}/(p)$ 是域，当且仅当 p 是素数。

140

证明 在整数环 $\mathbf{Z}$ 中，p 是素数 $\Leftrightarrow p$ 是既约元。由上述定理知，结论成立。

定理 设 F 是域，$p(x) \in F[x]$，$F[x]/(p(x))$ 是域，当且仅当 $p(x)$ 是 F 上既约多项式，而且环 $F[x]/(p(x))$ 总包含一个子环同构于域 F。

证 定理前半部分，由上述定理可得，因为，F 上既约多项式 $p(x)$ 即为 $F[x]$ 中的既约元。下面证明后半部分。

令 $F_1 = \{(p(x)) + r \mid r \in F\}$，规定 $f: F \to F_1$ 为 $f(r) = (p(x)) + r, \forall r \in F$。不难证明：$f$ 是 $F \to F_1$ 的同构映射，即 $F \cong F_1$。

例 证明：$\mathbf{Q}[x]/(x^2 - 2)$ 是域。

证 由于 $x^2 - 2$ 是 $\mathbf{Q}[x]$ 的既约多项式，所以 $\mathbf{Q}[x]/(x^2 - 2)$ 是域。

引理 设 F 是域，$p(x), f(x), g(x) \in F(x)$，$p(x) \neq 0$，$f(x) \equiv g(x) (\mathrm{mod}\ (p(x)))$，当且仅当 $f(x)$ 和 $g(x)$ 除以 $p(x)$ 的余式相同。

证 设 $f(x) = q(x)p(x) + r(x)$，这里 $r(x) = 0$ 或 $\deg r(x) < \deg p(x)$，$g(x) = s(x)p(x) + t(x)$，这里 $t(x) = 0$ 或 $\deg t(x) < \deg p(x)$。不难证明：$f(x) \equiv g(x) (\mathrm{mod}\ (p(x)))$，当且仅当 $f(x) - g(x) \in (p(x))$，当且仅当 $p(x) \mid [q(x)p(x) + r(x)] - [s(x)p(x) + t(x)]$，当且仅当 $p(x) \mid r(x) - t(x)$，当且仅当 $r(x) = t(x)$。

定理 设 F 是域，$p(x)$ 为 F 上 $n (n > 0)$ 次多项式，令 $P = (p(x))$，则
$$F[x]/(p(x)) = \{P + a_0 + a_1 x + \cdots + a_{n-1} x^{n-1} \mid a_i \in F\}。$$

证 令 $P + f(x)$ 是 $F[x]/P$ 的任意元，并令 $r(x)$ 是 $f(x)$ 除以 $p(x)$ 的余式。由上述引理，$f(x) \equiv r(x) (\mathrm{mod}\ (p(x)))$，即 $P + f(x) = P + r(x)$。即 $F[x]/P$ 的每个元素都可写成 $P + r(x)$，这里 $r(x)$ 是零多项式或次数小于 n 的多项式。假定 $P + r(x) = P + t(x)$，这里 $r(x), t(x)$ 是零多项式或次数小于 n 的多项式，于是 $r(x) \equiv t(x) (\mathrm{mod}\ P)$，从而 $r(x) = t(x)$。因此，
$$F[x]/(p(x)) = \{P + a_0 + a_1 x + \cdots + a_{n-1} x^{n-1} \mid a_i \in F\}。$$

注 以后当不存在混淆时，把
$$F[x]/(p(x)) = \{P + a_0 + a_1 x + \cdots + a_{n-1} x^{n-1} \mid a_i \in F\}$$
写成为
$$F[x]/(p(x)) = \{a_0 + a_1 x + a_2 x^2 + \cdots + a_{n-1} x^{n-1} \mid a_i \in F\}。$$

例 写出关于 $\mathbf{Z}_2[x]/(x^2 + x + 1)$ 的加法和乘法的运算表。

解：令 $P = (x^2 + x + 1)$，于是
$$\mathbf{Z}_2[x]/P = \{P + a_0 + a_1 x \mid a_i \in \mathbf{Z}_2\} = \{P, P+1, P+x, P+1+x\}。$$

加法和乘法的运算如表 3-7、表 3-8 所示。

表 3-7 $\mathbf{Z}_2[x]/P$ 中的加法

+	P	$P+1$	$P+x$	$P+1+x$
P	P	$P+1$	$P+x$	$P+1+x$
$P+1$	$P+1$	P	$P+1+x$	$P+x$
$P+x$	$P+x$	$P+1+x$	P	$P+1$
$P+1+x$	$P+1+x$	$P+x$	$P+1$	P

表 3-8　$Z_2[x]/P$ 中的乘法

+	P	P+1	P+x	P+1+x
P	P	P	P	P
P+1	P	P+1	P+x	P+1+x
P+x	P	P+x	P+1+x	P+1
P+1+x	P	P+1+x	P+1	P+x

例　x^2-2 是 $\mathbf{Q}[x]$ 的既约多项式,所以 $\mathbf{Q}[x]/(x^2-2)$ 是域,$\mathbf{Q}[x]/(x^2-2)=\{(x^2-2)+a_0+a_1x|a_i\in\mathbf{Q}\}$,求 $(x^2-2)+3x+4$ 与 $(x^2-2)+5x-6$ 的和与积,并求 $(x^2-2)+x+1$ 的逆元。

解: 令
$$P=(x^2-2),$$
$$(P+3x+4)+(P+5x-6)=P+8x-2,$$
$$(P+3x+4)(P+5x-6)=P+2x+6。$$

设 $P+x+1$ 的逆元为 $P+r(x)$,这里 $r(x)\in\mathbf{Q}[x]$,即
$$(P+x+1)(P+r(x))=P+1,$$

即
$$P+(x+1)r(x)=P+1,$$

故
$$(x+1)r(x)\equiv1(\bmod P),$$

于是
$$(x+1)r(x)+(x^2-2)t(x)=1,$$

对于某个 $t(x)\in\mathbf{Q}(x)$,利用辗转相除的方法求 $r(x)$,
$$x^2-2=(x-1)(x+1)-1,$$

即
$$(x-1)(x+1)\equiv1(\bmod P)$$

因此,$P+x-1$ 是 $P+x+1$ 的逆元。

利用辗转相除法可以求出欧式环中两个元素的最大公约元、某一个元素的逆元素,还可以求解线性同余式。

定义　如果 a,b 都是整数,n 是一个正整数,当 $a\not\equiv0(\bmod n)$ 时,$ax\equiv b(\bmod n)$ 称为模 n 的线性同余式(或同余方程)。

线性同余式 $ax\equiv b(\bmod n)$ 也可以写成在 $\mathbf{Z}_n$ 中的方程 $[a][x]=[b]$。

显然,线性同余式 $ax\equiv b(\bmod n)$ 有解,当且仅当方程 $ax+ny=b$ 有整数解。

定理　方程 $ax+ny=b$ 有整数解。即:线性同余式 $ax\equiv b(\bmod n)$ 有解,当且仅当 $\mathrm{GCD}(a,n)|b$。

证　必要性。如果 $ax+ny=b$ 有解,由于 $\mathrm{GCD}(a,n)|a,\mathrm{GCD}(a,n)|n$,于是 $\mathrm{GCD}(a,n)|b$。

充分性。反之,如果 $\mathrm{GCD}(a,n)|b$,于是 $b=k\mathrm{GCD}(a,n)$,对于某个 $k\in\mathbf{Z}$。

由前述定理知,存在 $s,t\in\mathbf{Z}$,使 $as+nt=\mathrm{GCD}(a,n)$,故 $ask+ntk=k\mathrm{GCD}(a,n)$。

因此,$x=sk,y=tk$ 是 $ax+ny=b$ 的解。

定理　如果同余式 $ax\equiv b(\bmod n)$ 有解,则有 $\mathrm{GCD}(a,n)$ 个不同个数的解。即在 $\mathbf{Z}_n$ 中有 $\mathrm{GCD}(a,n)$ 个不同的解。

证　设 x_0 是同余式的整数解,即 $ax_0\equiv b(\bmod n)$。令 $g=\mathrm{GCD}(a,n)$,于是 $a=ga'$,

$n = gn'$，对于某个 $a', n' \in \mathbf{Z}$，$\mathrm{GCD}(a', n') = 1$。

若 x_1 是同余式的整数解，即 $ax_1 \equiv b \pmod{n}$，当且仅当 $a(x_1 - x_0) \equiv 0 \pmod{n}$，即 $n \mid a(x_1 - x_0)$；

当且仅当 $n' \mid a'(x_1 - x_0)$；

当且仅当 $n' \mid x_1 - x_0$，即 $x_1 = x_0 + kn'$，$k \in \mathbf{Z}$。

当 k 取 $0, 1, \cdots, g-1$ 时，得 $x_0, x_0 + n', \cdots, x_0 + (g-1)n'$；

当 k 取 g 时，得 $x_0 + gn' = x_0 + n$。

因此，模 n 剩余类 $[x_0], [x_0 + n'], \cdots, [x_0 + (g-1)n']$ 是同余式的 g 个不同的解。

例　求 $28x \equiv 8 \pmod{44}$ 的解

解：$\mathrm{GCD}(28, 44) = 4$，$4 \mid 8$，所以同余式有解。作辗转相除法得：
$$4 = 2 \times 44 - 3 \times 28,$$

所以有：
$$28 \times (-3) \equiv 4 \pmod{44},$$
$$28 \times (-6) \equiv 8 \pmod{44},$$

即：
$$28 \times 38 \equiv 8 \pmod{44}。$$

因此，由前述定理知，$28x \equiv 8 \pmod{44}$ 的所有解为
$$x_0 = 38 \pmod{44},$$
$$x_1 = 38 + 11 \pmod{44},$$
$$x_2 = 38 + 2 \times 11 \pmod{44},$$
$$x_3 = 38 + 3 \times 11 \pmod{44},$$

即
$$x_0 = 38 + 44t_0,$$
$$x_1 = 5 + 44t_1,$$
$$x_2 = 16 + 44t_2,$$
$$x_3 = 27 + 44t_3,$$

这里 $t_0, t_1, t_2, t_3 \in \mathbf{Z}$。

定理　如果同余式 $ax \equiv b \pmod{n}$ 有解，它的解和 $\dfrac{a}{g}x \equiv \dfrac{b}{g} \left(\bmod \dfrac{n}{g}\right)$ 的解一致，这里 $g \equiv \mathrm{GCD}(a, n)$。

证　设 x_0 是 $ax \equiv b \pmod{n}$ 的整数解，即 $ax_0 \equiv b \pmod{n}$，从而 $ax_0 + kn = b$，$k \in \mathbf{Z}$，于是 $\dfrac{a}{g}x_0 + \dfrac{n}{g}k = \dfrac{b}{g}$。因此，$x_0$ 是 $\dfrac{a}{g}x \equiv \dfrac{b}{g} \left(\bmod \dfrac{n}{g}\right)$ 的解。

反之，设 x_1 是 $\dfrac{a}{g}x \equiv \dfrac{b}{g} \left(\bmod \dfrac{n}{g}\right)$ 的整数解，即 $\dfrac{a}{g}x_1 \equiv \dfrac{b}{g} \left(\bmod \dfrac{n}{g}\right)$，从而 $\dfrac{a}{g}x_1 + k\dfrac{n}{g} \equiv \dfrac{b}{g}$，$k \in \mathbf{Z}$，于是 $ax_1 + kn = b$。因此，x_1 是 $ax \equiv b \pmod{n}$ 的解。

这里要注意两个同余式的模不同，所以 $\dfrac{a}{g}x \equiv \dfrac{b}{g} \left(\bmod \dfrac{n}{g}\right)$ 的相同的解，不一定是 $ax \equiv b \pmod{n}$ 的相同的解。

例 求 $28x\equiv 8(\bmod\ 44)$ 的解。

解：这个例子在前例中已求过，现在利用上述定理求解。

因为 $4\times 7x\equiv 4\times 2(\bmod\ 4\times 11)$，由上述定理，只要求 $7x\equiv 2(\bmod\ 11)$ 的解。

其解为 $x\equiv 5(\bmod\ 11)$，它也是同余式 $28x\equiv 8(\bmod\ 44)$ 的解。

由前述定理，因为 $\mathrm{GCD}(28,44)=4$，所以 $28x\equiv 8(\bmod\ 44)$ 的所有解为：

$$x_0\equiv 5(\bmod\ 44),$$

即

$$x_0\equiv 5+44t_0;$$

$$x_1\equiv 5+11(\bmod\ 44),$$

即

$$x_1\equiv 16+44t_1;$$

$$x_2\equiv 5+2\times 11(\bmod\ 44),$$

即

$$x_2\equiv 27+44t_2;$$

$$x_3\equiv 5+3\times 11(\bmod\ 44),$$

即

$$x_3\equiv 38+44t_3,$$

这里 $t_0,t_1,t_2,t_3\in \mathbf{Z}$。

下面讨论如何求解同余式组：$\begin{cases}x\equiv a_1(\bmod\ m_1),\\ x\equiv a_2(\bmod\ m_2),\\ \quad\vdots\\ x\equiv a_r(\bmod\ m_r).\end{cases}$ 此时，$\mathrm{GCD}(m_i,m_j)=1,(i\neq j)$。

定理（孙子定理或称中国剩余定理）：设 $m_1,m_2,\cdots,m_r$ 是 $r\geqslant 2$ 个两两互素的大于 1 的整数，令 $M=m_1m_2\cdots m_r,M_i=\dfrac{M}{m_i}$。

并且每个同余式 $M_iy\equiv 1(\bmod\ m_i)$ 有解 $y\equiv b_i(\bmod\ m_i)$。

证明 同余式组 $\begin{cases}x\equiv a_1(\bmod\ m_1),\\ x\equiv a_2(\bmod\ m_2),\\ \quad\vdots\\ x\equiv a_r(\bmod\ m_r),\end{cases}$ 的解是：$x\equiv\sum\limits_{i=1}^{r}M_ib_ia_i(\bmod\ M)$。

证 因为 $\mathrm{GCD}(m_i,m_j)=1(i\neq j)$，而且 $M_i=\dfrac{M}{m_i}$，于是 $\mathrm{GCD}(M_i,m_i)=1$，

从而存在整数 b_i,t_i，使 $b_iM_i+t_im_i=1$，

因此，

$$b_iM_i\equiv 1(\bmod\ m_i)。 \tag{2}$$

由于 $M_i=\dfrac{M}{m_i},m_i\mid M_j(i\neq j)$，从而 $M_j\equiv 0(\bmod\ m_i)$。

因此，

$$a_jb_jM_j\equiv 0(\bmod\ m_i) \tag{3}$$

由式(2)和式(3)得

$$a_1b_1M_1+a_2b_2M_2+\cdots+a_ib_iM_i+\cdots+a_rb_rM_r\equiv a_ib_iM_i\equiv a_i(\bmod\ m_i)$$

即：

$$\sum_{i=1}^{r}a_ib_iM_i\equiv a_i(\bmod\ m_i)。$$

可以将中国剩余定理推广到多项式环上。

定理　（中国剩余定理的多项式形式）：设 $p_1, p_2, \cdots, p_m$ 是两两互素的 m 个正整数，对于任意 m 个多项式 $K_1(X) \in \mathbf{Z}_{p_1}[X], K_2(X) \in \mathbf{Z}_{p_2}[X], \cdots, K_m(X) \in \mathbf{Z}_{p_m}[X]$，存在多项式 $K(X) \in \mathbf{Z}_{p_1 p_2 \cdots p_m}[X]$，使得

$$K(X) \equiv K_1(X) (\bmod\ p_1)$$
$$K(X) \equiv K_2(X) (\bmod\ p_2)$$
$$\vdots$$
$$K(X) \equiv K_m(X) (\bmod\ p_m)$$

证明　不失一般性的，对于 $1 \leqslant i \leqslant m$，令 $t_i - 1 = \deg(K_i)$，可以通过调节上述方程的次序，使得：$t_1 \leqslant t_2 \leqslant \cdots \leqslant t_m$。

令：$\qquad K_i(X) = a_{i, t_i - 1} X^{t_i - 1} + a_{i, t_i - 2} X^{t_i - 2} + \cdots + a_{i,1} X + a_{i,0}$。

对于 $1 \leqslant i \leqslant m$，构造多项式 $\overline{K}_i(X) = a_{i, t_m - 1} X^{t_m - 1} + a_{i, t_m - 2} X^{t_m - 2} + \cdots + a_{i,1} X + a_{i,0}$。其中，对于 $k \geqslant t_i$ 有 $a_{i,k} = r_i p_i$，r_i 是随机数。因此，$\overline{K}_j(X) \equiv K_j(X) \bmod (p_j)$。

由中国剩余定理可知，对于 $j = 0, 1, \cdots, t_m - 1$，存在唯一的整数 $a_j \in \mathbf{Z}_{p_1 p_2 \cdots p_m}$，使得

$$a_j \equiv a_{1,j} (\bmod\ p_1)$$
$$a_j \equiv a_{2,j} (\bmod\ p_2)$$
$$\vdots$$
$$a_j \equiv a_{m,j} (\bmod\ p_m)$$

因此，多项式 $K(X)$ 可以表示为 $K(X) \equiv a_{t_m - 1} X^{t_m - 1} + a_{t_m - 2} X^{t_m - 2} + \cdots a_1 X + a_0$。

由上面的证明过程也可以看出，对于 $1 \leqslant i \leqslant m$，$K(X) \equiv \overline{K}_i(X) \equiv K_i(X) (\bmod\ p_i)$。

在本节中，我们学习了主理想环与欧氏环的知识。在一个具有单位元的整环 R 中，如果 R 的每一个理想都是主理想，则称 R 为主理想环。主理想环 R 是唯一分解环。整数环 $\mathbf{Z}$ 是一个欧氏环，数域 F 上多项式环 $F[x]$ 是一个欧氏环。欧氏环 R 是主理想环，也是唯一分解环。在欧氏环中，可以实施辗转相除法。利用辗转相除法，可以求出欧氏环中两个元素的最大公约元，及一个元素的逆元。利用辗转相除法，还可以求解线性同余式 $ax \equiv b (\bmod\ n)$。线性同余式 $ax \equiv b (\bmod\ n)$ 有解，当且仅当 $GCD(a, n) | b$。

同余式组 $\begin{cases} x \equiv a_1 (\bmod\ m_1), \\ x \equiv a_2 (\bmod\ m_2), \\ \vdots \\ x \equiv a_r (\bmod\ m_r), \end{cases}$ 的解是：$x \equiv \sum_{i=1}^{r} M_i b_i a_i (\bmod\ M)$。

3.8　环理论在密码学中的应用

利用环中的加法、乘法运算，可以设计密码算法。在本节中，我们将学习一些基于环中元素运算的加密算法和密钥的分散管理方案。

3.8.1 线性同余式与仿射密码

仿射密码是一种古典密码,该密码算法在设计时用到的数学基础有模运算和同余方程。

仿射密码是在环$(\mathbf{Z}_{26},+,\cdot)$中进行加密、解密运算。在仿射密码中,通过选择参数$a,b$,我们用形如:$e(x)=ax+b(\mathrm{mod}\ 26)a,b\in\mathbf{Z}_{26}$,的加密函数。其中,$\mathbf{Z}_{26}=\{0,1,2,\cdots,25\}$。这样的函数被称为仿射函数,命名为仿射密码。

为了能够实施相应的解密运算,必须要求仿射函数是双射。换句话说,对任何$y\in\mathbf{Z}_{26}$,要使得同余方程$ax+b\equiv y(\mathrm{mod}\ 26)$有唯一的解。由前面学习的知识,当且仅当GCD$(a,26)=1$时,即:$a$与26这两个数互素时,上述同余方程对每个$y$有唯一的解(注:GCD函数表示两个数的最大公因子)。

仿射密码的数学表示如下:

设$P=C=\mathbf{Z}_{26}$,且$K=\{(a,b)\in\mathbf{Z}_{26}\times\mathbf{Z}_{26}:\mathrm{GCD}(a,26)=1\}$对$k=(a,b)\in K$,利用环中的运算来定义加密、解密运算。

加密:
$$e(x)=ax+b(\mathrm{mod}\ 26)$$

解密:
$$d_k(y)=a^{-1}(y-b)\ \mathrm{mod}\ 26,(x,y\in\mathbf{Z}_{26})$$

因为满足$a\in\mathbf{Z}_{26}$,GCD$(a,26)=1$的a只有12种候选,对参数b没有要求。所以仿射密码有$12\times26=312$种可能的密钥。一般地,用$k=(a,b)$来表示仿射密码的密钥,它表示仿射变换的两个参数分别为a,b。

例 假定密钥$k=(7,3)$,试分析由该密钥生成的仿射密码。

解:此时,$7^{-1}\ \mathrm{mod}\ 26=15$,加密函数为$e_k(x)=7x+3$,则相应的解密函数为$d_k(y)=15(y-3)=15y-19$,其中所有的运算都是在$\mathbf{Z}_{26}$中。容易验证$d_k(e_k(x))=d_k(7x+3)=15(7x+3)-19=x+45-19=x$。

加密、解密运算的实现可以通过下面的一个实例说明。加密明文hot。首先,将这3个字母依据字母表的次序分别转化为数字7,14和19,然后加密。

$$7\begin{bmatrix}7\\14\\19\end{bmatrix}+\begin{bmatrix}3\\3\\3\end{bmatrix}=\begin{bmatrix}0\\23\\6\end{bmatrix}=\begin{bmatrix}a\\x\\g\end{bmatrix}(\mathrm{mod}\ 26);$$

即:密文串为axg。

解密运算:
$$15\left(\begin{bmatrix}0\\23\\6\end{bmatrix}-\begin{bmatrix}3\\3\\3\end{bmatrix}\right)(\mathrm{mod}\ 26)=\begin{bmatrix}7\\14\\19\end{bmatrix}=\begin{bmatrix}h\\o\\t\end{bmatrix};$$

3.8.2 环中元素的运算与公钥密码算法

环是具有两种运算的代数系统。利用环中的运算,可以设计一些公钥密码算法。公钥密码算法是一种重要的密码算法。每个用户拥有两个密钥,一个公开,另一个保密。下面介绍 RSA 公钥加密算法和背包公钥密码算法。

1. RSA 公钥加密算法

1977 年 Rivest、Shamir 和 Adleman 提出了第一个比较完善的公钥密码体制，RSA 公钥密码体制，也是现在通用的公钥加密算法，已被 ISO 推荐为公钥数据加密标准。RSA 算法基于一个十分简单的数论事实：将两个大素数相乘十分容易，但是想分解它们的乘积却极端困难，因此可以将乘积公开作为加密密钥。

RSA 密码体制的安全性是建立在基于大整数因数分解的难题（IFP）的基础上。但是，随着整数因子分解方法的不断完善、计算机速度的提高以及计算机网络的发展，作为 RSA 加解密安全保障的大整数要求越来越大。目前一般认为 RSA 需要 1 024 位以上的字长才有安全保障。

需要注意的是，RSA 密码体制中，用到了两个环，一个是 $(\mathbf{Z}_{\varphi(n)}, +, \times)$，另一个是 $(\mathbf{Z}_n, +, \times)$。

（1）算法描述：密钥产生过程，取两个不相等的大素数 p 和 q。

计算：$n = pq$，$\varphi(n) = (p-1)(q-1)$；随机选择整数 e，满足 $1 < e < \varphi(n)$，GCD $(e, \varphi(n)) = 1$;

计算 d，使其满足：$ed \equiv 1 (\mathrm{mod}\ \varphi(n))$。

公开密钥：n，e，

私有密钥：d。

（2）加密算法：对于待解密的消息 m，$0 < m < n$，其对应的密文为 $c = E(m) \equiv m^e (\mathrm{mod}\ n)$。

（3）解密算法：$D(c) \equiv c^d (\mathrm{mod}\ n)$。

RSA 公钥解密体制是一种分组密码，其密文均为 0 至 $n-1$ 之间的整数。通常，n 的大小为 1 024 位的二进制数或 309 位的十进制数，即：$0 < n < 2^{1024}$。

在密钥产生过程中，乘法运算是在环 $(\mathbf{Z}_{\varphi(n)}, +, \times)$ 中。此时，$ed \equiv 1 (\mathrm{mod}\ \varphi(n))$ 的含义是：在环 $(\mathbf{Z}_{\varphi(n)}, +, \times)$ 中，对于乘法运算，元素 d 是元素 e 的逆元素。这里，由欧几里德辗转相除法可以得到一个效率较高的求逆元素的方法。

在加密与解密过程中，乘法运算是在环 $(\mathbf{Z}_n, +, \times)$ 中，此时，$n = pq$。

RSA 算法的正确性依赖与欧拉定理。欧拉定理的含义是：若整数 a 和 m 互素，则 $a^{\varphi(m)} \equiv 1 (\mathrm{mod}\ m)$。其中 $\varphi(m)$ 是比 m 小但与 m 互素的正整数个数。

下面，我们证明 RSA 算法的正确性。

证明 当 $(m, n) = 1$ 时，则欧拉定理可知 $m^{\varphi(n)} \equiv 1 (\mathrm{mod}\ n)$。

当 $(m, n) > 1$ 时，由于 $n = pq$，故 (m, n) 必含 p, q 之一。不妨设 $(m, n) = p$，则 $m = cp$，$(1 \leqslant c < q)$，由欧拉定理知：$m^{\varphi(q)} \equiv 1 (\mathrm{mod}\ q)$。

因此，对于任何 k，总有 $m^{k(q-1)} \equiv 1 (\mathrm{mod}\ q)$， $m^{k(p-1)(q-1)} \equiv (1)^{k(p-1)} \equiv 1 (\mathrm{mod}\ q)$，

即： $$m^{k\bar{\omega}(n)} \equiv 1 (\mathrm{mod}\ q)$$

于是存在 h（h 是某个整数）满足 $m^{k\varphi(n)} + hq = 1$。

由假定 $m = cp$。故 $m = m^{k\varphi(n)+1} + hcpq = m^{k\varphi(n)+1} + hcn$。

则就证明了 $m = m^{k\varphi(n)+1} (\mathrm{mod}\ n)$。

因此对于 n 及任何 $m (m < n)$，恒有 $m^{k\varphi(n)+1} \equiv m (\mathrm{mod}\ n)$。

所以，$D(c) \equiv c^d = m^{ed} = m^{l\varphi(n)+1} = m(\bmod n)$。得证。

下面举例说明 RSA 算法的使用。

假设 Bob 与 Alice 要进行保密通信。Alice 要给 Bob 发送加密的消息。此时，他们要完成以下步骤：

（1）Bob 寻找出两个素数 $p = 101$ 和 $q = 113$。

（2）Bob 计算出 $n = pq = 11\,413$，$\varphi(n) = (p-1)(q-1) = 11\,200$；Bob 选择一个与 $\varphi(n)$ 互素的数 $e = 3\,533$；Bob 用辗转相除法求得，$d = e^{-1} = 6\,597(\bmod 11\,200)$；之后，Bob 在一个目录中公开 $n = 11\,413$ 和 $e = 3\,533$。

（3）现假设 Alice 想发送明文 9\,726 给 Bob，她计算 $9\,726^{3\,533} = 5\,761(\bmod 11\,413)$，把 5\,761 发送给 Bob。

（4）当 Bob 接收到密文 5\,761，他用私有密钥 $d = 6\,597$ 进行解密运算，$5\,761^{6\,597} = 9\,726(\bmod 11\,413)$。

2. 背包公钥密码算法

背包公钥加密算法是由 Merkle 和 Hellman 提出的一个公钥密码体制。背包的安全性来源于背包难题——一个 NPC 问题，也称为子集和问题。尽管 Merkle-Hellman 背包加密体制及之后提出的很多基于该体制的变形体制都被证实是不安全的，但它示范了如何将 NPC 问题用于公钥密钥体制。

背包问题的描述很简单，即给定一些物品，重量各不相同，能否将这些物品中的一部分放入一个背包中使之等于一个给定的重量？

背包问题实际上可以描述为下面的子集和问题。

子集和问题：给定一个正整数集 $\{a_1, a_2, \cdots, a_n\}$，称为一个背包集，及一个正整数 s，确定是否有一个和等于 s 的子集。该问题等价于：确定是否存在 $X = \{x_1, x_2, \cdots, x_n\}$，$x_i \in \{0, 1\}$，$1 \leq i \leq n$，使得 $a_1 x_1 + a_2 x_2 + \cdots + a_n x_n = s$。

例 对于正整数集合 $\{174, 25, 166, 63, 108, 130\}$ 及一个正整数 $s = 448$。经过若干次尝试，可以求出 $X = \{1, 0, 1, 0, 1, 0\}$，满足 $448 = 174 + 166 + 108$。需要注意的是，当 n 很大时，由 s 求 X 是不容易的。

实际上存在两类不同的背包问题：一类在线性时间内可解，即易解的背包；另一类在指数时间内可解。背包体制的思想是选取一个易解的背包，然后将它伪装成非常难解的一般的子集和问题，则原来的背包集可以当作私钥，变换后的背包集作为公开密钥。

Merkle-Hellman 背包密码体制是通过模乘和置换来伪装一个易解的子集和问题，即称为超递增的子集和问题。

一个超递增序列是正整数序列 $(b_1, b_2, \cdots, b_n)$，具有性质 $b_i > b_1 + b_2 + \cdots + b_{i-1}$，其中 $2 \leq i \leq n$。即每一项都大于它之前的所有项之和。

超递增背包问题的解是容易找到的。用总重量与序列中最大的数比较，如果总重量小于这个数，则这个最大数不在背包中。如果总重量大于这个数，则这个最大数在背包中，用背包重量减去这个数，转向考虑序列的下一个数，重复直到结束。如果总重量变为零，那么有一个解，否则无解。以下是该问题的求解算法，其中 $T = \sum_{i=1}^{n} x_i b_i$

step1. for $i=n$ down to 1   do

        if $T \geqslant b_i$ then

        $T \leftarrow T - b_i,\quad x_i \leftarrow 1$

else $x_i \leftarrow 0$

step2. if $\displaystyle\sum_{i=1}^{n} x_i b_i = T$ then

        $X = (x_1, x_2, \cdots, x_n)$ 为解，

else   没解。

在背包密码体制中，运算是在环 $(\mathbf{Z}_m, +, \times)$ 中进行。

背包密码体制的密钥生成方式如下。首先固定一个整数 n 作为公共系统参数。每个使用者 A 按如下步骤生成一个公开密钥和一个对应的私钥：

(1) 选取一个超递增序列 $B = (b_1, b_2, \cdots, b_n)$ 和素数 m，使得 $m > b_1 + b_2 + \cdots + b_n$；

(2) 随机选择一个整数 ω，$1 \leqslant \omega \leqslant m-1$，使得 $(\omega, m) = 1$；

(3) 选择整数 $\{1, 2, \cdots, n\}$ 的一个随机置换 π；

(4) 计算 $a_i = \omega b_{\pi(i)} (\bmod\ m)$，$i = 1, 2, \cdots, n$；

(5) A 的公开密钥是 $\{a_1, a_2, \cdots, a_n\}$，A 的私钥是 $(\pi, m, \omega, (b_1, b_2, \cdots, b_n))$。

背包加密体制的加、解密过程如下。假设 B 加密一个消息 M 给 A，A 进行解密。B 对消息 M 加密的过程如下：

(1) B 获得 A 的公开密钥 $\{a_1, a_2, \cdots, a_n\}$；

(2) B 将消息 M 表示成长度为 n 的二进制串，$M = M_1 M_2 \cdots M_n$；

(3) B 计算整数 $c = M_1 a_1 + M_2 a_2 + \cdots + M_n a_n$；

(4) B 将密文 c 发送给 A。

为从 c 中恢复明文 M，A 执行下列过程：

(1) A 计算 $d = \omega^{-1} c (\bmod\ m)$；

(2) A 通过解超递增子集和问题，求出整数 $r_1, r_2, \cdots, r_n$，其中 $r_i \in \{0, 1\}$，$i = 1, 2, \cdots, n$，使得 $d = r_1 b_1 + r_2 b_2 + \cdots + r_n b_n$；

(3) A 得到的消息比特是 $M_i = r_{\pi(i)}$，$i = 1, 2, \cdots, n$。

下面证明，以上解密过程能恢复出原来的明文消息。

证明 $d \equiv \omega^{-1} c \equiv \omega^{-1} \displaystyle\sum_{i=1}^{n} M_i a_i \equiv \sum_{i=1}^{n} M_i b_{\pi(i)} (\bmod\ m)$

由于 $0 \leqslant d < m$，$d = M_1 b_{\pi(1)} + M_2 b_{\pi(2)} + \cdots + M_n b_{\pi(n)}$，因此解密的第二步即求解超递增子集和问题，可以得到消息比特，然后应用置换 π，可得到消息 M。

我们通过一个例子来演示背包公钥密码算法。

例 设 A 与 B 进行保密通信。A 按照以下步骤生成密钥。A 选择一个超递增序列 $(2, 5, 8, 17, 35, 71)$，并对此实行随机置换 $\pi = (5, 1, 2, 6, 3, 4)$，得到序列 $(35, 2, 5, 71, 8, 17)$。A 选取 $m = 199$，$\omega = 113$，满足 $(m, \omega) = 1$。计算出 $\omega^{-1} = 118 (\bmod\ 199)$，$a_1 = 113 \times 35 = 174 (\bmod\ 199)$，$a_2 = 113 \times 2 = 27 (\bmod\ 199)$，$a_3 = 113 \times 5 = 167 (\bmod\ 199)$，$a_4 = 113 \times 71 = 63 (\bmod\ 199)$，$a_5 = 113 \times 8 = 108 (\bmod\ 199)$，$a_6 = 113 \times 17 = 130 (\bmod\ 199)$。A

公开序列 $(a_1,a_2,\cdots,a_6)=(174,27,167,63,108,130)$ 作为公钥。A 的私钥是 (π,m,ω,B)。

B 对消息 42 解密。42＝101010。B 利用公钥计算密文 $c=174+167+108=449$。将 449 发给 A。

A 得到密文 $c=449$ 后，计算 $d=\omega^{-1}c=118\times449=48(\bmod\ 199)$，解超递增背包问题，可得解 101010＝42。

3.8.3 密钥的分散管理

密钥的分散管理也称为密钥共享，或密钥分存。密钥分散管理的含义是：将密钥在一组参与者中进行分配，使得若干给参与者联合起来就能够恢复密钥。密钥分散管理系统为将密钥分配给多人掌握提供了可能。

以主密钥为例，介绍密钥分散管理的思想。密钥的分散管理就是把主密钥拷贝给多个可靠的用户保管，而且可以使每个持密钥者具有不同的权力。其中权力大的用户可以持有几个密钥，权力小的用户只持有一个密钥。也就是说密钥分散把主密钥信息进行分割，不同的密钥持有者掌握其相应权限的主密钥信息。主密钥的分散管理如图 3-8 所示。

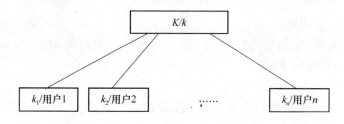

图 3-8　主密钥的分散管理

在这个密钥分散管理模型下，网络中所有结点都拥有公钥 K，把私有密钥 k 分配给 n 个不同的子系统。这样，不同子系统的私有密钥分别是 $k_1\sim k_n$。即各个子系统分别掌握私钥的一部分信息，而要进行会话的真实密钥是所有这些子系统所掌握的不同密钥的组合，但不是简单的合并。这样做的好处是，攻击者只有将各个子系统全部破解，才能得到完整的密钥。但是，这种机制也有很明显的缺陷，就是结点多的话，要得到所有 n 个子系统的私有密钥才能完成认证，这会导致系统效率不高。采用存取门限机制可以解决认证过程复杂、低效的问题。一般来说，门限子系统的个数不应该少于 n 个子系统的一半，这样才能保证系统的安全。假设实际密钥 k，通过 3 个服务器进行分散管理，而设定的门限值是 2，即只要能获得任意两个服务器所掌握的密钥信息，就可以获得实际进行通信的密钥 k。

密钥分散管理的一种实现方式是秘密共享。该方案的基本观点是：将密钥 k 按下列方式分成 n 个共享 $k_1,k_2,\cdots,k_n$，并满足下面两个条件：

(1) 已知任意 t 个 k_i 值易于算出 k；

(2) 已知任意 $t-1$ 个或更少个 k_i，则由于信息短缺而不能决定出 k。这种方式也称为 (t,n) 门限方案。

将 n 个共享 $k_1,k_2,\cdots,k_n$ 分给 n 个用户。由于要重构密钥要求至少有 t 个共享，故暴

露 $s(s \leqslant t-1)$ 个共享不会危及密钥,且少于 t 个用户的组不可能共谋得到密钥。同时,若一个共享被丢失或毁坏,仍可恢复密钥(只要至少有 t 个有效的共享)。

在密钥的分散管理中,有一个重要的概念:存取结构。设 $S=\{P_1,P_2,\cdots,P_n\}$ 为用户的集合。主密钥 k 以某种方式分散在用户中。记 2^S 表示 S 的所有子集。一个 S 的子集族 $\Gamma \subset 2^S$ 称为 S 上的一个存取结构,如果用户集 A 满足以下性质:若 $A \in \Gamma$,则 A 中的用户能够恢复主密钥 k,反之亦然。称集合 $A \in \Gamma$ 为授权集。(t,n) 门限方案的存取结构可以表示为 $\Gamma=\{A:A \subset S,|A| \geqslant t\}$。门限方案的存取结构是上述存取结构的一般形式。门限存取结构可用于保护任何类型的数据。

下面我们分别来介绍基于拉格朗日插值与基于中国剩余定理的密钥的分散管理方案。

1. 基于拉格朗日插值的密钥分散管理方案

我们首先扩展多项式环的一些知识。

定义 设 $F[x]$ 是域 F 上的多项式环,$f(x)$ 是 $F[x]$ 中的一个 n 次多项式,若存在 $x_0 \in F$,且使得 $f(x_0)=0$,则称 x_0 为 $f(x)$ 在域 F 上的根。

定理 设 $F[x]$ 是域 F 上的多项式环,$f(x)$ 是 $F[x]$ 中的一个 n 次多项式,则 $f(x)$ 在域 F 上的彼此不同根的个数不超过 n。

证明 对整数 n 用数学归纳法。

当 $n=1$ 时,不妨设,$f(x)=ax+b$,$a \neq 0$。此时,$f(x)$ 仅有一个根 $-a^{-1}b$。结论成立。

假设在 $n-1$ 时结论成立。

当 $f(x)$ 是 $F[x]$ 中的一个 n 次多项式时。若 $f(x)$ 在域 F 上没有根,结论成立。否则,可设 c_1 是 $f(x)$ 的一个根,则:$f(x)=(x-c_1)f_1(x)$,这里,$f_1(x)$ 是 $F[x]$ 中的一个 $n-1$ 次多项式。若 c_2 也是 $f(x)$ 的一个异于 c_1 的根,则:$0=f(c_2)=(c_2-c_1)f_1(c_2)$。因此,$c_2$ 是 $f_1(x)$ 的根。根据归纳假设,$f_1(x)$ 在域 F 上的彼此不同根的个数不超过 $n-1$ 个。故:$f(x)$ 在域 F 上的彼此不同根的个数不超过 n。

推论 设 $F[x]$ 是域 F 上的多项式环,$f(x)$、$g(x)$ 是 $F[x]$ 中的两个次数不超过 n 次的多项式。若有 $n+1$ 个不同的元素 $c_1,c_2,\cdots,c_{n+1} \in F$,使得:$f(c_i)=g(c_i)$,$i=1,2,\cdots,n+1$,则 $f(x)=g(x)$。

证明 令 $h(x)=f(x)-g(x)$。采用反证法:

若 $h(x) \neq 0$,则 $h(x)$ 是一个次数不超过 n 次的多项式。由上述结论,$h(x)$ 在域 F 上的彼此不同根的个数不超过 n。但是,由已知条件,$c_1,c_2,\cdots,c_{n+1} \in F$ 都是 $h(x)$ 的根,共 $n+1$ 个。矛盾。故:$h(x)=0$,即 $f(x)=g(x)$。

由上述结论知:给定域 F 上的 $n+1$ 个不同的元素 $a_1,a_2,\cdots,a_{n+1} \in F$,以及 $n+1$ 个不全为零的元素 $b_1,b_2,\cdots,b_{n+1} \in F$,最多存在一个环 $F[x]$ 中的次数不超过 n 次的多项式 $f(x)$,使得 $f(a_i)=b_i$,$i=1,2,\cdots,n+1$。

我们只要构造出一个能够满足上述条件的 n 次多项式即可:

令

$$f(x) = \sum_{i=1}^{n+1} \prod_{j=1, j\neq i}^{n+1} b_i(a_i - a_j)^{-1}(x - a_j)。 \tag{4}$$

易知,$f(a_i) = b_i$, $i = 1, 2, \cdots, n+1$,且多项式 $f(x)$ 的次数不超过 n。因此,满足条件的多项式存在且唯一。我们称式(4)为拉格朗日插值公式。

Shamir 于 1979 年基于拉格朗日内插多项式提出了一个密钥分散管理的门限方案。该方案论述如下:

设 p 是一素数,模 p 的剩余类关于加法、乘法构成一个代数系统 F。由于 p 是一素数,故 F 为一个域,此时,记 F 为 $GF(p)$。共享的密钥 $k \in K = GF(p)$。可信中心给 $n(n < p)$ 个共享者 $P_i(1 \leqslant i \leqslant n)$ 分配共享的过程如下:

(1)可信中心随机选择一个 $t-1$ 次多项式 $h(x) = a_{t-1}x^{t-1} + \cdots + a_1 x + a_0 \in GF(p)[x]$,常数 $a_0 = k$ 为主密钥;

(2)可信中心在 $GF(p)$ 中选择 n 个非零的互不相同元素 $x_1, x_2, \cdots, x_n$,计算 $y_i = h(x_i)$,$1 \leqslant i \leqslant n$;

(3)可信中心将 $(x_i, y_i)(1 \leqslant i \leqslant n)$ 分配给共享者 $P_i(1 \leqslant i \leqslant n)$,值 $x_i(1 \leqslant i \leqslant n)$ 是公开知道的,$y_i(1 \leqslant i \leqslant n)$ 作为 $P_i(1 \leqslant i \leqslant n)$ 的秘密共享。

Shamir 秘密共享方案利用了拉格朗日插值定理,其基本思想是在有限域上构造 $t-1$ 次多项式 $h(x)$,多项式的零次项为待分享的秘密。将多项式上的点对 $(x_i, h(x_i))$ 分发给参与者后,按照拉格朗日插值定理需要 t 个参与者贡献出他们掌握的点对信息即可重构多项式,从而恢复出秘密信息。

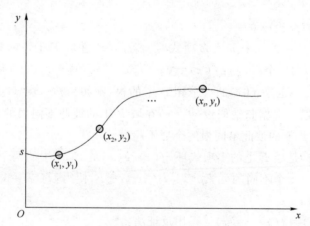

图 3-9   Shamir 秘密共享示意图

若将 $h(x) = a_{t-1}x^{t-1} + \cdots + a_1 x + a_0$ 绘制成图形(见图 3-9),每对 (x_i, y_i) 就是"曲线"$h(x)$ 上的一个点。因为 t 个点唯一地确定 $t-1$ 次多项式 $h(x)$,所以 k 可以从 t 个共享中重构出。但是从 $t_1(t_1 < t)$ 个共享无法确定 $h(x)$ 或 k。

给定 t 个共享 $y_{i_s}(1 \leqslant s \leqslant t)$,通过计算,利用拉格朗日多项式的方法重构的 $h(x)$ 为

$$h(x) = \sum_{s=1}^{t} y_{i_s} \prod_{j=1, j\neq s}^{t} \frac{x - x_{ij}}{x_{is} - x_{ij}}$$

这里,运算都是 $GF(p)$ 上实现。

重构出 $h(x)$ 后，通过 $k=h(0)$，可以计算出密钥 k，

$$k=h(0)=\sum_{s=1}^{t}y_{i_s}\prod_{j=1,j\neq s}^{t}\frac{-x_{i_j}}{x_{i_s}-x_{i_j}}。$$

若令：$b_s=\prod_{j=1,j\neq s}^{t}\dfrac{-x_{i_j}}{x_{i_s}-x_{i_j}}$，则 $k=h(0)=\sum_{s=1}^{t}b_s y_{is}$。因为 $x_i(1\leq i\leq n)$ 的值是公开知道的，b_s 可以提前算出，所以我们可预计算 $b_s(1\leq s\leq n)$ 以加快重构时的运算速度。

例　设阈值 $t=3$，用户数 $n=5$，$p=19$，主密钥 $k=11$。试设计一个 $(3,5)$ 门限方案分享主密钥 $k=11$。

解：随机选取 $a_1=2,a_2=7$，得多项式为

$$h(x)=(7x^2+2x+11)\bmod 19$$

则由 $y_i=h(x_i)$，$1\leq i\leq 5$，很容易得 5 个子密钥

$$h(1)=1,h(2)=5,h(3)=4,h(4)=17,h(5)=6。$$

将 5 个子密钥：$(1,1)$、$(2,5)$、$(3,4)$、$(4,17)$、$(5,6)$ 分别由 5 个用户保存。

如果其中的 3 个用户进行合作，分享各自的子密钥。如第 2、3、5 个用户分享 $(2,5)$、$(3,4)$、$(5,6)$。

就可按一下方式重构 $h(x)$：

$$5\frac{(x-3)(x-5)}{(2-3)(2-5)}=5\frac{(x-3)(x-5)}{(-1)(-3)}=$$
$$5\cdot(3^{-1}\bmod 19)\cdot(x-3)(x-5)=$$
$$5\cdot13(x-3)(x-5)=65(x-3)(x-5)$$

$$4\frac{(x-2)(x-5)}{(3-2)(3-5)}=4\frac{(x-2)(x-5)}{(1)(-2)}=$$
$$4\cdot((-2)^{-1}\bmod 19)\cdot(x-2)(x-5)=$$
$$4\cdot9(x-2)(x-5)=36(x-2)(x-5)$$

$$6\frac{(x-2)(x-3)}{(5-2)(5-3)}=6\frac{(x-2)(x-3)}{(3)(2)}=6\cdot(6^{-1}\bmod 19)\cdot(x-2)(x-3)=$$
$$6\cdot16(x-2)(x-3)=96(x-2)(x-3)$$

所以

$$h(x)=[65(x-3)(x-5)+36(x-2)(x-5)+96(x-2)(x-3)]\bmod 19=$$
$$(26x^2-188x+296)\bmod 19=7x^2+2x+11$$

从而得共享的秘密密钥 $k=11$。

2．基于中国剩余定理的密钥分散管理方案

Asmuth 和 Bloom 于 1980 年提出了一个基于中国剩余定理的 (t,n) 门限方案。即：将密钥分配给 n 个用户，任意 t 个用户合作，就能够恢复该密钥。在他们的方案中，共享的密钥是一个同余方程组的解。该方案论述如下：

令 k 为待分享的主密钥，$p,d_1,d_2,\cdots,d_n$ 是满足下列条件的一组整数。

（1）$p>k$；

（2）$d_1<d_2<\cdots<d_n$；

（3）对所有的 i，$\mathrm{GCD}(p,d_i)=1$；对 $i\neq j$，$\mathrm{GCD}(d_i,d_j)=1$；

(4) $d_1 d_2 \cdots d_t > p d_{n-t+2} d_{n-t+3} \cdots d_n$。

令 $N = d_1 d_2 \cdots d_t$ 是 t 个最小整数之积，则由上述条件知 $\dfrac{N}{p}$ 大于任意 $t-1$ 个 d_i 之积。

令 r 是区域 $\left[0, \left\lfloor \dfrac{N}{p} \right\rfloor - 1\right]$ 中的一个随机整数。这里，$\lfloor x \rfloor$ 是不超过 x 的最大整数。

为了将主密钥 k 划分为 n 个共享，需要计算 $k' = k + rp$，知 $k' \in [0, N-1]$。n 个共享为 $k_i = k' \bmod d_i, i = 1, 2, \cdots, n$。将子密钥 (d_i, k_i) 分配给各个用户。

为了恢复 k，找到 k' 就足够了。若给定 t 个共享 $k_{i_1}, \cdots, k_{i_t}$，则由中国剩余定理可知，同余方程组：

$$x' \equiv k_{i_1} \pmod{d_{i_1}}$$
$$x' \equiv k_{i_2} \pmod{d_{i_2}}$$
$$\vdots$$
$$x' \equiv k_{i_t} \pmod{d_{i_t}}$$

因为 $N_1 \geqslant N \geqslant k'$，所以，上述同余方程组在模 $N_1 = d_{i_1} d_{i_2} \cdots d_{i_t}$ 在 $[0, N_1 - 1]$ 内有唯一解 x，这就唯一地确定了 k'。最后，从 k', r 和 p 计算 $k : k = k' - rp$，即 $k = k' \bmod p$。

若仅知道 $t-1$ 个共享 $k_{i1}, \cdots, k_{it-1}$，可能就只知道 k' 关于模 $N_2 = d_{i1} d_{i2} \cdots d_{it-1}$ 在 $[0, N_2 - 1]$ 内有唯一解 x。因为 $\dfrac{N}{N_2} > p$，$\mathrm{GCD}(p, N_2) = 1$，所以使 $x \leqslant n$ 和 $x \equiv k'$ 的数 x 在模 p 的所有同余类上均匀地分布，因此，没有足够的信息去决定 k'。

例 设阈值 $t = 2$，用户数 $n = 3$，主密钥 $k = 4$，相关参数：$p = 7, d_1 = 9, d_2 = 11, d_3 = 13$。

按照上方案，$N = d_1 d_2 = 99 > 91 = 7 \cdot 13 = p \cdot d_3$。

在 $\left[0, \left\lfloor \dfrac{99}{7} \right\rfloor - 1\right] = [0, 13]$ 之间随机地取 $r = 10$，求 $k' = k + rp = 4 + 10 \times 7 = 74$，

$k_1 \equiv k' \bmod d_1 = 74 \bmod 9 \equiv 2, k_2 \equiv k' \bmod d_2 = 74 \bmod 11 \equiv 8$，

$k_3 \equiv k' \bmod d_3 = 74 \bmod 13 \equiv 9$。子密钥为：$\{(9,2), (11,8), (13,9)\}$。这就构成了 $(2,3)$ 门限方案。

若知道 $\{(9,2), (11,8)\}$，可建立方程组

$$\begin{cases} 2 \bmod 9 \equiv k' \\ 8 \bmod 11 \equiv k' \end{cases}$$

解之得：$k' \equiv (11 \times 5 \times 2 + 9 \times 5 \times 8) \bmod 99 \equiv 74$，所以 $k = k' - rp = 74 - 10 \times 7 = 4$。这样，就恢复了主密钥。

在本节中，我们学习了环理论在密码学中的应用。环是具有两个运算的代数系统。利用环中元素的运算性质，可以设计一些密码体制。仿射密码是在环 $(\mathbf{Z}_{26}, +, \cdot)$ 中，通过对同余方程的求解，进行加密、解密运算。RSA 密码体制中，用到了两个环，一个是 $(\mathbf{Z}_{\varphi(n)}, +, \times)$，另一个是 $(\mathbf{Z}_n, +, \times)$。背包密码体制中，运算是在环 $(\mathbf{Z}_m, +, \times)$ 中进行。Shamir 秘密共享方案是在域 F 上的一元多项式环 $(F[x], +, \times)$ 上进行。Asmuth-

Bloom 方案是在环($\mathbf{Z}_n$,＋,×)上实施。

小 结

在本章中,我们学习了环的相关知识。环是具有两个二元运算(分别称之为加法、乘法)的代数系统(R,＋,·)。一个非平凡、无零因子交换环 R 叫做一个整环。一个非平凡、有单位元、非零元有逆元的环 R 叫做一个除环。一个除环没有零因子。一个交换除环叫做一个域。($\mathbf{Z}_p$,＋,·)是一个域,当且仅当 p 是素数。一个环 R 的一个子集 S 叫做 R 的一个子环,假如 S 本身对于 R 的代数运算来说作成一个环。环(R,＋,·)到环(S,∨,∧)的映射 f。如果保持运算:
$$\forall a,b \in R, f(a+b)=f(a) \vee f(b), f(a \cdot b)=f(a) \wedge f(b);$$
则称 f 是 $R \to S$ 的环同态映射。理想在环中的作用类似于正规子群在群中的功能。环同态基本定理指的是:假定 R 同 $\overline{R}$ 是两个环,并且 R 与 $\overline{R}$ 满同态,那么这个同态满射的核 A 是 R 的一个理想,并且:$R/A \cong \overline{R}$。我们学习了分式域及一些由已知环构造新的环的方法,可以构造:直积环、矩阵环、多项式环、序列环。I 是 R 的素理想$\Leftrightarrow R/I$ 是整环;I 是 R 的极大理想$\Leftrightarrow R/I$ 是域。我们学习了一些具有特殊性质的环:唯一分解环、主理想环与欧氏环。环理论在密码学中有着广泛的应用,我们介绍了基于环中元素运算的仿射密码、几个公钥密码算法,介绍了密钥的分散管理方案。

习 题

1. 下面集合关于数的加法和乘法构成环吗? 为什么?

(1) $\{a+b\sqrt{5} \,|\, a,b \in \mathbf{Z}\}$;

(2) $\{a+b\sqrt{2}+c\sqrt{3} \,|\, a,b,c \in \mathbf{Z}\}$;

(3) 非负整数集。

2. ($\mathbf{Z}$,＋,×)是环吗? 这里＋是数的加法,×规定为 $a \times b=0, a,b \in \mathbf{Z}$。

3. 设 $C(-\infty,\infty)$ 是定义在$(-\infty,\infty)$上的全体连续函数作成的集合,定义加法运算为通常函数加法,乘法为 $f(x) \circ g(x)=f(g(x))$,问 $C(-\infty,\infty)$ 能否构成环?

4. 设 $R=\left\{\begin{bmatrix} a & 2b \\ b & a \end{bmatrix} \middle| a,b \in R\right\}$,证明:$R$ 关于矩阵的加法和乘法构成环。

5. 设 R 是一个环,证明:如果 R 关于加法构成循环群,则 R 是交换环。

6. 下面的环哪些是整环、除环、域?

(1) $(\{a+bi|a, \quad b \in \mathbf{Q}\}, +, \cdot)$;

(2) $(\{a+b\sqrt{7}|a,b\in \mathbf{Z}\}, +, \cdot)$;

(3) $(\mathbf{Z}_2 \times \mathbf{Z}_2, +, \cdot)$;

(4) $(\mathbf{Z} \times R, +, \cdot)$;

(5) $(\mathbf{R}[x], +, \cdot)$。

7. 证明:如果在一个无零因子的环 R 中,方程 $x^2=x$ 有非零解,则环 R 为有单位元的环。

8. 设 $(R, +, \cdot)$ 是没有零因子的环,证明:R 中非零元素对于加法 $+$ 的阶数同时是无限的或同时是某个数。

9. 设 a 为环 R 中的一个元素,R_1 是由 R 中的满足 $xa=0$ 的元素构成的集合,即:$R_1 = \{x | xa=0, x \in R\}$。证明:$R_1$ 是 R 的子环。

10. 设 A 和 B 是环 R 的子环,证明:$A \cap B$ 也是 R 的子环。

11. 设 R 是环,所谓 R 的中心 $C(R)$ 是指与环 R 中所有元素可交换的元素的集合,证明:中心是 R 的子环。

12. 证明:一个除环的中心是域。

13. 证明:

(1) 有理数域 $(\mathbf{Q}, +, \cdot)$ 的自同构映射只有一个;

(2) 设 $\mathbf{Q}(i) = \{a+bi|a,b\in \mathbf{Q}\}$,$(\mathbf{Q}(i), +, \cdot)$ 有且只有两个自同构映射。

14. 设 A 是一个环,令 $B=Z\times A$,对 B 规定加法与乘法为:

$$(m,a)+(n,b)=(m+n,a+b),$$

$$(m,a)\cdot(n,b)=(mn,na+mb+ab)。$$

证明:B 是一个具有单位元的环,且 B 含有子环与 A 同构。

15. 找出下面环的所有理想:

(1) $(\mathbf{Z}_2 \times \mathbf{Z}_2, +, \cdot)$;

(2) $(\mathbf{Q}, +, \cdot)$;

(3) $(\mathbf{Z}_7, +, \cdot)$。

16. 设 H_1 和 H_2 是环 R 的理想,证明:$H_1 \cap H_2$ 也是环 R 的理想。

17. 设 R 是具有单位元 1 的交换环,且 $R \neq \{0\}$,证明:R 是域,当且仅当 R 是单环。

18. 矩阵环 $(\mathbf{M}(2\times 2; \mathbf{Q}), +, \cdot)$,证明:$\mathbf{M}(2\times 2; \mathbf{Q})$ 只有零理想和单位理想,即是单环,但不是除环。

19. 问 $Z/(8)$ 有多少不同的理想,所有非零理想的交是什么?

20. 设 R 是交换环,证明:R 中一切幂等元 $N = \{x | x\in R, x^m=0, m$ 为某个正整数$\}$ 构成 R 的理想。

21. 在 $M(2\times2;\mathbf{Z})$ 中包含 $\begin{bmatrix} 1 & 0 \\ 0 & 0 \end{bmatrix}$ 的极大理想存在吗？

22. 在整数环 $\mathbf{Z}$ 中，p 是素数，问 (p^2) 是不是素理想？$(2p)$ 是不是素理想？

23. 在高斯整环中，把 2 和 5 分解成既约元的乘积。

24. 找出下面给出的欧氏环中元素 a、b 的最大公约元，并且找出环中元素 s, t，使 $as + bt = \text{GCD}(a, b)$

(1) 在 $\mathbf{Z}$ 中，$a = 33, b = 42$；

(2) 在 $\mathbf{Q}[x]$ 中，$a[x] = 2x^3 - 4x^2 - 8x + 1, b[x] = 2x^3 - 5x^2 - 5x + 2$；

(3) 在 $\mathbf{Z}_3[x]$ 中，$a[x] = x^4 + x + 1, b[x] = x^3 + x^2 + x$。

第4章 域

In abstract algebra, a finite field or Galois field (so named in honor of évariste Galois) is a field that contains a finite number of elements. Finite fields are important in number theory, algebraic geometry, Galois theory, cryptography, coding theory and quantum error correction. The finite fields are classified by size; there is exactly one finite field up to isomorphism of size p^k for each prime p and positive integer k. Each finite field of size q is the splitting field of the polynomial $x^q - x$. Similarly, the multiplicative group of the field is a cyclic group.

在抽象代数中,有限域或伽罗华域(为了纪念伽罗华而得名)是一个包含有限个元素的域。有限域理论在数论、代数几何、伽罗华理论、密码学、编码理论和量子纠错中有着重要的应用。有限域可以按照其规模来分类,在同构意义下,阶为 p^k 的有限域只有一个,这里 p 是素数,k 为正整数。每一个阶为 q 的有限域是多项式 $x^q - x$ 的分裂域。有限域的乘法群是一个循环群。

——Lidl, Rudolf; Niederreiter, Harald (1997), Finite Fields (2nd ed.), Cambridge University Press, ISBN 0-521-39231-4

域是具有两个运算的代数系统。在本章中,我们将学习域的扩张、多项式的分裂域、有限域及其在密码学中的应用等知识。

4.1 域的扩张

域是一种特殊的环,有关环的性质都适用于域。在本节中,我们将学习扩域的一些知识。我们将介绍扩域与线性空间的关系,并学习添加一个元素时扩域的结构。最后,还将利用扩域的知识,对一些古希腊的几何作图问题的可行性进行研究。

4.1.1 线性空间与复数域的构造

首先,我们先给出子域、扩域的概念。

定义　设 F 是域$(K,+,\cdot)$的非空子集,且$(F,+,\cdot)$也是域,则称 F 是 K 的子域, K 是 F 的扩域,记为 $F\leqslant K$。

我们知道,实数域是在它的子域有理数域上建立起来的,而复数域是在它的子域实数域上建立起来的。一种研究域的方法是:从一个给定的域 F 出发,来研究它的扩域。

域的子域与线性空间的子空间有着联系。我们先回顾一下线性代数中的线性空间的相关概念。

定义　设 V 是一个非空集合,P 是一个数域。如果对于任意两个元素 $\alpha,\beta\in V$,总有唯一的一个元素 $\gamma\in V$ 与之对应,称为 α 与 β 的和,记作 $\gamma=\alpha+\beta$;对于任一数 $k\in P$ 与任一元素 $\alpha\in V$,总有唯一确定的一个元素 $\delta\in V$ 与之对应,称为 k 与 α 的积,记作 $\delta=k\alpha$。并且,这两种运算满足以下运算规律。

设 $\alpha,\beta,\gamma\in V,k,l\in P$。

1. $\alpha+\beta=\beta+\alpha$;

2. $(\alpha+\beta)+\gamma=\alpha+(\beta+\gamma)$;

3. 在 V 中存在零元素 0,使得,对于任意的 $\alpha\in V$,都有 $\alpha+0=\alpha$;

4. 对于任意的 $\alpha\in V$,都有 α 的的负元素 $\beta\in V$,使得 $\alpha+\beta=0$;

5. $1\alpha=\alpha$;

6. $k(l\alpha)=(kl)\alpha$;

7. $(k+l)\alpha=k\alpha+l\alpha$;

8. $k(\alpha+\beta)=k\alpha+k\beta$。

则 V 称为数域 P 上的向量空间(或线性空间)。V 中的元素称为向量。

即:数域 P 上的线性空间 V 是一个具有加法与数乘运算的集合,且满足 $\forall \boldsymbol{\alpha},\boldsymbol{\beta}\in V$, $\forall k,l\in P$。有:$\boldsymbol{\alpha}+\boldsymbol{\beta}\in V,k\boldsymbol{\alpha}\in V$;代数系统$(V,+)$是一个加群;且 $1\boldsymbol{\alpha}=\boldsymbol{\alpha},k(l\boldsymbol{\alpha})=(kl)\boldsymbol{\alpha}$, $(k+l)\boldsymbol{\alpha}=k\boldsymbol{\alpha}+l\boldsymbol{\alpha},k(\boldsymbol{\alpha}+\boldsymbol{\beta})=k\boldsymbol{\alpha}+k\boldsymbol{\beta}$。这里,1 是数域 P 上的单位元。

以下给出了线性空间的基与维数的概念。

定义　在线性空间 V 中,如果存在 n 个元素 $\alpha_1,\alpha_2,\cdots,\alpha_n$,满足:

1. $\alpha_1,\alpha_2,\cdots,\alpha_n$ 线性无关;

2. 线性空间 V 中任意一个元素 α 总可以由 $\alpha_1,\alpha_2,\cdots,\alpha_n$ 线性表示。

则:$\alpha_1,\alpha_2,\cdots,\alpha_n$ 被称为线性空间 V 的一个基,并称 V 为 n 维线性空间。

在上述线性空间的定义中,可以将数域 P 推广至一般的域 F,就可以得到一般的域 F 上线性空间 V 的定义。具体分析如下。设 F 是一个域,K 是 F 的扩域,对于 $\forall u_1$, $u_2\in K,\forall a,b\in F$,有 $au_1+bu_2\in K$。将 K 中的元素称为向量,则 au_1+bu_2 是向量 u_1,u_2 在 F 上的线性组合,从而,可以将 K 看作是 F 上的一个向量空间。此时,$1\alpha=\alpha$ 变为 $e\cdot\alpha=\alpha,e$ 为域 F 中的乘法单位元。下面,给出域 F 上线性空间 V 的定义。

定义　设 V 是一个加群,F 是一个域,$\forall k\in F,\forall \alpha\in V,k\alpha\in V$ 且满足以下性质:

1. $e\cdot\alpha=\alpha$;e 为域 F 中的乘法单位元;

2. $k(l\alpha)=(kl)\alpha$;

3. $(k+l)\alpha=k\alpha+l\alpha$;

4. $k(\alpha+\beta)=k\alpha+k\beta$。

其中，$\alpha, \beta \in V, k, l \in F$。则称 V 是域 F 上线性空间。

该定义将数域 P 上的线性空间的定义推广到一般的域上。

下面的例子给出了复数域的构造，并说明，作为实数域上的线性空间，复数域的维数是 2。

例 复数域的构造。

令 **R** 表示实数域，构造集合 $\mathbf{C} = \{(a, b) \mid a, b \in \mathbf{R}\}$。按照如下方式规定集合 **C** 上的加法、乘法运算。

$$(a, b) + (c, d) = (a + c, b + d), \quad (a, b)(c, d) = (ac - bd, ad + bc)。$$

可以验证，**C** 关于如上规定的加法、乘法运算构成一个域。称 $(\mathbf{C}, +, \cdot)$ 为复数域。

复数域 $(\mathbf{C}, +, \cdot)$ 具有以下一些性质。

1. 复数域 $(\mathbf{C}, +, \cdot)$ 包含实数域 **R**。$(\mathbf{C}, +, \cdot)$ 中的子集 $\{(a, 0) \mid a \in \mathbf{R}\}$，关于 $(\mathbf{C}, +, \cdot)$ 中的加法、乘法构成一个子域。可以构造一个映射：

$$f : (a, 0) \to a。$$

可以验证，该映射 f 是子域 $\{(a, 0) \mid a \in \mathbf{R}\}$ 到实数域 **R** 的一个同构映射。由于彼此同构的两个代数系统可以认为是一样的，故可记子域 $\{(a, 0) \mid a \in \mathbf{R}\}$ 为 **R**。这说明，复数域 $(\mathbf{C}, +, \cdot)$ 包含实数域 **R**。以后，为方便起见，也可将 $(a, 0)$ 写成 a。

2. 复数域 $(\mathbf{C}, +, \cdot)$ 是实数域 **R** 上的二维向量空间。对于 $\forall (c, 0) \in \mathbf{R}, (c, 0)$ 与 (a, b) 的数乘就是它们在复数域 $(\mathbf{C}, +, \cdot)$ 中的乘积，为 $(c, 0)(a, b) = (ca, cb)$。则有：$(a, b) = (a, 0)(1, 0) + (b, 0)(0, 1)$。也可记为：$(a, b) = a(1, 0) + b(0, 1)$。这说明，$(1, 0)$，$(0, 1)$ 是复数域 $(\mathbf{C}, +, \cdot)$ 在实数域 **R** 上的一组基。故复数域 $(\mathbf{C}, +, \cdot)$ 是实数域 **R** 上的二维向量空间。

3. 复数域 $(\mathbf{C}, +, \cdot)$ 中的乘法单位元是 $(1, 0) = 1$。由乘法运算的规则，$(0, 1)^2 + 1 = (0, 1)^2 + (1, 0) = 0$。故 $(\mathbf{C}, +, \cdot)$ 中的元素 $(0, 1)$ 满足方程：$x^2 + 1 = 0$，或 $x^2 = -1$。即元素 $(0, 1)$ 是 -1 的平方根。将其记为 $\sqrt{-1}$ 或 i。则 $\mathbf{C} = \{a + b\sqrt{-1} \mid a, b \in \mathbf{R}\} = \{a + bi \mid a, b \in \mathbf{R}\}$。

4. 复数域 $(\mathbf{C}, +, \cdot)$ 中任何包含实数域 **R** 的子域 K 是 **C** 的子空间。因为 **C** 是 **R** 上的二维子空间，故 K 或者等于 **C**，或者等于 **R**。

5. 在实数域上，负数没有平方根。即 $x^2 + a = 0$ 在 **R** 中无解。其中 $a \in \mathbf{R}, a > 0$。实际上，从 16 世纪开始，有数学家"引入"了形如 $a + b\sqrt{-1}$ 的数，$(a, b \in \mathbf{R})$，并且认为这样的数也适合实数所满足的运算规则。同时也发现，这样的数有应用，它可以用来表示实系数多项式的求根公式。然而，由于符号 $\sqrt{-1}$ 的引入及其相关运算缺乏严格的数学基础，很多数学家仍然认为形如 $a + b\sqrt{-1}$ 的数是"虚"的，是"想象"出来的。由上述复数的构造，知虚数、复数的引入，其数学本质是把实数域 **R** 进行扩展，得到了一个更大的域，从而方程 $x^2 + 1 = 0$ 在大域中有解。

4.1.2 域的扩张

定理 设 $(K, +, \cdot)$ 是域 $(F, +, \cdot)$ 的扩域，则 K 是 F 的线性空间。

证　域$(K,+,\cdot)$中有加法与乘法。将 F 中的元素 f 与 K 中元素 k 的乘积 fk,看作是一个数乘运算。由线性空间的定义可得。

定义　设 K 是域 F 的扩域,F 上线性空间 K 的维数称为扩域 K 在 F 上的次数,记为 $(K:F)$.如果$(K:F)$是有限的,则称 K 是 F 的有限扩域。

例　证明:$(\mathbf{C}:\mathbf{R})=2$。这里,$\mathbf{C}$ 与 $\mathbf{R}$ 分别表示复数域与实数域。

证　根据前面的论述,易知,$\mathbf{C}=\{a+bi\,|\,a,b\in\mathbf{R}\}$,故 $1,i$ 是 $\mathbf{C}$ 在 $\mathbf{R}$ 上的一组基,于是$(\mathbf{C}:\mathbf{R})=2$。

定理　设 F 是域,$p(x)$ 是 $F[x]$ 的 m 次既约多项式,并且 $K=F[x]/(p(x))$,则$(K:F)=m$。

证　知:$K=\{(p(x))+a_0+a_1x+\cdots+a_{n-1}x^{m-1}\,|\,a_i\in F\}$,并且 K 的元素的表示法是唯一的。因此$(p(x))+1,(p(x))+x,(p(x))+x^2,\cdots,(p(x))+x^{m-1}$ 是 K 在 F 上的一组基,于是$(K:F)=m$。

对于有限域而言,扩域这个性质具有传递性。利用线性空间的基与线性相关性可以证明这一点。

定理　设域 T 是域 K 的 m 次有限扩域,并且 K 是域 F 的 n 次有限扩域,即:$(T:K)=m,(K:F)=n$,则 T 是 F 的有限扩域,并且$(T:F)=(T:K)(K:F)$。

证　由于$(T:K)=m$,可设 T 在 K 上的一组基为 $\alpha_1,\alpha_2,\cdots,\alpha_m$;由$(K:F)=n$,可设 K 在 F 上的一组基为 $\beta_1,\beta_2,\cdots,\beta_n$.下面证明:$\beta_j\alpha_i,i=1,\cdots,m;j=1,\cdots,n$ 是 T 在 F 上的一组基。

设 $x\in T$,于是,x 可以由基 $\alpha_1,\alpha_2,\cdots,\alpha_m$ 线性表示:
$$x=\sum_{i=1}^m a_i\alpha_i,a_i\in K,$$
而每一个 $\alpha_1,\alpha_2,\cdots,\alpha_m$,也可以由基 $\beta_1,\beta_2,\cdots,\beta_n$ 线性表示:
$$a_i=\sum_{j=1}^n b_{ij}\beta_j,b_{ij}\in F,$$
从而
$$x=\sum_{i=1}^m\sum_{j=1}^n b_{ij}\beta_j a_i。$$
此即,T 中的任何一个元素 x,可以由 $\beta_j\alpha_i,i=1,\cdots,m;j=1,\cdots,n$ 线性表示。

设
$$\sum_{i=1}^m\sum_{j=1}^n c_{ij}\beta_j a_i=0,$$
这里 $c_{ij}\in F$,因为 $\alpha_1,\alpha_2,\cdots,\alpha_m$ 是在 K 上线性无关的,于是
$$\sum_{j=1}^n c_{ij}\beta_j=0,$$
但 $\beta_1,\beta_2,\cdots,\beta_n$ 是在 F 上线性无关的,所以 $c_{ij}=0$。因此,$\beta_j\alpha_i(i=1,u,\cdots,m;j=1,\cdots,n)$ 在 F 上线性无关,于是 $\beta_1\alpha_1,\cdots,\beta_1\alpha_m,\cdots,\beta_n\alpha_m$ 是 T 在 F 上的一组基,即$(T:F)=nm$。

推论　设 $F_m,F_{m-1},\cdots,F_2,F_1$ 都是域,其每一个都是前一个的子域。则:$(F_m:F_1)=(F_m:F_{m-1})(F_{m-1}:F_{m-2})\cdots(F_2:F_1)$。

例　证明:在域 $\mathbf{Q}$ 和 $T=\mathbf{Q}[x]/(x^5+3)$ 之间,不存在其他的域(这里同构看成一样)。

解:知:T 的子域 $\{(x^5+3)+r \mid r \in \mathbf{Q}\} \cong \mathbf{Q}$。

假定有域 K 使 $T \supseteq K \supseteq \mathbf{Q}$，由上述定理知，$(T:\mathbf{Q})=(T:K)(K:\mathbf{Q})$。同样由上述定理知，$(T:\mathbf{Q})=5$。于是 $(T:K)=1$ 或 $(K:\mathbf{Q})=1$。

如果 $(T:K)=1$，由于 T 是 K 上的线性空间，因此，$T=K$；如果 $(K:\mathbf{Q})=1$，则 $K=\mathbf{Q}$。因此，不存在真正地处在 $\mathbf{Q}$ 和 T 之间的域。

例 设 $\mathbf{Q}$ 是有理数域，$K=\{a+b\sqrt{2} \mid a,b \in \mathbf{Q}\}$，$E=\{\alpha+\beta\sqrt{3} \mid \alpha,\beta \in K\}$，$\mathbf{R}$ 表示实数域，则有：$\mathbf{Q} \subseteq K \subseteq E \subseteq \mathbf{R}$。此时，$1,\sqrt{2}$ 是 K 在 $\mathbf{Q}$ 上的一组基，故 $(K:\mathbf{Q})=2$；而 $1,\sqrt{3}$ 是 E 在 K 上的一组基，故 $(E:K)=2$。在 E 关于 $\mathbf{Q}$ 的向量空间中，$1,\sqrt{2},\sqrt{3},\sqrt{6}$ 是一组基，故 $(E:\mathbf{Q})=4$。需要注意的是，在 $\mathbf{R}$ 关于 $\mathbf{Q}$ 的向量空间中，可以找出无穷多个线性无关的向量，故 $(\mathbf{R}:\mathbf{Q})=\infty$。

定义 设 K 是域 F 的扩域，$k \in K$ 称为 F 上的一个代数元，假如存在不全为零的 a_0，$a_1,\cdots,a_n \in F$，使 $a_0+a_1k+a_2k^2+\cdots+a_nk^n=0$。换句话说，$k$ 是 $F[x]$ 中非零多项式的根。K 中元素不是 F 上的代数元就称为 F 上的超越元。在复数域中，有理数集上的代数元也称为代数数。

例 试问复数 $2-\sqrt{7}i$ 是有理数域 $\mathbf{Q}$ 上的代数元吗？

解:令 $x=2-\sqrt{7}i$，即 $x-2=-\sqrt{7}i$。

$$(x-2)^2=-7,$$
$$x^2-4x+4=-7,$$
$$x^2-4x+11=0。$$

因此 $2-\sqrt{7}i$ 是 $x^2-4x+11=0$ 的根，即 $2-\sqrt{7}i$ 是 $\mathbf{Q}$ 上的代数元。

定义 设 K 是域 F 的扩域，若 K 中每一个元素都是 F 上的代数元，则称 K 是 F 的一个代数扩域。

定理 设 K 是 F 的一个有限次扩域，则 K 是 F 的一个代数扩域。

证明 设 K 是 F 的一个 n 次扩域。$\forall \alpha \in K$，只要证明 α 是代数元。

由于 $(K:F)=n$，故 K 中的 $n+1$ 个元素 $1,\alpha,\alpha^2,\cdots,\alpha^n$ 在 F 上线性相关。从而在 F 中存在不全为零的元素 $a_0,a_1,\cdots,a_n$，使得 $a_0+a_1\alpha+a_2\alpha^2+\cdots+a_n\alpha^n=0$。

即 α 是 F 上非零多项式 $f(x)=a_0+a_1x+a_2x^2+\cdots+a_nx^n$ 的根。故 α 是 F 上的代数元。从而 K 是 F 的一个代数扩域。

现在我们大致地描述一个扩域的结构。

定义 令 E 是域 F 的一个扩域。我们从 E 里取出一个子集 S 来。我们用 $F(S)$ 表示含 F 和 S 的 E 的最小子域，把它叫做添加集合 S 于 F 所得的扩域。若 S 是一个有限集：$S=\{\alpha_1,\alpha_2,\cdots,\alpha_n\}$，那么我们也把 $F(S)$ 记作 $F(\alpha_1,\alpha_2,\cdots,\alpha_n)$，叫做添加元素 $\alpha_1,\alpha_2,\cdots,\alpha_n$ 于 F 所得的子域。

$F(S)$ 的确是存在的，这一点能够看出。因为 E 的确有含 F 和 S 的子域，例如 E 本身。一切这样的子域的交集显然是含 F 和 S 的 E 的最小子域。

更具体地说，$F(S)$ 刚好包含 E 的一切可以写成：

$$\frac{f_1(\alpha_1,\alpha_2,\cdots,\alpha_n)}{f_2(\alpha_1,\alpha_2,\cdots,\alpha_n)} \tag{1}$$

形式的元,这里 $\alpha_1,\alpha_2,\cdots,\alpha_n$ 是 S 中的任意有限个元素,而 f_1 和 $f_2(\neq 0)$ 是 F 上的这些 α 的多项式。

这是因为:$F(S)$ 既然是含有 F 和 S 的一个域,它必然含有一切可以写成形式(1)的元;另一方面,一切可以写成形式(1)的元已经作成一个含有 F 和 S 的域。

适当选择 S,我们可以使 $E=F(S)$。例如,取 $S=E$,就可以做到这一点。实际上,常常只需取 E 的一个真子集 S,就可以达到 $E=F(S)$ 的要求。

现在假定 $E=F(S)$。那么按照上面的分析,E 是一切添加 S 的有限子集于 F 所得子域的并集。这样,求 E 就归纳为求添加有限集于 F 所得的子域以及求这些子域的并集。

例　求有理数域 $\mathbf{Q}$ 添加元素 i 所构成的单扩域 $\mathbf{Q}(i)$。

解：

$$\mathbf{Q}(i)=\left\{\frac{f(i)}{g(i)}\,\Big|\, f(x),g(x)\in\mathbf{Q}[x],g(i)\neq 0\right\}=$$
$$\left\{\frac{a+bi}{c+di}\,\Big|\, a,b,c,d\in\mathbf{Q},c+di\neq 0\right\}$$

若 $c+di\neq 0$,则 $c^2+d^2\neq 0$,

故 $\dfrac{a+bi}{c+di}=\dfrac{(ac+bd)+(bc-ad)i}{c^2+d^2}=a'+b'i$,此时,$a',b'\in\mathbf{Q}$。

此即,
$$\mathbf{Q}(i)=\{a+bi\,|\,a,b\in\mathbf{Q}\}=\mathbf{Q}[i]$$

定义　设 K 是域 F 的扩域,$a\in K$,包含 F 和 a 的 K 的最小子域称为添加 a 于 F 的单扩域,记为 $F(a)$。如果 a 是 F 上的代数元,则称 $F(a)$ 为单代数扩域;如果 a 是 F 上的超越元,则称 $F(a)$ 为单超越扩域。

$F(a)$ 是存在的,因为子域的交还是子域,于是 $F(a)$ 是包含 F 和 a 的 K 的所有子域的交。

例　由前例知,$\{a+b\sqrt{2}\,|\,a,b\in\mathbf{Q}\}$ 是域,这里,$\mathbf{Q}$ 表示有理数域。

现在把 $\mathbf{Q}(\sqrt{2})$ 看成添加 $\sqrt{2}$ 于 $\mathbf{Q}$ 的单扩域,则:$\mathbf{Q}(\sqrt{2})=\{a+b\sqrt{2}\,|\,a,b\in\mathbf{Q}\}$。

证　思路:只要证明集合 $\mathbf{Q}(\sqrt{2})$,与 $\{a+b\sqrt{2}\,|\,a,b\in\mathbf{Q}\}$ 相等。

由单扩域的定义,知:$\mathbf{Q}(\sqrt{2})$ 包含 $\sqrt{2}$ 和所有的有理数,于是包含所有的 $a+b\sqrt{2}$,这里 $a,b\in\mathbf{Q}$。因此

$$\{a+b\sqrt{2}\,|\,a,\quad b\in\mathbf{Q}\}\subseteq\mathbf{Q}(\sqrt{2})$$

又,$\mathbf{Q}(\sqrt{2})$ 是包含 $\mathbf{Q}$ 和 $\sqrt{2}$ 的 $\mathbf{R}$ 的最小子域,于是

$$\{a+b\sqrt{2}\,|\,a,b\in\mathbf{Q}\}\supseteq\mathbf{Q}(\sqrt{2})$$

因此

$$\mathbf{Q}(\sqrt{2})=\{a+b\sqrt{2}\,|\,a,b\in\mathbf{Q}\}$$

定理　设 K 是域 F 的扩域,S_1 和 S_2 是 K 的两个子集,则 $F(S_1)(S_2)=F(S_1\bigcup S_2)=F(S_2)(S_1)$。

证　$F(S_1)(S_2)$ 是一个包含 F,S_1 和 S_2 的 K 的子域,而 $F(S_1 \bigcup S_2)$ 是包含 F 和 $S_1 \bigcup S_2$ 的 K 的最小子域。因此,

$$F(S_1)(S_2) \supseteq F(S_1 \bigcup S_2)。$$

另一方面,$F(S_1 \bigcup S_2)$ 包含 F,S_1 和 S_2,因而包含 $F(S_1)$ 和 S_2 的 K 的子域,但 $F(S_1)(S_2)$ 是包含 $F(S_1)$ 和 S_2 的 K 的最小子域。

于是:

$$F(S_1)(S_2) \subseteq F(S_1 \bigcup S_2)$$

因此:

$$F(S_1)(S_2) = F(S_1 \bigcup S_2)$$

同理可证:

$$F(S_2)(S_1) = F(S_1 \bigcup S_2)$$

根据上述定理,我们可以把添加一个有限集构成的扩域归结为陆续添加单个的元素来构成。

推论　设 K 是域 F 的扩域,$a_1,a_2,\cdots,a_{n-1},a_n \in K$,则:

$$F(a_1,a_2,\cdots,a_{n-1},a_n) = F(a_1,a_2,\cdots,a_{n-1})(a_n) = F(a_1)(a_2),\cdots,(a_n)$$

例　$\qquad\qquad\qquad \mathbf{R}(i,3i) = \mathbf{R}(i)(3i) = \mathbf{C}(3i) = \mathbf{C}$

例　由于如下 3 个域之间的包含关系:$\mathbf{Q} \subset \mathbf{Q}(\sqrt{2}) \subset \mathbf{Q}(\sqrt{2},\sqrt{3})$,从而有:

$$(\mathbf{Q}(\sqrt{2},\sqrt{3}) : \mathbf{Q}) = (\mathbf{Q}(\sqrt{2},\sqrt{3}) : \mathbf{Q}(\sqrt{2})) \cdot (\mathbf{Q}(\sqrt{2}) : \mathbf{Q})$$

又:

$$(\mathbf{Q}(\sqrt{2},\sqrt{3}) : \mathbf{Q}(\sqrt{2})) = (\mathbf{Q}(\sqrt{2}) : \mathbf{Q}) = 2$$

故:

$$(\mathbf{Q}(\sqrt{2},\sqrt{3}) : \mathbf{Q}) = 4$$

为了给出单扩域的一些结论,我们先给出分式域(商域)的几个性质。

引理　假定整环 R 含有两个以上元素,F 是一个包含 R 的域。那么 F 包含 R 的一个分式域。

证明　在 F 中,运算 $ab^{-1} = b^{-1}a = \dfrac{a}{b}(a,b \in R,b \neq 0)$ 有意义。

作 F 的子集:$\overline{\mathbf{Q}} = \left\{\dfrac{a}{b},a,b \in R,b \neq 0\right\}$。

$\overline{\mathbf{Q}}$ 显然是 R 的一个分式域。证完。

在这里,R 的分式域适合以下计算规则:

$$\begin{cases} \dfrac{a}{b} = \dfrac{c}{d},当而且只当 a \cdot d = b \cdot c \text{ 的时候} \\[2mm] \dfrac{a}{b} + \dfrac{c}{d} = \dfrac{ad+bc}{b \cdot d} \\[2mm] \dfrac{a}{b} \cdot \dfrac{c}{d} = \dfrac{a \cdot c}{b \cdot d} \end{cases}$$

可以看出,上述计算规则完全取决于环 R 的加法和乘法的运算规则。这就是说,R 的分式域的构造完全取决于 R 的构造。所以我们有:

定理　同构的环的分式域也是同构的。

这样,抽象地来说看,一个环只有一个分式域。

单扩域是最简单的扩域,下面,我们讨论单扩域 $F(\alpha)$ 的结构。将 α 分为域 F 上的超越元与代数元两种情况。

定理 若 α 是 F 上的一个超越元,那么,$F(\alpha) \cong F[x]$ 的分式域。这里 $F[x]$ 是 F 上的一个未定元 x 的多项式环。

证明 $F(\alpha)$ 包含 F 上的 α 的多项式环:

$$F[\alpha] = \Big\{ \sum_{k=1}^{n} a_k \alpha^k \mid a_k \in F, n \in \mathbf{N} \Big\}$$

我们知道,$\sum a_k x^k \rightarrow \sum a_k \alpha^k$

是 F 上的未定元 x 的多项式环 $F[x]$ 到 $F[\alpha]$ 的同态满射。

如果 α 是 F 上的超越元。这时,以上映射是同构映射。即:$F[\alpha] \cong F[x]$。

由上述定理,$F[\alpha]$ 的分式域 $\cong F[x]$ 的分式域。

由上述引理,知:$F[\alpha]$ 的分式域 $\subset F(\alpha)$。

另一方面,$F[\alpha]$ 的分式域包含 F 也包含 α,因此,由 $F(\alpha)$ 的定义,$F(\alpha) \subset F[\alpha]$ 的分式域。因此,$F(\alpha) = F[\alpha]$ 的分式域。

故,$F(\alpha) \cong F[x]$ 的分式域。

定理 设 α 是域 F 上的代数元,并且 $p(x)$ 是 F 上具有根 α 的 n 次既约多项式,则 $F(\alpha) \cong F[x]/(p(x))$,$F(\alpha)$ 的元能够唯一地表示为 $c_0 + c_1 \alpha + c_2 \alpha^2 + \cdots + c_{n-1} \alpha^{n-1}$,这里 $c_i \in F, i = 0, 1, \cdots, n-1$。并且 $\forall h(\alpha), g(\alpha) \in F(\alpha), h(\alpha), g(\alpha)$ 相加只需把相应的系数相加,相乘等于 $r(\alpha)$,这里 $r(x)$ 是 $p(x)$ 除 $h(x)g(x)$ 所得的余式。

证 我们规定 $f \colon F[x] \rightarrow F(\alpha)$ 为 $f(q(x)) = q(\alpha), \forall q(x) \in F[x]$。

不难证明,f 是 $F[x] \rightarrow F(\alpha)$ 的环满同态。由前述定理知,$\mathrm{Ker} f$ 是 $F[x]$ 的理想。又,$F[x]$ 的所有理想都是主理想,于是 $\mathrm{Ker} f = (t(x))$,对于某个 $t(x) \in F[x]$。

因为 $p(\alpha) = 0$,故 $p(x) \in \mathrm{Ker} f$,因此,$t(x) \mid p(x)$。由于 $p(x)$ 是既约的,则 $p(x) = kt(x)$,这里 k 为某个 F 的非零元。因此,$\mathrm{Ker} f = (t(x)) = (p(x))$。

由环同态基本定理知,$F[x]/(p(x)) \cong F(\alpha)$。

由于:
$$F[x]/(p(x)) = \{ P + a_0 x + a_1 x^2 + \cdots + a_{n-1} x^{n-1} \mid a_i \in F \}$$
$$F(\alpha) = \{ c_0 + c_1 \alpha + c_2 \alpha^2 + \cdots + c_{n-1} \alpha^{n-1} \mid c_i \in F \}。$$

知:$F(\alpha)$ 中两个元素 $h(\alpha)$ 与 $g(\alpha)$ 相加只需相应的系数相加,$h(\alpha), g(\alpha)$ 相乘等于 $r(\alpha)$,这里 $r(x)$ 是 $p(x)$ 除 $h(x)g(x)$ 所得的余式。

推论 设 α 是域 F 上 n 次既约多项式 $p(x)$ 的根,则 $(F(\alpha) \colon F) = n$

证 $$(F(\alpha) \colon F) = (F[x]/(p(x)) \colon F) = n$$

例 $\mathbf{Q}(\sqrt{3}) \cong \mathbf{Q}[x]/(x^2 - 3)$,并且 $(\mathbf{Q}(\sqrt{3}) \colon \mathbf{Q}) = 2$。

定理 设 $p(x)$ 是域 F 上的既约多项式,则 F 存在有限扩域 K,在 K 中 $p(x)$ 有根。

证 设 $p(x) = a_0 + a_1 x + \cdots + a_n x^n (a_n \neq 0)$,并令 $P = (p(x))$,由上述定理知,$K = F[x]/P$ 是 F 的 n 次扩域,于是 $P + x \in K$ 是 $p(x)$ 的根,因为:

$$a_0(P+1) + a_1(P+x) + a_2(P+x)^2 + \cdots + a_n(P+x)^n =$$
$$(P + a_0) + (P + a_1 x) + (P + a_2 x^2) + \cdots + (P + a_n x^n) =$$
$$P + (a_0 + a_1 x + \cdots + a_n x^n) = P + p(x) = P$$

这里，P 是 K 的零元。

定理 设 $f(x)$ 是域 F 上的多项式，则存在 F 的有限扩域 K，在 K 上 $f(x)$ 可分解成一次因子的乘积。

证 对 $f(x)$ 的次数作归纳法。

当 $\deg f(x) = 1$ 时，定理成立；

假如对 $n-1$ 次多项式定理成立，证明：对 n 次多项式 $f(x)$ 定理也成立。

把 $f(x)$ 分解为 $p(x)q(x)$，这里 $p(x)$ 是 F 上的既约多项式。

由上述定理知，F 存在有限扩域 K_1，在 K_1 中 $p(x)$ 有根 α。因此，$f(x) = (x-a)g(x)$，这里 $g(x) \in K_1[x]$，且 $\deg g(x) = n-1$。

由归纳法假定，K_1 存在有限扩域 K，在 K 上 $g(x)$ 可分解为一次因子的乘积，因此，$f(x)$ 在 K 上也能分解为一次因子的乘积。故，K 是 F 的有限扩域。

推论 设 $f(x)$ 是 F 上的多项式，存在 F 的有限扩域 K，使 $f(x)$ 的所有根都在 K 中。

4.1.3 一些几何作图问题

所谓尺规作图，即仅通过使用圆规和没有刻度的直尺，作出所要求的几何量或几何图形。在古希腊几何学的研究中，人们曾经提出过一些有趣的尺规作图问题。如：

1. 三等分任意角问题。任意给出一个角度，作出其三等分角。

2. 倍立方问题。给定一个立方体，要求作出另一个立方体，其体积是原立方体体积的两倍。即给定长度 u，作出长度 $\sqrt[3]{2}u$。

3. 化圆为方问题。给定一个圆，要求作出一个正方形，其面积等于圆的面积。即给定长度 r，作出长度 $r\sqrt{\pi}$。

可以通过域的扩张的相关知识解决这些问题。

首先，对那些能够通过尺规作图作出的量进行分析。

通过尺规作图，可以作出一些线段和一些角度。由于角度的正弦、余弦值等同于一些长度。因此，我们只需分析通过尺规作图，能够作出一些什么样的长度即可。在平面上作出一个直角坐标系，取定某已知线段的长度作为单位长度。

在初等数学中，我们学习过以下一些结论：

1. 以点 (x_0, y_0) 为中心，R 为半径的圆的方程为：$(x-x_0)^2 + (y-y_0)^2 = R^2$。

2. 经过两点 (x_1, y_1)、(x_2, y_2) 的直线方程为：$(y_2-y_1)(x-x_1) + (x_2-x_1)(y-y_1) = 0$。

3. 两点 (x_1, y_1)、(x_2, y_2) 之间的线段长度为 $d = \sqrt{(x_2-x_1)^2 + (y_2-y_1)^2}$。

尺规作图就是在一些已知量的基础上，通过作圆、作直线、画出它们的交点、作出其交点间的长度等手段，作出一些新的量。通过以上的 3 个结论，能够看出尺规作图可以作出的一些量。作出交点，在代数上就是求出满足 1. 中的两个方程（或满足 2. 中的两个方程，或分别满足 1.、2. 的两个方程）的解。对应着两个圆（两条直线，一个圆与一条直线）的交点。作出两点之间的线段就是计算平方根。

给定一个单位长度。在尺规作图中，已知量 a, b, r，可以作出量 $a \pm b, ab, \dfrac{a}{b}, \sqrt{r}$，

$(b \neq 0)$。如：量 $\dfrac{a}{b}$，$\sqrt{r}$ 的做法如图 4-1、图 4-2 所示。

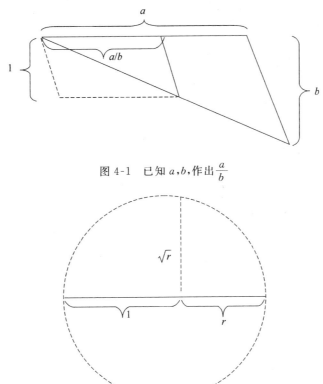

图 4-1　已知 a, b，作出 $\dfrac{a}{b}$

图 4-2　已知 r，作出 $\sqrt{r}$

　　因为单位长度是给定的，故 1 是已知的。利用 1，经过多次加减乘除看得到任意的有理数。由上述知识可知，尺规作图可以实现已知量的加减乘除，故可以通过作图作出所有的有理数 Q。若一些无理数 $a_1, a_2, \cdots, a_k$ 也为已知量，则有 Q 的扩域 $E_0 = Q(a_1, a_2, \cdots, a_k)$。由扩域的知识，知 E_0 中的量可以由 Q 及 $a_1, a_2, \cdots, a_k$，经过加减乘除得到。并且，通过尺规作图，可以得到这些量。从而，可以认为扩域中的量是已知量。

　　设由一些已知量构成的数域为 E_0，我们分析一下在 E_0 的基础上，通过多次尺规作图作出的量构成的数域。将这些“多次尺规作图”分为若干个步骤。

　　第一步骤作图的结果可以由已知量（E_0 中的量）及某一已知量的平方根 b_1（也许仍在 E_0 中）经过加减乘除得到。记 $E_1 = E_0(b_1)$。知第一步骤所作出的量属于数域 $E_1 = E_0(b_1)$。

　　第二步骤作图的结果可以由已知量（E_1 中的量）及某一已知量的平方根 b_2（也许仍在 E_1 中）经过加减乘除得到。记 $E_2 = E_1(b_2) = E_0(b_1, b_2)$。知第二步骤所作出的量属于数域 $E_2 = E_0(b_1, b_2)$。

　　依此类推，知 k 第步骤所作出的量属于数域 $E_k = E_{k-1}(b_k) = E_0(b_1, b_2, \cdots, b_k)$。其中，$b_k$ 是 $E_{k-1} = E_0(b_1, b_2, \cdots, b_{k-1})$ 中某个元的平方根。通过尺规作图，所作出的量一定会在某个域 $E_0(b_1, b_2, \cdots, b_k)$ 中。

167

由于 b_i 是 $E_{i-1}=E_0(b_1,b_2,\cdots,b_{i-1})$ 中某个元素的平方根，即 $b_i^2\in E_{i-1}$，$i=1,2,\cdots,k$。若 $b_i\in E_{i-1}$，得 $[E_i:E_{i-1}]=1$；若 $b_i\notin E_{i-1}$，则 b_i 是 E_{i-1} 上不可约多项式 $x^2-b_i^2$ 的根，得 $[E_i:E_{i-1}]=2$。利用前述结论，可知：

$$[E_0(b_1,b_2,\cdots,b_k):E_0]=[E_k:E_0]=[E_k:E_{k-1}][E_{k-1}:E_{k-2}]\cdots[E_1:E_0]=2^l,0\leqslant l\leqslant k。$$

经过以上的分析，我们可以得到以下结论。

定理 从一个已知量的域 E_0 出发，通过尺规作图的方法，能够作出数量 α 的充要条件是存在一个具有如下性质的扩域链。

$$E_0\subseteq E_1\subseteq E_2\subseteq\cdots\subseteq E_k，$$

其中，$E_1=E_0(b_1)$，$E_2=E_1(b_2)=E_0(b_1,b_2)$，$\cdots$，$E_k=E_{k-1}(b_k)=E_0(b_1,b_2,\cdots,b_k)$；

这里，$b_1=\sqrt{a_1}$，$a_1\in E_0$，$b_2=\sqrt{a_2}$，$a_2\in E_1$，$\cdots$，$b_k=\sqrt{a_k}$，$a_k\in E_{k-1}$，且 $\alpha\in E_k$。

定理 从已知量的域 E_0 出发，通过尺规作图的方法，能够作出数量 α 的一个必要条件是：存在域 E_0 的一个扩域 E，使得 $\alpha\in E$，且 $[E:E_0]=2^l$，这里 l 为一个正整数。

利用以上的分析结果，我们可以解决一些尺规作图问题。

1. 三等分任意角问题

在该问题中，已知有理数域 **Q**、某一个角度 θ 的余弦值 $\cos\theta$，求做 $\cos\dfrac{1}{3}\theta$。如图 4-3 所示。

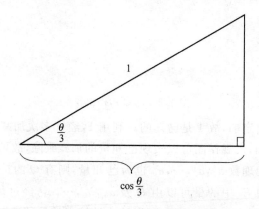

图 4-3　直角三角形中的角度与边长

由三角恒等式 $\cos\theta=4\cos^3\dfrac{\theta}{3}-3\cos\dfrac{\theta}{3}$。取 $\theta=60°$，$\cos\theta=\dfrac{1}{2}$。$E_0=\mathbf{Q}(\cos60°)=\mathbf{Q}$。此时，$\cos\dfrac{\theta}{3}$ 满足方程 $4x^3-3x-\dfrac{1}{2}=0$。可以验证，该方程没有有理根。即多项式 $4x^3-3x-\dfrac{1}{2}$ 是 E_0 上的不可约多项式。故 $[E_0(\cos20°):E_0]=3$。

若 $\cos20°$ 能够通过尺规作图得到，由上面的分析，$\cos20°$ 一定存在于 $E_0=\mathbf{Q}$ 的某个扩域 E 中，且 $[E:E_0]=[E:E_0(\cos20°)][E_0(\cos20°):E_0]$。而等号左边是 2 的幂，等号右边是 3 的倍数，这是一个矛盾。故 $\cos20°$ 不能够通过尺规作图得到。此即采用尺规作图不能将 $60°$ 三等分。

2. 倍立方问题

在该问题中,已知有理数域 $\mathbf{Q}$、某一个量 u,求作 $\sqrt[3]{2}u$。此时,$E_0 = \mathbf{Q}(u)$。$\sqrt[3]{2}u$ 满足方程 $x^3 - 2u^3 = 0$。

取 $u = 1$,此时 $E_0 = \mathbf{Q}$,$x^3 - 2$ 是有理数域 $\mathbf{Q}$ 上的不可约多项式。故 $\big[\mathbf{Q}(\sqrt[3]{2}) : \mathbf{Q}\big] = 3$。与上述问题中的论述类似,可以证明 $\sqrt[3]{2}$ 不能从有理数域 $\mathbf{Q}$ 出发,利用尺规作图作出。

3. 化圆为方问题

在该问题中,已知有理数域 $\mathbf{Q}$、某一个量 R,求作 $\sqrt{\pi}R$。

取 $R = 1$,此时 $E_0 = \mathbf{Q}$。$E_0(\sqrt{\pi}) = \mathbf{Q}(\sqrt{\pi})$。知 $\pi \in \mathbf{Q}(\sqrt{\pi})$,故:

$$\big[\mathbf{Q}(\sqrt{\pi}) : \mathbf{Q}\big] = \big[\mathbf{Q}(\sqrt{\pi}) : \mathbf{Q}(\pi)\big]\big[\mathbf{Q}(\pi) : \mathbf{Q}\big]。$$

由于 π 是 $\mathbf{Q}$ 上的超越元,$\big[\mathbf{Q}(\pi) : \mathbf{Q}\big] = \infty$,故 $\big[\mathbf{Q}(\sqrt{\pi}) : \mathbf{Q}\big] = \infty$。则 $\sqrt{\pi}$ 不能够包含在 $\mathbf{Q}$ 的任何有限次扩域中。故不能够从 $\mathbf{Q}$ 出发,通过尺规作图作出 $\sqrt{\pi}$。

在本节中,我们首先学习了子域与扩域的概念,并介绍了实数域的扩域——复数域的构造方法。扩域可以看作是子域上的向量空间,设 $(K, +, \cdot)$ 是域 $(F, +, \cdot)$ 的扩域,则 K 是 F 的线性空间。对于有限域而言,扩域这个性质具有传递性。若 $(T : K) = m$,$(K : F) = n$,则 $(T : F) = (T : K)(K : F)$。对于添加一个元素构成的扩域,我们有如下重要结论:若 α 是 F 上的一个超越元,那么,$F(\alpha) \cong F[x]$ 的分式域;若 α 是域 F 上的代数元,并且 $p(x)$ 是 F 上具有根 α 的 n 次既约多项式,则 $F(\alpha) \cong F[x]/(p(x))$。最后,针对古希腊的一些几何作图问题,利用扩域的相关理论,给出了其可行性的证明。

4.2 极小多项式、多项式的分裂域

极小多项式是一类特殊的既约多项式。多项式分裂域的理论在一定意义下可以类比于代数基本定理。在本节中,我们将学习极小多项式与多项式的分裂域的相关知识。

4.2.1 极小多项式

首先,给出极小多项式的概念。

定义 设 K 是域 F 的扩域,$\alpha \in K$ 是 F 的代数元,满足 $p(\alpha) = 0$ 的次数最低的多项式:

$$p(x) = a_0 + a_1 x + \cdots + a_{n-1} x^{n-1} + x^n \in F[x],$$

$p(x)$ 称为 α 在 F 上的极小多项式,n 称为 α 在 F 上的次数。

例 记实数域 $\mathbf{R}$,复数域 $\mathbf{C}$,知 $\mathbf{C} = \mathbf{R}(i)$。$i$ 在 $\mathbf{R}$ 上的极小多项式为 $x^2 + 1$,i 在 $\mathbf{R}$ 上的次数为 2。

极小多项式有如下的一些性质。

定理 设 K 是域 F 的扩域,$\alpha \in K$ 是 F 的代数元,则 α 在 F 上的极小多项式是唯一的。

证 设有两个 α 在 F 上的极小多项式，

$$f(x) = a_0 + a_1 x + \infty + a_{n-1} x^{n-1} + x^n,$$

$$g(x) = b_0 + b_1 x + \infty + b_{n-1} x^{n-1} + x^n。$$

令 $\qquad\qquad h(x) = f(x) - g(x), \quad \deg h(x) < n,$

则 $\qquad\qquad\qquad h(\alpha) = f(\alpha) - g(\alpha) = 0,$

这与 $f(x)$ 是 α 在 F 上的极小多项式矛盾。因此，$f(x) = g(x)$。

定理 设 K 是域 F 的扩域，$\alpha \in K$ 是 F 的代数元，则 α 在 F 上的极小多项式是 F 上的既约多项式。

证 设 $p(x)$ 是代数元 α 在 F 上的极小多项式，采用反证法的思路。

如果 $p(x)$ 在 F 上可约，即 $p(x) = g(x) h(x)$，这里：

$$0 < \deg g(x) < \deg p(x), \quad 0 < \deg h(x) < \deg p(x)。$$

将 α 代入上式，$p(\alpha) = g(\alpha) h(\alpha)$，

由于 $p(\alpha) = 0$，于是 $g(\alpha) = 0$ 或 $h(\alpha) = 0$。这与 $p(x)$ 是 α 在 F 上的极小多项式矛盾。

因此，$p(x)$ 是 F 上的既约多项式。

定理 设 K 是域 F 的扩域，$\alpha \in K$ 是 F 的代数元，α 在 F 上的极小多项式为 $p(x)$。如果对于多项式 $f(x) \in F[x]$，且 $f(\alpha) = 0$，则 $p(x) \mid f(x)$。

证 将 $f(x)$ 除以 $p(x)$，令 $f(x) = q(x) p(x) + r(x)$，这里 $r(x) = 0$ 或 $\deg r(x) < \deg p(x)$。将 α 代入上式，

$$f(\alpha) = q(\alpha) p(\alpha) + r(\alpha),$$

于是 $r(\alpha) = 0$。因此，α 是 $r(x)$ 的根，这与 $p(x)$ 是 F 上的极小多项式矛盾，所以 $r(x) = 0$。于是 $f(x) = q(x) p(x)$，即：$p(x) \mid f(x)$。

在上一节的学习中，我们知道当 α 是域 F 上的代数元时，F 的单超越扩域 $F(\alpha)$ 是存在的，$F(\alpha) \cong F[x]/(p(x))$，这里 $p(x)$ 是 F 上具有根 α 的 n 次既约多项式。同时，也知道，任一代数元 α 的极小多项式都是一个即约多项式。反之，是否任一最高项系数为 1 的即约多项式都可以作为某一代数元的极小多项式呢？我们下面来研究这个问题。

引理 假定在集合 A 与 $\overline{A}$ 之间存在一个一一映射 ϕ，并且 A 有加法和乘法。那么我们可以替 $\overline{A}$ 规定加法和乘法，使得 A 与 $\overline{A}$ 对一对加法以及一对乘法来说都同构。

证明 假定在给定的一一映射之下，A 的元 x 同 $\overline{A}$ 的元 $\overline{x}$ 对应。我们按照以下方式规定集合 $\overline{A}$ 中的加法与乘法运算：

$$\overline{a} + \overline{b} = \overline{c}, \quad 若 \quad a + b = c$$

$$\overline{a}\overline{b} = \overline{d}, \quad 若 \quad ab = d$$

首先，这样规定的法则是集合 $\overline{A}$ 中的加法和乘法运算。因为给了 $\overline{a}$ 和 $\overline{b}$，我们可以找到唯一的 a 和 b，因而找到唯一的 c 和 d，唯一的 $\overline{c}$ 和 $\overline{d}$。

其次，这样规定以后，ϕ 显然对于一对加法和一对乘法来说都是同构映射。证完。

定理 假定 S 是环 R 的一个子环，S 在 R 里的补集（即为所有不属于 S 的 R 的元作成的集合）与另一个环 $\overline{S}$ 没有共同元，并且 $S \cong \overline{S}$。那么存在一个与 R 同构的环 $\overline{R}$，而且 $\overline{S}$ 是 $\overline{R}$ 的子环。

证明 我们假设：

$$S = \{a_s, b_s, \cdots\}$$
$$\overline{S} = \{\overline{a_s}, \overline{b_s}, \cdots\}$$

并且在 S 与 $\overline{S}$ 间的同构映射 $\phi: x_s \to \overline{x_s}$。

R 的不属于 S 的元我们用 $a, b, \cdots$ 来表示。这样，$R = \{a_s, b_s, \cdots | a, b, \cdots\}$。

现在我们把所有 $\overline{a_s}, \overline{b_s}, \cdots$ 的和所有 $a, b, \cdots$ 的放在一起，作成一个集合 $\overline{R}$。即：

$$\overline{R} = \{\overline{a_s}, \overline{b_s}, \cdots, a, b, \cdots\}。$$

并且规定一个映射法则：ϕ：$x_s \to \overline{x_s}, x \to x$，这里，$x_s \in S, x \in R - S$。

首先说明，映射 φ 是一个 R 到 $\overline{R}$ 的一一映射。显然，φ 是一个 R 到 $\overline{R}$ 的满射。我们看 R 的任意两个不相同的元。如果这两个元同时属于 S，或者同时属于 S 的补集，那么，它们在 φ 下的象显然不相同。如果这两个元一个属于 S，一个属于 S 的补集，那么它们在 φ 下的象一个属于 $\overline{S}$，一个属于 S 的补集；由于 $\overline{S}$ 与 S 的补集合没有共同元，这两个象也不相同。这样 φ 是 R 与 $\overline{R}$ 间的单射。即：φ 是 R 与 $\overline{R}$ 间的一一映射。

因此，用上述引理，我们可以替 $\overline{R}$ 规定加法和乘法使得：$R \cong \overline{R}$。

由 $\overline{R}$ 的作法，$\overline{R} \supset \overline{S}$。$\overline{S}$ 原来有加法和乘法，并且作成一个环。但还不是说，$\overline{S}$ 是 $\overline{R}$ 的子环。因为 $\overline{S}$ 是 $\overline{R}$ 子环的意思是，$\overline{S}$ 对于 $\overline{R}$ 的代数运算来说作成一个环。

下面说明，$\overline{S}$ 是 $\overline{R}$ 的子环。我们把 $\overline{R}$ 的加法暂时用 $\mp$ 来表示，$\overline{S}$ 和 S 的加法仍用 $+$ 来表示。假定 $\overline{x_s}, \overline{y_s}$ 是 $\overline{S}$ 的两个任意元，并且，

$$x_s + y_s = z_s$$

那么由 $\mp$ 的定义，以及 S 与 $\overline{S}$ 同构，

$$\overline{x_s} \mp \overline{y_s} = \overline{z_s}, \overline{x_s} + \overline{y_s} = \overline{z_s},$$

这就是说，假如只看对于 $\overline{S}$ 的影响，$\overline{R}$ 的加法与 $\overline{S}$ 原来的加法没有什么区别。同样可以看出，$\overline{R}$ 的乘法与 $\overline{S}$ 原来的乘法对于 $\overline{S}$ 的影响也是一样的。这样，$\overline{S}$ 的确是 $\overline{R}$ 的子环。证完。

下面的定理回答了域 F 上的任一最高项系数为 1 的不可约多项式都可以作为某一代数元 α 的极小多项式。

定理　对于任一给定域 F 以及 F 上一元多项式环 $F[x]$ 中的给定的不可约多项式

$$p(x) = x^n + a_{n-1} x^{n-1} + \cdots + a_0$$

总存在 F 的单代数扩域 $F(\alpha)$，其中 α 在 F 上的极小多项式是 $p(x)$。

证明　有了 F 和 $p(x)$，我们可以构造剩余类环

$$K' = F[x]/(p(x))$$

因为 $p(x)$ 是不可约多项式，所以 $(p(x))$ 是一个极大理想，因而 K' 是一个域。

我们知道，有 $F[x]$ 到 K' 的同态满射：

$$f(x) \to \overline{f(x)}$$

这里 $\overline{f(x)}$ 是 $f(x)$ 所在的剩余类。由于 $F \subset F[x]$，在这个同态满射之下，F 与 $\overline{F} = \{(p(x)) + a | a \in F\}$ 同构。这样，由于 $K' - \overline{F}$ 和 F 没有共同元，由上述定理，可以得到一个域 K，使得：

$$K \cong K', \quad F \subset K。$$

现在我们看 $F[x]$ 的元 x 在 K' 里的象 $\bar{x}$。由于：

$$p(x)=x^n+a_{n-1}x^{n-1}+\cdots+a_0\equiv 0\ (p(x))$$

所以在 K' 里

$$\bar{x}^n+\overline{a_{n-1}}\,\bar{x}^{n-1}+\cdots+\overline{a_0}=0$$

因此，假如我们把 $\bar{x}$ 在 K 里的逆象叫做 α，我们就有

$$\alpha^n+a_{n-1}\alpha^{n-1}+\cdots+a_0=0$$

这样，域 K 包含一个 F 上的代数元 α。下面证明，$p(x)$ 就是 α 在 F 上的极小多项式。令 $p_1(x)$ 是 α 在 F 上的极小多项式。那么 $F[x]$ 中一切满足条件 $f(\alpha)=0$ 的多项式 $f(x)$ 显然作成一个理想，而这个理想就是主理想 $(p_1(x))$。因此 $p(x)$ 能被 $p_1(x)$ 整除。但 $p(x)$ 不可约，所以一定有

$$p(x)=ap_1(x),\quad a\in F$$

但 $p(x)$ 和 $p_1(x)$ 的最高系数都是 1，所以 $a=1$，而

$$p(x)=p_1(x)$$

因此我们可以在域 K 中作单扩域 $F(\alpha)$，而 $F(\alpha)$ 能满足定理的要求。实际上，$F(\alpha)=K$。证完。

给了域 F 和 $F[x]$ 的一个最高系数为 1 的不可约多项式 $p(x)$，可能存在若干个单代数扩域，都满足上述定理的要求。但我们有：

定理 设 $F(\alpha)$ 和 $F(\beta)$ 是域 F 的两个单代数扩域，并且 α 和 β 在 F 上有相同的极小多项式 $p(x)$，则 $F(\alpha)$ 与 $F(\beta)$ 同构。

证 设 $p(x)$ 的次数为 n，由前述定理知，

$$F(\alpha)=\{a_0+a_1\alpha+\cdots+a_{n-1}\alpha^{n-1}\mid a_i\in F\},$$
$$F(\beta)=\{a_0+a_1\beta+\cdots+a_{n-1}\beta^{n-1}\mid a_i\in F\},$$

规定 $f:F(\alpha)\to F(\beta)$ 为：

$$f\Big(\sum_{i=0}^{n-1}a_i\alpha^i\Big)=\sum_{i=0}^{n-1}a_i\beta^i,$$

不难证明：f 是 $F(\alpha)\to F(\beta)$ 的同构，即 $F(\alpha)\cong F(\beta)$。

对以上讨论做一个归纳，我们有：

定理 在同构的意义下，存在而且仅存在域 F 的一个单扩域 $F(\alpha)$，其中 α 的极小多项式是 $F[x]$ 给定的，最高系数为 1 的不可约多项式。

例 有理数域 $\mathbf{Q}$ 上的多项式 $p(x)=x^2+2x+2$，其根为 α,β。易知 $\alpha=-1+i$，$\beta=-1-i$。因多项式 $p(x)$ 的根不在 $\mathbf{Q}$ 中，知 $p(x)$ 在 $\mathbf{Q}$ 上不可约，$p(x)$ 是 α,β 在 $\mathbf{Q}$ 上的极小多项式。由上述定理知 $\mathbf{Q}(\alpha)\cong\mathbf{Q}(\beta)$。$\mathbf{Q}(\alpha)$ 中的任一元素都可以表示为 $a+b\alpha$，$a,b\in\mathbf{Q}$，此即 1 与 α 的线性组合。现将 α^3 和 α^{-1} 分别表示为 1 与 α 的线性组合。

因：
$$x^2=-2x-2(\bmod\ p(x))$$
$$x^3=-2x^2-2x=-2(-2x-2)-2x=2x+4(\bmod\ p(x))$$

故：
$$\alpha^3=2\alpha+4。$$

又：
$$x(x+2)=-2(\bmod\ p(x)),$$

故：
$$\alpha^{-1}=-\frac{\alpha}{2}-1。$$

4.2.2 多项式的分裂域

下面,我们学习一个域的分裂域的知识。我们知道,代数基本定理指的是:复数域 **C** 上一元多项式环 $\mathbf{C}[x]$ 的每一个 n 次多项式在 **C** 里有 n 个根。换一句话说,$\mathbf{C}[x]$ 的每一个多项式在 **C** 中都能分解为一次因子的乘积。

若是一个域 F 上的一元多项式环 $F[x]$ 的每一个多项式在 F 里都能分解为一次因子的乘积,那么 F 显然不再有真正的代数扩域。这样的一个域叫做代数闭域。

我们的兴趣是讨论某一个特定的域 F 上的多项式 $f(x)$ 能够分解为一次因子乘积的域。

定义 设 K 是域 F 的扩域,$f(x) \in F[x]$,称 K 为 $f(x)$ 在 F 上的一个分裂域(或根域),假如 K 含有 $f(x)$ 的所有根,而 K 的任一真子域均不含 $f(x)$ 的所有根。

我们先看一看,一个多项式的分裂域应该有什么性质。

定理 令 E 是域 F 卜多项式 $f(x)$ 的一个分裂域,即:

$$f(x) = a_n(x - \alpha_1)(x - \alpha_2) \cdots (x - \alpha_n) \quad (\alpha_i \in E) \tag{2}$$

那么 $\qquad\qquad\qquad E = F(\alpha_1, \alpha_2, \cdots, \alpha_n)$。

证明 我们有 $\qquad\qquad F \subset F(\alpha_1, \alpha_2, \cdots, \alpha_n) \subset E$

并且在 $F(\alpha_1, \alpha_2, \cdots, \alpha_n)$ 中,$f(x)$ 已经能够分解成(2)的形式。因此根据多项式的分裂域的定义,

$$E = F(\alpha_1, \alpha_2, \cdots, \alpha_n)$$

由上述定义与结论知,K 为 n 次多项式 $f(x)$ 在 F 上的一个分裂域,要求满足下面 2 个条件:

1. 在 K 上,$f(x)$ 能够分解为一次因子乘积:$f(x) = a(x - a_1)(x - a_2) \cdots (x - x_n)$。
2. $K = F(a_1, a_2, \cdots a_n)$。

例 $\mathbf{Q}(\sqrt{2})$ 是多项式 $f(x) = x^2 - 2$ 在有理数域 **Q** 上的一个分裂域,但不是多项式 $g(x) = x^2 - 3$ 在 **Q** 上的分裂域。

多项式 $f(x) = x^2 - 2$ 在实数域 **R** 上的分裂域就是 **R**。

例 多项式 $x^2 + x + 1$ 的两个根分别为 $\dfrac{-1 \pm \sqrt{3}i}{2}$,故 $x^2 + x + 1$ 在 **Q** 上的分裂域为 $\mathbf{Q}(\sqrt{3}i)$。

例 求 $f(x) = x^3 - 1$ 在有理数域 **Q** 上的分裂域。

解:因为 $f(x) = x^3 - 1 = (x - 1)\left(x - \dfrac{-1 + \sqrt{3}i}{2}\right)\left(x - \dfrac{-1 - \sqrt{3}i}{2}\right)$

由上述定理知,$f(x)$ 在有理数域 **Q** 上的分裂域为

$$\mathbf{Q}\left(1, \frac{-1 + \sqrt{3}i}{2}, \frac{-1 - \sqrt{3}i}{2}\right) = \mathbf{Q}(1)\left(\frac{-1 + \sqrt{3}i}{2}\right)\left(\frac{-1 - \sqrt{3}i}{2}\right) =$$

$$\mathbf{Q}(\sqrt{3}i) = \{a + b\sqrt{3}i \mid a, b \in \mathbf{Q}\}.$$

例 求 $f(x) = x^3 - 1$ 在实数域 **R** 上的分裂域。

解：因为 $\quad \mathbf{R}\left(1, \dfrac{-1+\sqrt{3}i}{2}, \dfrac{-1-\sqrt{3}i}{2}\right) = \mathbf{R}(i) = \{a+bi \mid a,b \in \mathbf{R}\} = \mathbf{C}$

故 $f(x) = x^3 - 1$ 在实数域 $\mathbf{R}$ 上的分裂域是复数域。

不难看出：设 $f(x)$ 的所有根为 $\alpha_1, \alpha_2, \cdots, \alpha_n$，那么，$f(x)$ 在 F 上的分裂域 K 是使 $f(x)$ 能够分解为一次因子乘积：

$$c(x-\alpha_1)(x-\alpha_2)\cdots(x-\alpha_n)。$$

的 F 的最小扩域，并且，$F(\alpha_1, \alpha_2, \cdots, \alpha_n)$ 是 $f(x)$ 在 F 上的一个分裂域。由前述推论知，对任意域 F，$F[x]$ 中的任意 n 次多项式 $f(x)$ 都存在 $f(x)$ 在 F 上的分裂域。

任意 n 次多项式 $f(x)$ 都存在分裂域这一结论，也可以通过以下定理来证明。

定理　给了域 F 上一元多项式环 $F[x]$ 中的一个 n 次多项式 $f(x)$，一定存在 $f(x)$ 在 F 上的分裂域 E。

证明　假定在 $F[x]$ 里，$f(x) = f_1(x)g_1(x)$

这里 $f_1(x)$ 最高系数为 1 的不可约多项式。那么存在一个域 $E_1 = F(\alpha_1)$，而 α_1 在 F 上的极小多项式是 $f_1(x)$。在 E_1 里，$f_1(\alpha_1) = 0$，所以 $x - \alpha_1 \mid f(x)$。因此在 E_1 里，

$$f(x) = (x-\alpha_1)f_2(x)g_2(x)。$$

这里，$f_2(x)$ 是 $E_1[x]$ 里最高系数为 1 的不可约多项式。这样存在一个域

$$E_2 = E_1(\alpha_2) = F(\alpha_1)(\alpha_2) = F(\alpha_1, \alpha_2)$$

而 α_2 在 E_1 上的极小多项式是 $f_2(x)$。

在 $E_2[x]$ 中，有：$\quad f(x) = (x-\alpha_1)(x-\alpha_2)f_3(x)g_3(x)。$

此时，$f_3(x)$ 是 $E_2[x]$ 的最高系数为 1 的不可约多项式。这样我们又可以利用 $f_3(x)$ 来得到域 $E_3 = F(\alpha_1, \alpha_2, \alpha_3)$，使得在 $E_3[x]$ 里，

$$f(x) = (x-\alpha_1)(x-\alpha_2)(x-\alpha_3)f_4(x)g_4(x)。$$

依此类推，这样，一步一步地我们可以得到域：

$$E = F(\alpha_1, \alpha_2, \cdots, \alpha_n)，$$

使得在 $E[x]$ 里，

$$f(x) = a_n(x-\alpha_1)(x-\alpha_2)\cdots(x-\alpha_n)。 \qquad 证完$$

上述分析说明，F 上的任一多项式 $f(x)$ 的分裂域是存在的。下面要说明，F 上的任一多项式 $f(x)$ 的分裂域是唯一的。为了证明域 F 上多项式 $f(x)$ 的分裂域是同构的，下面证明几个结论。

引理　设域 F 与 $\overline{F}$ 同构，则多项式环 $F[x]$ 与 $\overline{F}[x]$ 也同构。

证　设 φ 是 $F \to \overline{F}$ 的同构映射，且 $\varphi(c) = \bar{c}$，$\forall c \in F$，规定 $\Psi: F[x] \to \overline{F}[x]$ 为：

$$\Psi(a_0 + a_1 x + \cdots a_n x^n) = \bar{a}_0 + \bar{a}_1 x + \cdots + \bar{a}_n x^n,$$
$$\forall a_0 + a_1 x + \infty + a_n x^n \in F[x]$$

下面证明：Ψ 是 $F[x] \to \overline{F}[x]$ 的同构映射。

Ψ 显然是 $F[x] \to \overline{F}[x]$ 的一一映射。

我们看 $F[x]$ 的两个元 $f(x)$ 和 $g(x)$：

$$f(x) = \sum a_i x^i \to \sum \bar{a}_i x^i = \bar{f}(x)$$

$$g(x) = \sum b_i x^i \rightarrow \sum \overline{b}_i x^i = \overline{g}(x)$$

那么，

$$\sum (a_i + b_i) x^i \rightarrow \sum \overline{(a_i + b_i)} x^i = \sum (\overline{a}_i + \overline{b}_i) x^i$$

$$f(x) + g(x) \rightarrow \overline{f}(x) + \overline{g}(x)$$

$$\sum_k (\sum_{i+j=k} a_i b_i) c^k \rightarrow \sum_k (\sum_{i+j=k} \overline{a_i b_i}) x^k = \sum_k (\sum_{i+j=k} \overline{a}_i \overline{b}_i) x^k$$

$$f(x)g(x) \rightarrow \overline{f}(x) \overline{g}(x)$$

所以 Ψ 是同构映射。证完。

推论　在上述同构映射 Ψ 之下，$F[x]$ 的一个既约多项式的像是 $\overline{F}[x]$ 的既约多项式。

引理　设域 F 到 $\overline{F}$ 存在同构映射 φ，由上述引理知，$F[x]$ 到 $\overline{F}[x]$ 存在同构映射 Ψ，并设 $p(x)$ 是 $F[x]$ 的一个最高系数为 1 的既约多项式，$\Psi(p(x)) = \overline{p}(x) \in \overline{F}[x]$，令 α 与 $\overline{\alpha}$ 分别是 $p(x)$ 与 $\overline{p}(x)$ 的根，$F(\alpha)$，$\overline{F}(\overline{\alpha})$ 分别是 F 和 $\overline{F}$ 的单扩域，则存在 $F(\alpha)$ 到 $\overline{F}(\overline{\alpha})$ 的一个同构映射，且这个同构映射能够保持原来 F 到 $\overline{F}$ 的同构映射。

证　设同构映射 $\varphi: F \rightarrow \overline{F}$ 为 $\varphi(a) = \overline{a}$，$\forall a \in F$，并设 $\deg p(x) = n$，于是 $\deg \overline{p}(x) = n$。规定 $f: F(\alpha) \rightarrow \overline{F}(\overline{\alpha})$ 为：

$$f\left(\sum_{i=0}^{n-1} a_i \alpha^i\right) = \sum_{i=0}^{n-1} \overline{a}_i \overline{\alpha}^i，这里 a_i \in F。$$

显然，f 是 $F(\alpha) \rightarrow \overline{F}(\overline{\alpha})$ 的双射。

设 $F(\alpha)$ 的任意两个元为：

$$g(\alpha) = \sum_{i=0}^{n-1} a_i \alpha^i，h(\alpha) = \sum_{i=0}^{n-1} b_i \alpha^i，$$

$$f[g(\alpha) + h(\alpha)] = f\left(\sum_{i=0}^{n-1} (a_i + b_i) \alpha^i\right) =$$

$$\sum_{i=0}^{n-1} \overline{(a_i + b_i)} \, \overline{\alpha}^i = \sum_{i=0}^{n-1} (\overline{a}_i + \overline{b}_i) \, \overline{\alpha}^i =$$

$$\sum_{i=0}^{n-1} \overline{a}_i \overline{\alpha}^i + \sum_{i=0}^{n-1} \overline{b}_i \overline{\alpha}^i = \overline{g}(\overline{\alpha}) + \overline{h}(\overline{\alpha})。$$

由前述定理知，$g(\alpha) h(\alpha) = r(\alpha)$，这里，$g(x) h(x) = q(x) p(x) + r(x)$，

由前述引理得，$\overline{g}(\overline{\alpha}) \overline{h}(\overline{\alpha}) = \overline{r}(\overline{\alpha})$，这里，$\overline{g}(x) \overline{h}(x) = \overline{q}(x) \overline{p}(x) + \overline{r}(x)$，

从而由上述引理得，$f[g(\alpha)h(\alpha)] = f(r(\alpha)) = \overline{r}(\overline{\alpha}) = \overline{g}(\overline{\alpha}) \overline{h}(\overline{\alpha})$。

因此，f 是 $F(\alpha)$ 到 $\overline{F}(\overline{\alpha})$ 的同构映射，并且是能够保持原来 F 与 $\overline{F}$ 的同构映射。

定理　设域 F 到 $\overline{F}$ 存在同构映射 φ，由上述引理知，$F[x]$ 到 $\overline{F}[x]$ 存在同构映射 Ψ，并设 $f(x) \in F[x]$，

$$\Psi(f(x)) = \overline{f}(x) \in \overline{F}[x]，$$

又设 K 是 $f(x)$ 在 F 上的分裂域，$\overline{K}$ 是 $\overline{f}(x)$ 在 $\overline{F}$ 上的分裂域，则存在 $K \rightarrow \overline{K}$ 的一个同构映射，且这个同构映射能够保持原来 F 与 $\overline{F}$ 的同构映射。

证　对 $m = (K : F)$ 作归纳法。

当 $m = 1$ 时，定理显然成立。

当 $m>1$ 时,假定对于任意域 F 上小于 m 的所有分裂域定理成立,证明:m 时定理也成立。

因为 $m>1$,于是 $f(x)$ 的根不全都在 F 中,从而 $f(x)$ 中至少有一个最高系数为 1 的既约多项式 $p(x)$ 的因子,它的次数 $d>1$。设 α 是 $p(x)$ 在 K 中的根,由上述引理,$F[x]$ 与 $\overline{F}[x]$ 同构,设 $\overline{p}(x)$ 是 $\overline{f}(x)$ 的对应于 $p(x)$ 的因子,于是分裂域 $\overline{K}$ 包含 $\overline{p}(x)$ 的根 $\overline{\alpha}$,由上述引理知,存在 $F(\alpha) \to \overline{F}(\overline{\alpha})$ 的同构映射 ϕ_1,并且,ϕ_1 保持原来域 F 到 $\overline{F}$ 存在同构映射 φ。

因为 K 刚好是把 $f(x)$ 的全部根添加于 F 所得的扩域,所以 K 是 $f(x)$ 在 $F(\alpha)$ 上的分裂域,而 $(K:F(\alpha))=\dfrac{m}{d}$,同样地,$\overline{K}$ 是 $\overline{f}(x)$ 在 $\overline{F}(\overline{\alpha})$ 上的分裂域,因为 $\dfrac{m}{d}<m$,由归纳法假定,存在 $K \to \overline{K}$ 的同构映射 ϕ_2,并且,ϕ_2 保持 $F(\alpha) \to \overline{F}(\overline{\alpha})$ 的同构映射 ϕ_1。则:这个同构映射 ϕ_2 能够保持原来 $F \to \overline{F}$ 的同构映射 φ。

以上定理说明,给定 $f(x)$ 后,$f(x)$ 在 F 上的分裂域 K 不仅是存在的,而且在同构意义下也是唯一的。

例 复数域 $\mathbf{C}=\{a+bi \mid a,b \in \mathbf{R}\}$ 是 $f(x)=x^2+1$ 在实数域 $\mathbf{R}$ 上的一个分裂域。$\overline{\mathbf{C}}=\{(a,b) \mid a,b \in \mathbf{R}\}$ 也是 $f(x)=x^2+1$ 在实数域 $\mathbf{R}$ 上的一个分裂域($(a,0)=a$)。其中,$\overline{\mathbf{C}}$ 中的加法、乘法运算如下规定:

$$(a,b)+(c,d)=(a+c,b+d)$$
$$(a,b) \cdot (c,d)=(ac-bd,ad+bc)$$

可以验证,在映射 φ 之下 $(a,b) \to a+bi$,$\mathbf{C}$ 与 $\overline{\mathbf{C}}$ 同构。

推论 域 F 上一个多项式在 F 上的不同的分裂域都同构。

我们知道,一个 n 次多项式在一个域最多有 n 个根。分裂域的存在定理告诉我们,域 F 上多项式 $f(x)$ 在 F 的某一个扩域里一定有 n 个根。分裂域的唯一存在定理告诉我们,用不同方法找到的 $f(x)$ 的两组根,抽象地来看,没有什么区别。这样,给了任何一个域 F 和 F 上一个 n 次多项式 $f(x)$,我们总可以谈论 $f(x)$ 的 n 个根。因此,分裂域的理论在一定意义下可以类比于代数基本定理。

在本节中,学习了极小多项式与多项式的分裂域的相关知识。α 在 F 上的极小多项式是唯一的,任一代数元 α 的极小多项式都是一个即约多项式。反之,任一最高项系数为 1 的即约多项式都可以作为某一代数元的极小多项式。K 为 n 次多项式 $f(x)$ 在 F 上的一个分裂域,要求满足下面 2 个条件:1. 在 K 上,$f(x)$ 能够分解为一次因子乘积:$f(x)=a(x-a_1)(x-a_2)\cdots(x-a_n)$;2. $K=F(a_1,a_2,\cdots a_n)$。给了域 F 上一元多项式环 $F[x]$ 中的一个 n 次多项式 $f(x)$,一定存在 $f(x)$ 在 F 上的分裂域 E,并且,在同构的意义之下,$f(x)$ 在 F 上的分裂域 E 是唯一的。

4.3 有限域

由有限个元素构成的域称为有限域。这是一类重要的域。有限域在通信、信息等领域有着重要的应用。在本节中,我们将学习域的特征及有限域结构等相关知识。

4.3.1　域的特征

首先给出域的特征的概念。

定义　设 F 是一个域，1 是 F 中的单位元，如果对于任何正整数 n，有

$$\underbrace{1+1+\cdots+1}_{n}=n \cdot 1\neq0,$$

则称 F 的特征是 0；如果存在正整数 n，使 $n \cdot 1=0$，则称 F 的特征为适合条件 $n \cdot 1=0$ 的最小正整数 n，记为 Ch $F=n$。

例如，实数域 **R** 与有理数域 **Q** 的特征为 0；当 p 是素数时，域 $\mathbf{Z}_p$ 的特征是 p。

定理　设 F 是域，则 F 的特征是 0 或是一个素数 p。

证　设 F 的特征不为 0，即存在最小的正整数 p 使 $p \cdot 1=0$。下面，采用反证法的思路证明 p 必是素数。

反证，假设 p 不是素数，则有 $p=p_1 p_2$，这里 $1 < p_1 \leqslant p_2 < p$。因此，

$$p \cdot 1=(p_1 p_2) \cdot 1=(p_1 \cdot 1)(p_2 \cdot 1)=0,$$

由于域中没有零因子，则：$(p_1 \cdot 1)=0$ 或 $(p_2 \cdot 1)=0$，

这与 p 为满足 $p \cdot 1=0$ 的最小正整数矛盾。

定理　设 F 是域，如果 F 的特征是 p，则 F 包含一个子域同构于 $\mathbf{Z}_p$；

如果 F 的特征是 0，则 F 包含一个子域同构于有理数域 **Q**。

证　设 F 的单位元为 1，令 $H=\{n \cdot 1 | n\in\mathbf{Z}\}$。显然，$H$ 是 F 的子集。

规定 $f:\mathbf{Z}\to H$ 为 $f(n)=n \cdot 1$，$\forall n\in\mathbf{Z}$。不难证明：f 是 $\mathbf{Z}\to H$ 的满同态。

(1) 若 F 的特征为素数 p。由环同态基本定理，$\mathbf{Z}/\mathrm{Ker}f\cong H$，显然，$\mathrm{Ker}f\supseteq(p)$。

根据前述定理，p 为素数，也为既约元，(p) 是 $\mathbf{Z}$ 的一个极大理想。另一方面，$\mathrm{Ker}f$ 也是 $\mathbf{Z}$ 的一个理想，而 $1\notin\mathrm{Ker}f$，于是 $\mathrm{Ker}f\neq\mathbf{Z}$。因此，$\mathrm{Ker}f=(p)$。则，$\mathbf{Z}/(p)=\mathbf{Z}_p\cong H$，即 F 的子域 H 同构于 $\mathbf{Z}_p$。

(2) 若 F 的特征为 0，这时 f 是 $\mathbf{Z}\to H$ 的同构，即 $\mathbf{Z}\cong H$。但 F 包含 H 的分式域 $F_1=\{xy^{-1} | x, y\in H\}$，规定 $g:\mathbf{Q}\to F_1$ 为 $g(a / b)=f(a) f(b)^{-1}=(a \cdot 1)(b \cdot 1)^{-1}$，$\forall a, b\in\mathbf{Z}$，$b\neq0$。可以证明 g 是 $\mathbf{Q}\to F_1$ 的同构映射，于是 $\mathbf{Q}\cong F_1$，即 F 的子域 F_1 同构于 **Q**。

推论　有限域的特征是素数。

定义　一个域称为素域，假如它不含真子域。

推论　设 F 是一个域，Δ 表示 F 的素域（F 的最小子域），当 F 的特征是素数 p 时，Δ 就与 $\mathbf{Z}_p$ 同构；当 F 的特征是 0 时，Δ 就与 **Q** 同构。

定理　设 F 是特征为素数 p 的域，对于任何 $a, b\in F$，则 $(a + b)^p=a^p + b^p$。

证　由二项式定理有

$$(a+b)^p = \sum_{i=0}^{p} \binom{p}{i}a^i b^{p-i}。$$

因为 $\binom{p}{i}=\dfrac{p!}{i! (p-i)!}$ 是 p 中取 i 的组合数，所以一定是正整数。由于 p 是素数，于

是当 $0 < i < p$ 时，$p \nmid i!$，$p \nmid (p-i)!$，从而 $p \nmid i!$ $(p-i)!$。因此，当 $0 < i < p$ 时，$p \mid \binom{p}{i}$，于是 $\binom{p}{i} a^i b^{p-i} = 0$。因此，$(a+b)^p = a^p + b^p$。

推论 设 F 是特征为素数 p 的域，对于任何 a, $b \in F$，则 $(a-b)^p = a^p - b^p$。

证 $\qquad\qquad (a-b)^p = [a+(-b)]^p = a^p + (-b)^p = a^p - b^p$。

推论 设 F 是特征为素数 p 的域，对于任何 a, $b \in F$，n 是非负整数，则 $(a \pm b)^{p^n} = a^{p^n} \pm b^{p^n}$。

证 对 n 作归纳法。

当 $n=1$ 时，由上述推论，结论成立。

假设，在 $n=k-1$ 时，结论成立。即：
$$(a \pm b)^{p^{k-1}} = a^{p^{k-1}} \pm b^{p^{k-1}}$$

当 $n=k$ 时，$\qquad\qquad (a \pm b)^{p^k} = ((a \pm b)^{p^{k-1}})^p$。

由假设，上式 $= (a^{p^{k-1}} \pm b^{p^{k-1}})^p = (a^{p^{k-1}})^p \pm (b^{p^{k-1}})^p = a^{p^k} \pm b^{p^k}$，即 $n=k$ 时结论也成立。

由归纳法原理，原结论成立。

4.3.2 有限域的结构

定理 设 F 是有限域，则 F 有 p^m 个元素。这里，p 是 F 的特征，m 是 F 在它的素域 Δ 上的次数，即：$m=(F : \Delta)$。

证 由于有限域 F 的特征是素数 p，于是 F 的素域 Δ 同构于 $\mathbf{Z}_p$，从而 Δ 与 $\mathbf{Z}_p$ 的元素个数相等。因为 F 是有限域，所以 F 是 Δ 的有限扩域。令 $(F : \Delta) = m$，并且令 f_1, $f_2, \cdots, f_m$ 是 F 在 Δ 上的一组基。因此，
$$F = \{\lambda_1 f_1 + \cdots + \lambda_m f_m \mid \lambda_i \in \Delta\},$$
这里，每个 λ_i 存在 p 个选择，于是 F 包含 p^m 个元。

经常采用符号 $\mathrm{GF}(q)$ 表示含有 q 个元素的有限域。由上述定理知，q 一定是某个素数的方幂。

定理 设 F 是特征为 p 的有限域，F 的素域为 Δ，并设 F 的元素个数为 $q = p^m$，则 F 是多项式 $x^q - x$ 在 Δ 上的分裂域。

证 域 F 的所有非零元关于乘法构成 $q-1$ 阶群，于是群中每个元素的阶都是 $q-1$ 的因子。因此，F 的每个元 α 都满足：
$$\alpha^{q-1} = 1, \forall \alpha \in F, \alpha \neq 0,$$
由于 $0^q = 0$，所以有 $\alpha^q = \alpha, \forall \alpha \in F$，因此，$F$ 的所有元 $\alpha_1, \alpha_2, \cdots, \alpha_q$ 都满足 $x^q - x$，即
$$x^q - x = (x - \alpha_1)(x - \alpha_2) \cdots (x - \alpha_q)。$$
又，$F = \Delta(\alpha_1, \alpha_2, \cdots, \alpha_q)$，于是 F 是多项式 $x^q - x$ 在 Δ 上的分裂域。

推论 设 F 是特征为 p 的有限域，F 的素域 Δ，并设 F 的元素个数为 $q = p^m$，则 F 中任意元素在 Δ 上均有唯一的一个极小多项式。

证 由于 F 的任意元 α 都适合 Δ 上的多项式 $x^q - x$，因此，α 一定适合 Δ 上的一个最

高系数为 1 的次数最低的多项式, 该多项式即为 α 在 Δ 上的一个极小多项式。由前述定理, 可得唯一性。

推论　具有 $q = p^m$ 个元的有限域都同构。

证　由前述推论知, 特征为 p 的素域都同构, 而多项式 $x^q - x$ 在同构的域上的分裂域也同构。

定义　具有 p^m 个元的有限域也称为 p^m 阶的伽罗瓦(Galois)域, 记为 $GF(p^m)$。

通过上述学习, 可知, $F = GF(p^m)$ 是 F 的素域 Δ 的 m 次扩域。由于 $\Delta \cong \mathbf{Z}_p$。因此, 我们也把 F 看成 $\mathbf{Z}_p$ 的 m 次扩域。由前述定理知, $GF(p^m) = \mathbf{Z}_p[x]/(q(x)) = \mathbf{Z}_p(\alpha)$, 这里, $q(x)$ 是 $\mathbf{Z}_p$ 上的 m 次既约多项式, α 是 $q(x)$ 的根。

例如, 当 p 是素数时, $GF(p) = \mathbf{Z}_p$。

例　由例知, $x^3 + x + 1$ 与 $x^3 + x^2 + 1$ 都是 $\mathbf{Z}_2$ 上的既约多项式, 于是 $\mathbf{Z}_2[x]/(x^3 + x + 1)$ 与 $\mathbf{Z}_2[x]/(x^3 + x^2 + 1)$ 都是阶为 2^3 的有限域, 由上述推论知, $\mathbf{Z}_2[x]/(x^3 + x + 1) \cong \mathbf{Z}_2[x]/(x^3 + x^2 + 1)$, 它们都是 $GF(2^3)$。

例　考虑 $\mathbf{Z}_2[x]$ 中的 2 次多项式 $f(x) = x^2 + x + 1$。因为 $f(0) = 1, f(1) = 1$, 故 $f(x)$ 在 $\mathbf{Z}_2[x]$ 中没有 1 次因子。即 $f(x) = x^2 + x + 1$ 是 $\mathbf{Z}_2[x]$ 中的 2 次不可约多项式。因此, $\mathbf{Z}_2[x]/(x^2 + x + 1)$ 是一个含有 4 个元素的域。

$$GF(4) = \mathbf{Z}_2[x]/(x^2 + x + 1) =$$
$$\mathbf{Z}_2(\alpha) = \{a_0 + a_1\alpha \mid a_0, a_1 \in \mathbf{Z}_2\} =$$
$$\{0, 1, \alpha, \alpha+1\},$$

这里, α 是 $x^2 + x + 1$ 的根。关于 $(GF(4), +, \cdot)$ 的运算如表 4-1 所示。

表 4-1　$(GF(4), +, \cdot)$ 的运算表

+	0	1	α	$\alpha+1$	$\cdot$	0	1	α	$\alpha+1$
0	0	1	α	$\alpha+1$	0	0	0	0	0
1	1	0	$\alpha+1$	α	1	0	1	α	$\alpha+1$
α	α	$\alpha+1$	0	1	α	0	α	$\alpha+1$	1
$\alpha+1$	$\alpha+1$	α	1	0	$\alpha+1$	0	$\alpha+1$	1	α

例　设 $f(x) = x^2 + 2x + 2, f(x)$ 是 $\mathbf{Z}_3[x]$ 中的多项式。由于 $f(x)$ 在 $\mathbf{Z}_3[x]$ 中没有根, 故 $f(x)$ 是 $\mathbf{Z}_3[x]$ 中的既约多项式。$F = \mathbf{Z}_3[x]/(f(x))$ 是一个含有 9 个元素的域。令 α 为 $f(x)$ 的一个根, 则 F 中的 9 个元素为:$0, 1, 2, \alpha, 1+\alpha, 2+\alpha, 2\alpha, 1+2\alpha, 2+2\alpha$。

更进一步, $F^* = \{1, 2, \alpha, 1+\alpha, 2+\alpha, 2\alpha, 1+2\alpha, 2+2\alpha\}$ 关于乘法运算是一个 8 阶循环群。通过一些简单的计算, 可以找到生成元。

$$\alpha^2 = 1+\alpha, \alpha^3 = \alpha+\alpha^2 = 1+2\alpha, \alpha^4 = \alpha+2\alpha^2 = 2, \alpha^5 = 2\alpha,$$
$$\alpha^6 = 2\alpha^2 = 2+2\alpha, \alpha^7 = 2\alpha+2\alpha^2 = 2+\alpha, \alpha^8 = 2\alpha+\alpha^2 = 1。$$

可见, α 是 F^* 的一个生成元。由群理论的知识, 知除 α 之外, α^3、α^5、α^7 也都是 F^* 的生成元。即 F^* 的生成元一共有 $\varphi(8) = 4$ 个, 这里 $\varphi(x)$ 为欧拉函数。

利用多项式环 $\mathbf{Z}_3[x]$ 中模 $f(x)$ 的剩余类环 $\mathbf{Z}_3[x]/(f(x))$ 的运算法则, 可以得到 F

中 9 个元素的加法运算表与乘法运算表。

如：$(1+2\alpha)(2+2\alpha)=2+2\alpha+4\alpha+4\alpha^2=2+\alpha^2=\alpha$

对于任意给定的一个素数 p 和正整数 m，$\mathrm{GF}(p^m)$ 是否一定存在。也就是说，在 $\mathbf{Z}_p[x]$ 中是否一定能找到一个 m 次既约多项式，下面的定理证明 $\mathrm{GF}(p^m)$ 存在。

定理 设 p 是任意一个素数，且 $q=p^m$（m 是正整数），则多项式 x^q-x 在 $\mathbf{Z}_p$ 上的分裂域 K 是一个含有 q 个元的有限域。

证 $K=\mathbf{Z}_p(\alpha_1,\alpha_2,\cdots,\alpha_q)$，这里 α_i 是 $f(x)=x^q-x$ 在域 K 中的根。由于 K 的特征是 p，而 $f(x)$ 的导数 $f'(x)=p^m x^{q-1}-1=-1$，因此，$\mathrm{GCD}[f(x),f'(x)]=1$。由前述推论知，$f(x)$ 没有重根，即 $f(x)$ 的 q 个根都不同。令 K_1 为 $f(x)$ 的 q 个根的集合，即：$K_1=\{\alpha_1,\alpha_2,\cdots,\alpha_q\}$，下面证明：$K_1$ 是 K 的子域。

对于任何 $\alpha_i,\alpha_j\in K_1$，

$$\alpha_i^{p^m}-\alpha_i=0,\quad \alpha_j^{p^m}-\alpha_j=0,$$

由前述推论知：

$$(\alpha_i-\alpha_j)^{p^m}=\alpha_i^{p^m}-\alpha_j^{p^m}=\alpha_i-\alpha_j,$$

于是 $\alpha_i-\alpha_j$ 也是 $f(x)$ 的根，即 $\alpha_i-\alpha_j\in K_1$。

又因为：

$$\left(\frac{\alpha_i}{\alpha_j}\right)^{p^m}=\frac{\alpha_i^{p^m}}{\alpha_j^{p^m}}=\frac{\alpha_i}{\alpha_j}\quad(\alpha_j\neq0),$$

于是 $\dfrac{\alpha_i}{\alpha_j}$ 也是 $f(x)$ 的根，即 $\dfrac{\alpha_i}{\alpha_j}\in K_1$。因此，$K_1$ 是 K 的子域，但 K_1 也包含 $\mathbf{Z}_p$，所以 $K=K_1$，而 K_1 恰好有 q 个元素。

推论 有限域 $\mathrm{GF}(p^m)$ 的 p^m 个元素恰好是多项式 $x^{p^m}-x\in\mathbf{Z}_p[x]$ 的 p^m 个根。

例 构造 $\mathrm{GF}(125)$。

解： 因为 $125=5^3$，如果能够找出一个 $\mathbf{Z}_5$ 上 3 次既约多项式，就可构造 $\mathrm{GF}(125)$。

$\mathbf{Z}_5$ 上 3 次可约多项式必须有一个一次因子。即：$\mathbf{Z}_5$ 上的 3 次既约多项式不能够为以下形式的多项式：$(x+a)(x^2+bx+c)$，其中，$a,b,c\in\mathbf{Z}_5$。

由前述定理知，在 $\mathbf{Z}_5[x]$ 中，$p(x)=x^3+ax^2+bx+c$ 是既约的，当且仅当在 $\mathbf{Z}_5$ 中 $p(n)\neq0$，$n=0,1,2,3,4$。我们可以验算在 $\mathbf{Z}_5[x]$ 中，$p(x)=x^3+x+1$ 是既约的。因为

$$p(0)=1,\ p(1)=3,\ p(2)=1,\ p(3)=1,\ p(4)=4,$$

因此，$\mathrm{GF}(125)=\mathbf{Z}_5[x]/(x^3+x+1)$。

下面讨论有限域的一些特性。

引理 如果 n,r,s 是整数且 $n\geq2,r\geq1,s\geq1$，则 $n^s-1\mid n^r-1$ 当且仅当 $s\mid r$。

证 令 $r=as+b$，这里 $0\leq b<s$，于是

$$\frac{n^r-1}{n^s-1}=n^b\frac{n^{as}-1}{n^s-1}+\frac{n^b-1}{n^s-1},$$

$n^{as}-1$ 能被 n^s-1 整除。而 $\dfrac{n^b-1}{n^s-1}$ 比 1 小，于是 $\dfrac{n^b-1}{n^s-1}$ 为整数当且仅当 $b=0$。因此，$n^s-1\mid n^r-1$ 当且仅当 $s\mid r$。

引理 如果 d,m,n 为正整数，$d=\text{GCD}(m,n)$，则 $x^d-1=\text{GCD}(x^m-1,x^n-1)$。

证 用辗转相除法求 $\text{GCD}(m,n)$。

$$n=a_1m+r_1 \qquad 0\leqslant r_1<m(n=r_{-1}),$$
$$m=a_2r_1+r_2 \qquad 0\leqslant r_2<r_1(m=r_0),$$
$$r_1=a_3r_2+r_3 \qquad 0\leqslant r_3<r_2,$$
$$\vdots \qquad\qquad \vdots$$
$$r_{k-2}=a_kr_{k-1}+r_k \qquad 0\leqslant r_k<r_{k-1},$$
$$\vdots \qquad\qquad \vdots$$
$$r_{t-2}=a_tr_{t-1}+0,$$

于是，$\text{GCD}(m,n)=r_{t-1}=d$。

又：

$$\left[\sum_{i=0}^{a_k-1}(x^{r_{k-1}})^i\right](x^{r_{k-1}}-1)=\sum_{i=1}^{a_k}(x^{r_{k-1}})^i-\sum_{i=0}^{a_k-1}(x^{r_{k-1}})^i=$$
$$x^{a_kr_{k-1}}-1,$$

上式两边同时乘以 x^{r_k}，得：

$$x^{r_k}\left[\sum_{i=0}^{a_k-1}(x^{r_{k-1}})^i\right](x^{r_{k-1}}-1)=x^{a_kr_{k-1}+r_k}-x^{r_k}=$$
$$x^{r_{k-2}}-x^{r_k},$$

$$x^{r_{k-2}}-1=x^{r_k}\left[\sum_{i=0}^{a_k-1}(x^{r_{k-1}})^i\right](x^{r_{k-1}}-1)+(x^{r_k}-1) \tag{3}$$

当 $k=1,2,3,\cdots,t$ 时，式(3)分别为：

$$x^n-1=x^{r_1}\left[\sum_{i=0}^{a_1-1}(x^m)^i\right](x^m-1)+(x^{r_1}-1),$$

$$x^m-1=x^{r_2}\left[\sum_{i=0}^{a_2-1}(x^{r_1})^i\right](x^{r_1}-1)+(x^{r_2}-1),$$

$$x^{r_1}-1=x^{r_3}\left[\sum_{i=0}^{a_3-1}(x^{r_2})^i\right](x^{r_2}-1)+(x^{r_3}-1),$$
$$\vdots$$
$$x^{r_{t-2}}-1=x^{r_t}\left[\sum_{i=0}^{a_t-1}(x^{r_{t-1}})^i\right](x^d-1),$$

即，$\text{GCD}(x^n-1,x^m-1)=x^d-1$。

定理 有限域 $\text{GF}(p^n)$ 为 $\text{GF}(p^m)$ 的子域当且仅当 $n\mid m$。

证 设 $\text{GF}(p^n)$ 是 $\text{GF}(p^m)$ 的子域，由前述定理知，$\text{GF}(p^m)$ 是 $\text{GF}(p^n)$ 上的线性空间。令这个线性空间的维数为 k，即：

$$(\text{GF}(p^m):\text{GF}(p^n))=k。$$

令 $\beta_1,\beta_2,\cdots,\beta_k$ 为 $\text{GF}(p^m)$ 在 $\text{GF}(p^n)$ 上的一组基，从而，

$$\text{GF}(p^m)=\{a_1\beta_1+a_2\beta_2+\cdots+a_k\beta_k\mid a_i\in\text{GF}(p^n)\}。$$

因此，$p^m = p^{nk}$，故 $n \mid m$。

反之，若 $n \mid m$，由前述引理知 $x^{p^n} - x \mid x^{p^m} - x$，由前述推论知，$\mathrm{GF}(p^m)$ 中恰好有 p^n 个元素是多项式 $x^{p^n} - x$ 的根。令 F 为 $x^{p^n} - x$ 的 p^n 个根的集合，由前述推论知，$F = \mathrm{GF}(p^n)$。因此，F 是 $\mathrm{GF}(p^m)$ 的子域。

例 求域 $\mathrm{GF}(2^{12})$ 中所有的子域，并画出其包含关系。

解：$\mathrm{GF}(2^{12})$ 的子域的包含关系，如图 4-4 所示。

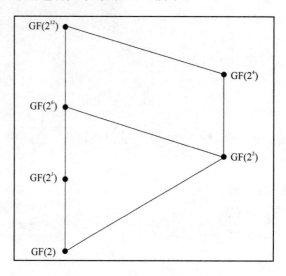

图 4-4 子域包含关系图

定理 设 $\mathbf{Z}_p$（p 为素数）上 m 次既约多项式 $f(x)$，$f(x)$ 在 $\mathrm{GF}(p^m)$ 的一个根为 α，则 $\alpha^p, \alpha^{p^2}, \cdots, \alpha^{p^m} = \alpha$ 是 $f(x)$ 的不同根，即为 $f(x)$ 的全部根。

证 先证 $\alpha^p, \alpha^{p^2}, \cdots, \alpha^{p^m} = \alpha$ 是 $f(x)$ 的根，再证 $\alpha^p, \alpha^{p^2}, \cdots, \alpha^{p^m} = \alpha$ 彼此不同。

设 $$f(x) = a_0 + a_1 x + \cdots + a_m x^m, \quad a_i \in \mathbf{Z}_p, \ a_m \neq 0,$$

于是， $$f(\alpha) = a_0 + a_1 \alpha + \infty + a_m \alpha^m = 0,$$

从而， $$f(\alpha^p) = a_0 + a_1 \alpha^p + \infty + a_m (\alpha^p)^m = f(\alpha)^p = 0,$$

即：α^p 也是 $f(x)$ 的一个根。

同理可证：$\alpha^{p^2}, \cdots, \alpha^{p^{m-1}}$ 都是 $f(x)$ 的根。

下面说明，$\alpha, \alpha^p, \cdots, \alpha^{p^{m-1}}$ 这 m 个根都不同。

否则，假定，$\alpha^{p^i} = \alpha^{p^j}$，$0 \leqslant i < j \leqslant m-1$，

即：$(\alpha^{p^i})^{p^{-i}} = (\alpha^{p^j})^{p^{-i}}$，$0 \leqslant i < j \leqslant m-1$，

即 $\alpha^{p^i \cdot p^{-i}} = \alpha^{p^j \cdot p^{-i}}$，$0 \leqslant i < j \leqslant m-1$，

即 $\alpha^{p^{j-i}} = \alpha$，$0 < j-i < m$。

即 α 也为多项式 $h(x) = x^{p^{j-i}} - x$ 的根。

因而，$\mathbf{Z}_p(\alpha) \subseteq \mathrm{GF}(p^{j-i})$。又，$0 < j-i < m$，这与 $\mathbf{Z}_p(\alpha) \cong \mathbf{Z}_p[x]/(p(x)) = \mathrm{GF}(p^m)$ 矛盾。即与 α 为 $\mathbf{Z}_p[x]$ 中的 m 次既约多项式 $f(x)$ 的根矛盾。

定理 设 $\beta \in \mathrm{GF}(p^m)$，$\beta$ 和 β^p 在 $\mathbf{Z}_p$（p 为素数）上有相同的极小多项式。

证 设 β 与 β^p 在 $\mathbf{Z}_p$ 上的极小多项式分别为

$$f(x) = a_0 + a_1 x + \infty + a_{n-1} x^{n-1} + x^n,$$
$$g(x) = b_0 + b_1 x + \infty + b_{t-1} x^{t-1} + x^t。$$

由极小多项式定义，有：$f(\beta) = 0, g(\beta^p) = 0$。

又：

$$f(\beta^p) = a_0 + a_1 \beta^p + \cdots + a_{n-1}(\beta^p)^{n-1} + (\beta^p)^n =$$
$$(a_0 + a_1 \beta + \cdots + a_{n-1}\beta^{n-1} + \beta^n)^p = 0,$$

由前述定理，$g(x) \mid f(x)$；另一方面，

$$g(\beta^p) = b_0 + b_1 \beta^p + \infty + b_{t-1}(\beta^p)^{t-1} + (\beta^p)^t =$$
$$(b_0 + b_1 \beta + \infty + b_{t-1}\beta^{t-1} + \beta^t)^p = 0,$$

于是，

$$b_0 + b_1 \beta + \infty + b_{t-1}\beta^{t-1} + \beta^t = 0,$$

从而 $f(x) \mid g(x)$。因此，$f(x) = g(x)$。

定理 设 $\beta \in \mathrm{GF}(p^m)$，$\beta$ 在 $\mathbf{Z}_p$（p 为素数）上的极小多项式为 $p(x)$，则 $p(x) \mid x^{p^m} - x$。

证 由前述推论知，有限域 $\mathrm{GF}(p^m)$ 的 p^m 个元素恰好是多项式 $x^{p^m} - x \in \mathbf{Z}_p[x]$ 的 p^m 个根。此时，多项式 $p(x)$ 的根均在 $\mathrm{GF}(p^m)$ 中。故得证。

定理 设 $\beta \in \mathrm{GF}(p^m)$，$\beta$ 在 $\mathbf{Z}_p$（p 为素数）上的极小多项式为 $p(x)$，则 $\deg p(x) \leqslant m$。

证 $\mathrm{GF}(p^m)$ 是 $\mathbf{Z}_p$ 上的 m 维线性空间。因此，$\mathrm{GF}(p^m)$ 的 $m+1$ 个元素 $1, \beta, \beta^2, \cdots, \beta^m$ 是线性相关的，即存在不全为 0 的 $a_0, a_1, \cdots, a_m \in \mathbf{Z}_p$，使

$$a_0 + a_1 \beta + a_2 \beta^2 + \cdots + a_m \beta^m = 0,$$

于是次数 $\leqslant m$ 的多项式

$$a_0 + a_1 x + a_2 x^2 + \cdots + a_m x^m = 0$$

有根 β。因此，多项式 $p(x)$ 的次数不超过 m。

在本节中，我们学习了有限域的相关知识。一个域 F 的特征是 0 或是一个素数 p。如果 F 的特征是 p，则 F 包含一个子域同构于 $\mathbf{Z}_p$；如果 F 的特征是 0，则 F 包含一个子域同构于有理数域 $\mathbf{Q}$。设 F 是有限域，则 F 有 p^m 个元素，这里，p 是 F 的特征，m 是 F 在它的素域 Δ 上的次数；对于任意给定的一个素数 p 和正整数 m，$\mathrm{GF}(p^m)$ 一定存在：设 p 是任意一个素数，且 $q = p^m$（m 是正整数），则多项式 $x^q - x$ 在 $\mathbf{Z}_p$ 上的分裂域 K 是一个含有 q 个元的有限域。有限域 $\mathrm{GF}(p^m)$ 的 p^m 个元素恰好是多项式 $x^{p^m} - x \in \mathbf{Z}_p[x]$ 的 p^m 个根。

4.4 有限域上的离散对数与密钥交换协议

有限域理论在密码学中有着重要的应用。在本节中，我们将学习有限域上的离散对

数与 Diffie-Hellman 密钥交换协议。

首先,我们在实数域 **R** 上进行讨论。设 $a,b,c \in \mathbf{R}$,如果 $a = b^c$,则称 c 是以 b 为底 a 的对数,记作:$c = \log_b a$,$a > 0$。如果 a,b 为实数,则计算 c 是容易的。

如果 a,b 为有限域 $GF(q)$ 中的元素,求正整数 n,使得 $a = b^n$,则是一个很困难的问题。

定义 设 $GF(q)$ 为一个有限域,元素 b 是 $GF(q)^*$ 的一个生成元,$a \in GF(q)$。存在正整数 $n \leqslant q-1$,使得 $a = b^n$,则称 n 是以 b 为底 a 的离散对数,记作 $n = \log_b a$。

当 q 较小的时候,在有限域 $GF(q)$ 中计算离散对数 $\log_b a$ 可以通过穷举法来搜索结果。然而,当 q 较大的时候,穷举法变得不可行,此时,离散对数 $\log_b a$ 的计算问题就成为了一个难题。这样的难题在密码学中有着重要的应用。

Diffie-Hellman 是一个利用公钥技术实现对称密钥的交换协议,其安全性基于有限域上求解离散对数的困难性。Diffie-Hellman 协议能够解决 Alice 和 Bob 间相互通信时如何产生和传输密钥的问题。下面,我们首先讨论一下 Diffie-Hellman 协议的两方密钥传输,然后,我们再说明 Diffie-Hellman 协议也可以在三方间实现会话密钥的传输。

4.4.1 两方 Diffie-Hellman 密钥交换协议

该方案的安全性是基于离散对数问题的难解性之上的。我们仅描述在 $\mathbf{Z}_p$ 上的一个方案,p 是一个素数。该方案可在计算离散对数问题是难处理的任何有限域上实现。假定 α 是 $\mathbf{Z}_p^*$ 的一个生成元,网络中的任何用户都知道 p 和 α 的值。用 ID(U) 表示网络中用户 U 的某些识别信息,诸如姓名、E-mail 地址、电话号码或别的有关信息。每个用户 U 有一个秘密指数 $a_U (0 \leqslant a_U \leqslant p-2)$ 和一个相应的公钥 $b_U = \alpha^{a_U} \bmod p$。可信中心有一个签名方案,该签名方案的公开验证算法记为 VerTA,秘密签名算法记为 SigTA。一般地,在签名消息之前,先将消息用一个公开的 Hash 函数杂凑。但为了叙述简单起见,我们在这里略去这一步。

当一个用户 U 入网时,可信中心需给他颁发一个证书。用户 U 的证书为:$C(U) = (ID(U), b_U, SigTA(ID(U), b_U))$。可信中心无需知道 a_U 的值。证书可存贮在一个公开的数据库中,也可由用户自己存贮。可信中心对证书的签名允许网络中的任何人能验证它所包含的信息。

以下是 Diffie-Hellman 密钥预分配协议。协议结束后,U 和 V 拥有共同的密钥 $k_{U,V} = \alpha^{a_U a_V} \bmod p$。

1. 利用公开一个素数 p 和一个生成元 $\alpha \in \mathbf{Z}_p^*$,V 使用他自己的秘密值 a_V 及从 U 的证书中获得的公开值 b_U,计算

$$k_{U,V} = \alpha^{a_U a_V} \bmod p = b_U^{a_V} \bmod p$$

2. U 使用他自己的秘密值 a_U 及从 V 的证书中获得的公开值 b_V,计算

$$k_{U,V} = \alpha^{a_U a_V} \bmod p = b_V^{a_U} \bmod p$$

为了说明 Diffie-Hellman 密钥预分配方案的安全性,我们只要说明攻击者 W 不能计算出 $k_{U,V}$。换句话说,给定 $\alpha^{a_U} \bmod p$ 和 $\alpha^{a_V} \bmod p$,但不知道 a_U 和 a_V,计算 $\alpha^{a_U a_V} \bmod p$ 是否可行? 如果 W 能从 b_U 确定 a_U,那么他一定能象 U 或 V 一样计算出 $k_{U,V}$。但我们假定 $\mathbf{Z}_p$ 上的离散对数问题是难处理的,所以对 Diffie-Hellman 密钥预分配方案的这种类型的攻击是计算上不可行的。

4.4.2　三方 Diffie-Hellman 密钥交换协议

该问题的背景是:假设 A、B 和 C 是需要召开保密会议的三方,要求任意两方的通信都可以被第三方解读。这就要求通信三方 A、B、C 共享一个会话密钥。

密钥可以按照如下方式产生和传输:

首先,Alice、Bob、Coral 三方首先要协商确定一个大的素数 n 和整数 g(这两个数可以公开),其中 g 是有限域 $\mathbf{Z}_n^*$ 的生成元。

那么由此所产生密钥过程为:

1. Alice 首先选取一个大的随机整数 x,并且发送 $X = g^x \bmod n$ 给 Bob。

Bob 首先选取一个大的随机整数 y,并且发送 $Y = g^y \bmod n$ 给 Coral。

Coral 首先选取一个大的随机整数 z,并且发送 $Z = g^z \bmod n$ 给 Alice。

2. Alice 计算 $X1 = Z^x \bmod n$ 给 Bob。

Bob 计算 $Y1 = X^y \bmod n$ 给 Coral。

Coral 计算 $Z1 = Y^z \bmod n$ 给 Alice。

3. Alice 计算 $k = Z1^x \bmod n$ 作为秘密密钥。

Bob 计算 $k = X1^y \bmod n$ 作为秘密密钥。

Coral 计算 $k = Y1^z \bmod n$ 作为秘密密钥。

协议结束后,通信三方共享了秘密密钥 $k = g^{xyz} \bmod n$。由于在传送过程中,攻击者只能得到 X、Y、Z 和 $X1$、$Y1$、$Z1$,而不能求得 x,y 和 z,因此这个算法是安全的。Diffie-Hellman 协议很容易能扩展到多人间的密钥分配中去,因此这个算法在建立和传输密钥上经常使用。

很多密码学中的算法与协议都使用了有限域的知识。本节我们学习了有限域理论在密码学中应用,基于有限域中离散对数的难解性问题,设计了可以用于两方与三方的密钥交换协议。

小　　结

在本章中,我们学习了域的相关知识。域与线性空间,这两个概念之间有着某种联

系:扩域可以看做是子域上的向量空间,设$(K,+,\cdot)$是域$(F,+,\cdot)$的扩域,则K是F上的线性空间。单扩域是最简单的扩域,我们有如下重要结论:若α是F上的一个超越元,那么,$F(\alpha)\cong F[x]$的分式域;若α是域F上的代数元,并且$p(x)$是F上具有根α的n次既约多项式,则$F(\alpha)\cong F[x]/(p(x))$。在同构的意义下,存在而且仅存在域$F$的一个单扩域$F(\alpha)$,其中$\alpha$的极小多项式是$F[x]$给定的,最高系数为1的不可约多项式。代数基本定理指的是:复数域$\mathbf{C}$上一元多项式环$\mathbf{C}[x]$的每一个n次多项式在$\mathbf{C}$里有n个根。换一句话说,$\mathbf{C}[x]$的每一个多项式在$\mathbf{C}$中都能分解为一次因子的乘积。给了域F上一元多项式环$F[x]$中的一个n次多项式$f(x)$,一定存在$f(x)$在F上的分裂域E,并且,在同构的意义之下,$f(x)$在F上的分裂域E是唯一的。一个有限域F的特征是0或是一个素数p。如果F的特征是p,则F包含一个子域同构于$\mathbf{Z}_p$;如果F的特征是0,则F包含一个子域同构于有理数域$\mathbf{Q}$。设F是有限域,则F有p^m个元素,这里,p是F的特征,m是F在它的素域Δ上的次数;有限域$GF(p^n)$为$GF(p^m)$的子域当且仅当$n|m$。有限域理论在密码学中有着重要的应用。

习　　题

1. 计算扩域在子域上的次数,这里$\mathbf{Q}$表示有理数域,$\mathbf{R}$表示复数域,$\mathbf{C}$表示复数域。

(1) $(\mathbf{Q}(\sqrt[3]{7}):\mathbf{Q})$

(2) $(\mathbf{C}:\mathbf{Q})$

(3) $(\mathbf{Q}(i,3i):\mathbf{Q})$

(4) $\left(\dfrac{\mathbf{Z}_3[x]}{(x^2+x+2)}:\mathbf{Z}_3\right)$

(5) $(\mathbf{C}:\mathbf{R}(\sqrt{-7}))$

2. 在$\mathbf{Q}(\sqrt[3]{2})$中,求元素$1+\sqrt[3]{2}$的逆元素。

3. 证明,多项式x^2-2是域$\mathbf{Q}(\sqrt{3})$上的既约多项式。

4. 设α,β分别为$\mathbf{Z}_2[x]$多项式x^3+x+1和x^3+x^2+1的根。证明:单扩域$\mathbf{Z}_2(\alpha)$与$\mathbf{Z}_2(\beta)$同构。

5. 证明:$(p(x))^2=p(x^2)$,其中$p(x)\in\mathbf{Z}_2[x]$。

6. 设$\mathbf{Q}$表示有理数域,求复数i与$\dfrac{2i+1}{i-1}$在$\mathbf{Q}$上的极小多项式,扩域$\mathbf{Q}(i)$与$\mathbf{Q}\left(\dfrac{2i+1}{i-1}\right)$是否同构?

7. 设x^3-a是有理数域$\mathbf{Q}$上的一个既约多项式,α是x^3-a的一个根。证明:$\mathbf{Q}(\alpha)$不是x^3-a在$\mathbf{Q}$上的分裂域。

8．求以下域的特征

（1）GF(49)

（2）$\mathbf{Q}(\sqrt[3]{7})$

9．写出以下域的加法与乘法表

（1）GF(7)

（2）GF(8)

参 考 文 献

[1] 阮传概,孙伟. 近世代数及其应用[M]. 第 2 版. 北京:北京邮电大学出版社,2005.

[2] 石生明. 近世代数初步[M]. 第 2 版. 北京:高等教育出版社,2006.

[3] 裴定一,郭华光. 近世代数[M]. 北京:高等教育出版社,2009.

[4] JOSEPH J ROTMAN. Advanced Modern Algebra[M]. Pearson Education, Inc. ,2002.